U0249113

“十二五”普通高等教育本科国家级规划教材

北京高等教育精品教材

BEIJING GAODENG JIAOYU JINGPIN JIAOCAI

全国优秀畅销书

全国高校出版社优秀畅销书

21世纪软件工程专业规划教材

软件工程导论（第6版）学习辅导

张海藩 牟永敏 编著

清华大学出版社

北京

内容简介

为配合《软件工程导论(第6版)》的出版,作者对《软件工程导论(第5版)学习辅导》作了适当修改,编写了《软件工程导论(第6版)学习辅导》。

本书正文共10章,每章均由3部分内容组成:第1部分简明扼要地复习本单元的重点内容;第2部分给出与本单元内容密切相关的习题;第3部分是习题解答,对典型习题的解答不是简单地给出答案,而是仔细分析题目,讲解解题思路,从而帮助读者举一反三,学会用软件工程方法学分析问题、解决问题。

正文后面有两个附录,分别给出了模拟试题和模拟试题参考答案。读者可以用这些试题自我测试,检验学习效果。

本书可以与《软件工程导论(第6版)》配合使用,也可供学习软件工程课程的读者单独使用,以加深对所学内容的理解并检测学习效果。

图书在版编目(CIP)数据

软件工程导论(第6版)学习辅导/张海藩,牟永敏编著. —北京:清华大学出版社,2013(2024.1重印)
21世纪软件工程专业规划教材
ISBN 978-7-302-33099-8

Ⅰ. ①软… Ⅱ. ①张… ②牟… Ⅲ. 软件工程－高等学校－教学参考资料 Ⅳ. TP311.5

中国版本图书馆CIP数据核字(2013)第150347号

责任编辑:袁勤勇
封面设计:常雪影
责任校对:白 蕾
责任印制:曹婉颖

出版发行:清华大学出版社
网 址:https://www.tup.com.cn,https://www.wqxuetang.com
地 址:北京清华大学学研大厦A座 **邮 编**:100084
社 总 机:010-83470000 **邮 购**:010-62786544
投稿与读者服务:010-62776969,c-service@tup.tsinghua.edu.cn
质 量 反 馈:010-62772015,zhiliang@tup.tsinghua.edu.cn
印 装 者:三河市龙大印装有限公司
经 销:全国新华书店
开 本:185mm×260mm **印 张**:15.25 **字 数**:344千字
版 次:2013年8月第1版 **印 次**:2024年1月第18次印刷
定 价:48.00元

产品编号:050165-04

前言

PREFACE

《软件工程导论》已经出了5个版本，颇受读者欢迎，先后被评为全国高校出版社优秀畅销书、全国优秀畅销书（前10名）、北京高等教育精品教材、“十二五”普通高等教育本科国家级规划教材。国内许多高校用它作为软件工程课的教材，累计销售达到130万册。

为配合《软件工程导论（第6版）》的出版，作者在针对《软件工程导论（第5版）》所编写的《软件工程导论(第5版)学习辅导》的基础上作了适当修改。牟永敏教授根据多年的教学和科研经验，对书中面向过程部分的内容进行了适量删减，同时，为了加强软件工程的实践教学，增加了面向对象设计实现服务的方法等方面的练习，并且给出了与上述内容密切配合的习题和习题解答。

本书正文共10章。第1章“软件工程概论”，涵盖教材（第6版，下同）第1章的重点内容；第2章“结构化分析”，涵盖教材第2、3、4章的重点内容；第3章“结构化设计”，涵盖教材第5、6章的重点内容；第4章“结构化实现”，涵盖教材第7章的重点内容；第5章“维护”，涵盖教材第8章的重点内容；第6章“面向对象方法学引论”，涵盖教材第9章的重点内容；第7章“面向对象分析”，涵盖教材第10章的重点内容；第8章“面向对象设计”，涵盖教材第11章的重点内容；第9章“面向对象实现”，涵盖教材第12章的重点内容；第10章“软件项目管理”，涵盖教材第13章的重点内容。

每章均由3部分内容组成：第1部分简明扼要地复习本单元的重点内容；第2部分给出与本单元内容密切相关的习题，其中一些题目与教材上的题目相同，另一些题目是教材上没有的，当然，也有一些教材上的题目没有包含在本书中，可作为软件工程课的练习题，留给读者独立完成；第3部分是习题解答，对典型习题的解答不是简单地给出答案，而是仔细分析题目，讲解解题思路，从而有助于读者举一反三，学会用软件工程方法学分析问题和解决问题。

正文后面有两个附录：附录A是模拟试题，共给出3份试卷；附录B是模拟试题参考答案。读者可以用这些试题自我测试，检验学习效果。

全书由张海藩统一定稿。

丁媛、刘梦婷、刘昂、李慧丽、张亚楠等同学对第6版增加的内容进行了测试，并提出了有益的建议，谨在此表示感谢。

编　者

2013年5月

目 录

CONTENTS

第 1 章　软件工程概论

CHAPTER

1.1　软件危机

为吸取历史经验教训，应该认真研究产生软件危机的原因，探讨消除软件危机的途径。

1.1.1　软件危机简介

通常把在计算机软件的开发与维护过程中所遇到的一系列严重问题笼统地称为软件危机。这些问题绝不仅仅是不能正常运行的软件才具有的，实际上，几乎所有软件都不同程度地存在这些问题。

概括地说，软件危机包含以下两个方面的问题。

(1) 如何开发软件，以满足社会对软件日益增长的需求。

(2) 如何更有效地维护数量不断膨胀的已有软件。

具体地说，软件危机主要有以下一些典型表现。

- 对软件开发成本和进度的估计常常很不准确。
- 经常出现用户对“已完成的”软件产品不满意的情况。
- 软件产品的质量往往达不到要求。
- 软件通常是很难维护的。
- 软件往往没有适当的文档资料。
- 软件成本在计算机系统总成本中所占的比例逐年上升。
- 软件开发生产率提高的速度远远不能满足社会对软件产品日益增长的需求。

鉴于软件危机周期长且难于预测，因此把它称为“软件萧条”或“软件困扰”可能更恰当一些。

1.1.2　产生软件危机的原因

1. 客观原因

软件是计算机系统中的逻辑部件而不是物理部件，其显著特点是缺乏

"可见性",因此,管理和控制软件开发过程相当困难。此外,软件维护通常意味着改正或修改原有的设计,从而使得软件较难维护。

软件的另一个突出特点是规模庞大,而程序复杂性将随着程序规模增加以指数速度上升。软件可能具有的状态数通常都是天文数字,无法完全预见软件可能遇到的每一种情况。

2. 主观原因

在计算机系统发展的早期阶段,开发软件的个体化特点使得许多软件工程师对软件开发和维护有不少糊涂认识,在实际工作中或多或少地采用了错误的方法,这是使软件问题发展成软件危机的主要原因。

错误的认识和做法主要表现为:忽视软件需求分析的重要性;认为软件开发就是写程序;轻视软件维护。

事实上,对用户的需求没有完整准确的认识就匆忙着手编写程序,是许多软件开发工程失败的主要原因之一。

必须认识到,软件开发和维护要经历一个漫长的时期(称为软件生命周期),编写程序只是软件开发过程中的一个相对来说比较次要的阶段。

另一方面还必须认识到,程序只是完整的软件产品的一个组成部分,一个软件产品必须由一个完整的配置组成。软件配置主要包括程序、文档和数据等成分。

严酷的事实是,在软件开发的后期阶段引入一个变动比在早期引入同一个变动所需付出的代价高几百倍甚至上千倍。所谓软件维护,就是在软件开发工作已经结束之后在使用现场对软件进行修改。因此,维护是极端艰巨复杂的工作,需要花费很大代价。由此可见,轻视软件维护是一个最大的错误。软件工程的一个重要目标就是提高软件的可维护性,减少软件维护的代价。

1.1.3 消除软件危机的途径

首先应该树立对计算机软件的正确认识。软件是程序、数据及文档的完整集合,其中,程序是能够完成预定功能和性能的可执行的指令序列;数据是使程序能够适当地处理信息的数据结构;文档是开发、使用和维护程序所需要的图文资料。

软件开发应该是组织良好、管理严密、各类人员团结协作共同完成的工程项目,必须充分吸取和借鉴人类长期以来从事各种工程项目所积累的行之有效的原理、概念、技术和方法,并研究能更有效地开发软件的技术和方法。

应该积极开发和使用计算机辅助软件工程(CASE)工具。

总之,为了消除软件危机,既要有技术措施(方法和工具),又要有必要的组织管理措施。软件工程正是从技术和管理两个方面研究如何更好地开发和维护软件的一门新兴的工程学科。

1.2 软件工程

1.2.1 软件工程简介

软件工程是指导计算机软件开发和维护的一门工程学科，该学科的目的是生产出能按期交付的、在预算范围内的、满足用户需求的、质量合格的软件产品。

软件工程具有以下本质特性。

- 软件工程关注于大型程序的构造。
- 软件工程的中心课题是控制复杂性。
- 软件产品交付使用后仍然需要经常修改。
- 开发软件的效率非常重要。
- 开发人员和谐地合作是成功开发软件的关键。
- 软件必须有效地支持它的用户。
- 在软件工程领域中通常由具有一种文化背景的人替具有另一种文化背景的人开发产品。

1.2.2 软件工程的基本原理

- 用分阶段的生命周期计划严格管理。
- 坚持进行阶段评审。
- 实行严格的产品控制。
- 采用现代程序设计技术。
- 结果应能清楚地审查。
- 开发小组的人员应该少而精。
- 承认不断改进软件工程实践的必要性。

1.2.3 软件工程方法学

通常把在软件生命周期全过程中使用的一整套技术方法的集合称为方法学，也称为范型。

软件工程方法学包含 3 个要素：方法、工具和过程。其中，方法是完成软件开发各项任务的技术方法，回答“怎样做”的问题；工具是为运用方法而提供自动的或半自动的软件工程支撑环境；过程是为了获得高质量软件所需要完成的一系列任务的框架，它规定了完成各项任务的工作步骤，回答“何时做”的问题。

目前使用得最广泛的软件工程方法学分别是传统方法学和面向对象方法学。

1. 传统方法学(结构化范型)

(1) 采用结构化技术(结构化分析、结构化设计和结构化实现)完成软件开发的各项任务。

(2) 把软件生命周期划分成若干个阶段,然后顺序完成各个阶段的任务。

(3) 每个阶段的开始和结束都有严格的标准,对于任何两个相邻的阶段而言,前一阶段的结束标准就是后一阶段的开始标准。

(4) 在每个阶段结束之前都必须正式地进行严格的技术审查和管理复审。

2. 面向对象方法学(面向对象范型)

(1) 把对象作为融合了数据及在数据上操作的软件构件。也就是说,用对象分解取代了传统方法的功能分解。

(2) 把所有对象都划分成类。

(3) 按照父类与子类的关系,把若干个相关类组织成一个层次结构的系统。

(4) 对象彼此间仅能通过发送消息互相联系。

使用结构化范型开发出的软件,在本质上是一个单元,这是用结构化范型开发大型软件产品时不甚成功的一个重要原因。相反,当正确地使用面向对象范型时,开发出的软件产品是由许多小的、相对独立的单元(对象)组成的。因此,面向对象范型降低了软件产品的复杂度,从而简化了软件开发与维护工作。

1.3 软件生命周期

概括地说,软件生命周期由软件定义、软件开发和运行维护(也称为软件维护)3个时期组成,通常把前两个时期再进一步划分成若干个阶段。

软件定义时期的基本任务是:确定软件开发工程的总目标;研究该项目的可行性;分析确定客户对软件产品的需求;估算完成该项目所需的资源和成本,并且制定工程进度表。这个时期的工作称为系统分析,由系统分析员负责完成。

通常把软件定义时期进一步划分成问题定义、可行性研究和需求分析3个阶段。其中需求分析阶段应该完成的工作包括需求获取和需求分析两部分。揭示客户需求的过程称为需求获取或需求收集;一旦确定了最初的一系列需求,就应该进一步提炼和扩展这些需求,并用软件需求规格说明书把客户需求准确地记录下来,这个过程称为需求分析。

软件开发时期具体设计和实现在前一个时期定义的软件,它通常由下述4个阶段组成:总体设计(又称为结构设计)、详细设计、编码和单元测试、综合测试。其中前两个阶段称为系统设计,后两个阶段称为系统实现。

运行维护时期的主要任务是通过对已交付使用的软件做必要的修改,使软件持久地满足客户的需求。具体地说,当软件在使用过程中发现错误时应该加以改正;当环境改变时应该修改软件以适应新的环境;当用户有新要求时应及时改进或扩充软件以满足用户的新需要。通常对维护时期不再进一步划分阶段,但是每一次维护活动本质上都是一次压缩和简化了的定义和开发过程。

使用结构化范型开发软件时,软件生命周期各阶段中使用的概念及应完成的任务性质显著不同。需求分析阶段的基本任务是确定软件必须"做什么",使用的概念主要是"功能”。设计阶段的任务是确定“怎样做”,其中结构设计的任务是把软件分解成不同的模块,使用的概念是“模块”;详细设计的任务是设计实现每个模块所需要的数据结构和算法,使用的概念是“数据结构”和“算法”。

使用面向对象范型开发软件的基本原理是用现实世界的概念思考问题,从而自然地解决问题。面向对象分析的基本任务就是提取应用领域中有意义的对象。因为对象就是面向对象软件的模块,实际上在面向对象分析阶段就开始做结构设计工作了,可见,面向对象分析阶段比它在结构化范型中的对应阶段(需求分析)走得更远。面向对象设计的基本任务是扩充和完善面向对象分析所建立的对象模型,把它转变成解空间的对象模型。由于用面向对象范型开发软件时各阶段使用的概念和表示方法相当一致,有利于在各项开发活动之间的平滑过渡,从而降低了开发工作的难度,减少了所犯错误的数量。

1.4 软件过程

软件过程定义了运用技术方法的顺序、应该交付的文档资料、为保证软件质量和协调软件变化必须采取的管理措施,以及标志完成了相应开发活动的里程碑。

通常使用生命周期模型概括地描述软件过程。生命周期模型规定了软件过程包含的各个阶段,以及完成这些阶段的顺序。

典型的生命周期模型如下所述。

1. 瀑布模型

传统软件工程方法学的软件过程基本上可以用瀑布模型来描述。

实际的瀑布模型如图1.1所示。

瀑布模型的主要优点如下。

- 强迫开发人员采用规范的技术方法。
- 严格地规定了每个阶段必须提交的文档。
- 每个阶段结束前必须正式进行严格的技术审查和管理复审。

瀑布模型的主要缺点是:在可运行的软件产品交付给用户之前,用户只能通过文档来了解未来的产品是什么样的。开发人员和用户之间缺乏有效的沟通,很可能导致最终开发出的软件产品不能真正满足用户的需求。

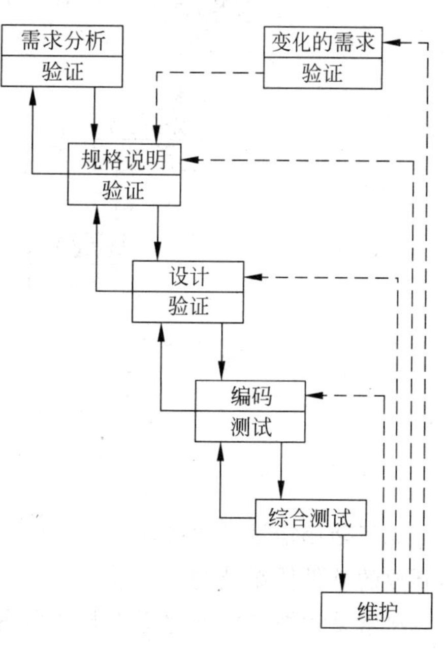

图1.1 实际的瀑布模型

2. 快速原型模型

所谓“快速原型”是快速建立起来的、可在计算机上运行的程序,它所能完成的功能往往是最终的软件产品所能完成功能的子集。原型是软件开发人员与用户沟通的强有力工具,因此有助于所开发出的软件产品满足用户的真实需求。

图 1.2 描绘了快速原型模型。

快速原型模型的主要优点如下。

- 使用这种软件过程开发出的软件产品通常能满足用户的真实需求。
- 软件产品的开发过程基本上是线性顺序过程。

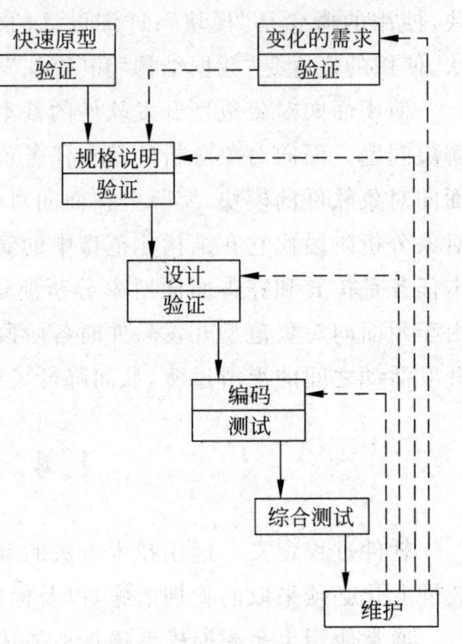

图 1.2 快速原型模型

3. 增量模型

增量模型也称为渐增模型,如图 1.3 所示。

使用增量模型开发软件时,把软件产品作为一系列增量构件来设计、编码、集成和测试。每个构件由若干个相互协作的模块构成,并且能够完成相对独立的功能。

增量模型的主要优点如下。

- 能在较短时间内向用户提交可完成部分工作的产品。
- 逐步增加产品功能,从而使用户有较充裕的时间学习和适应新产品,减少一个全新的软件给用户所带来的冲击。

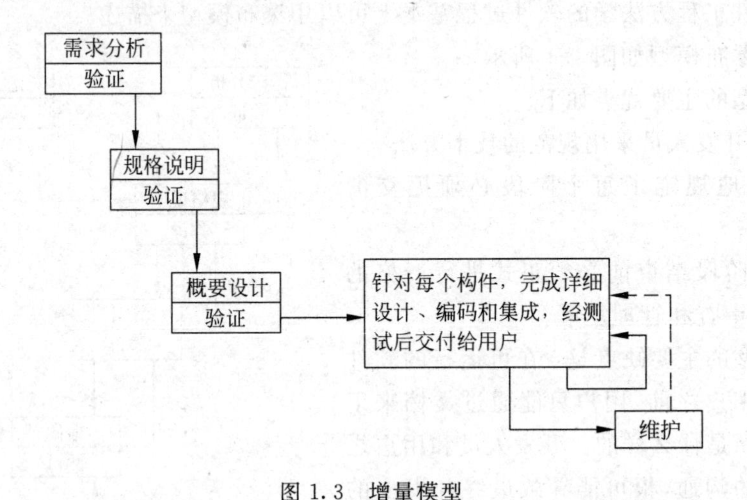

图 1.3 增量模型

为了使用增量模型成功地开发软件,软件工程师必须具有较高的技术水平,能够设计出开放的软件体系结构。

尽管采用增量模型比采用其他生命周期模型需要更精心的设计,但在设计阶段多付出的劳动将在维护阶段获得回报,因为用增量模型开发出的软件具有较好的可扩充性。

4. 螺旋模型

在软件的开发过程中必须及时识别和分析风险,并且采取适当措施消除或减少风险的危害。

构建原型是一种能使某些类型的风险(例如,产品不能满足用户的真实需求,采用了不恰当的技术方法等)降至最低的方法。

螺旋模型的基本思想是使用原型及其他方法尽量降低风险。理解这种模型的一个简便方法是把它看做在每个阶段之前都增加了风险分析过程的快速原型模型。完整的螺旋模型如图 1.4 所示。

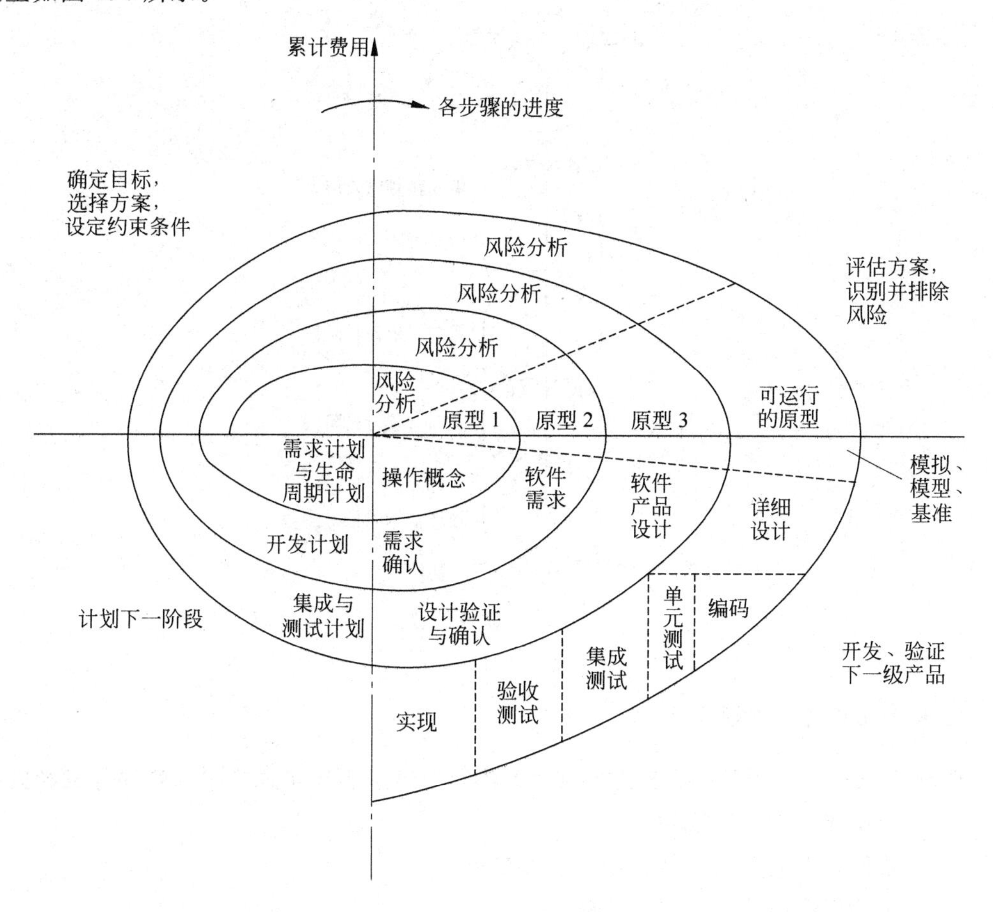

图 1.4 完整的螺旋模型

螺旋模型所描述的软件过程主要适用于内部开发的大型软件项目。

螺旋模型主要有以下优点。

- 有利于已有软件的重用。
- 有助于把软件质量作为软件开发的一个重要目标。
- 减少了过多测试或测试不足所带来的风险。
- 软件维护与软件开发没有本质区别。

使用螺旋模型开发软件,要求软件开发人员具有丰富的风险评估知识和经验。

5. 喷泉模型

迭代是软件开发过程中普遍存在的一种内在属性。在面向对象范型中,软件开发过程各阶段之间的迭代或同一阶段内各个工作步骤之间的迭代,比在结构化范型中更常见。

图1.5所示的喷泉模型是典型的面向对象生命周期模型,它充分体现了面向对象软件开发过程迭代和平滑过渡的特性。

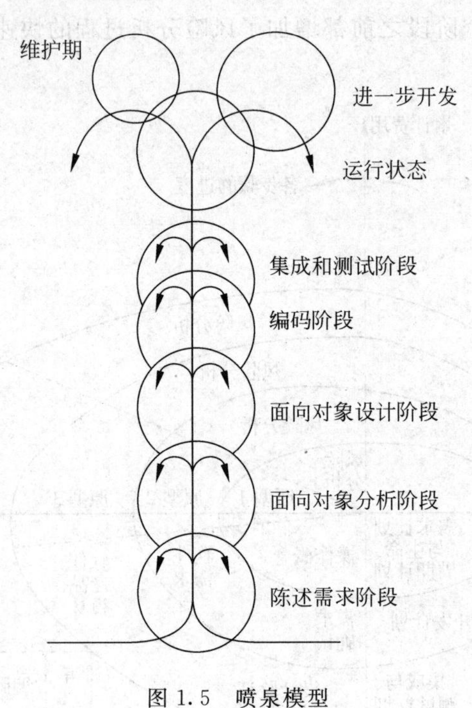

图1.5 喷泉模型

6. Rational 统一过程

Rational 统一过程(RUP)充分体现了下述6条经过多年实践检验的软件开发经验。

- 采用迭代方式开发软件。
- 在软件开发的全过程中有效地管理需求。
- 使用基于构件的软件体系结构。
- 建立软件产品的可视化模型。
- 在软件开发的全过程中严格地验证软件质量。
- 控制软件变更。

RUP软件开发生命周期是一个二维的生命周期模型,如图1.6所示。图中纵轴代表核心工作流程,横轴代表时间(划分成4个阶段)。

RUP循环遍历多次软件生命周期。每次循环都经历一个完整的软件生命周期,每次循环结束都向用户交付软件产品的一个可运行的版本。

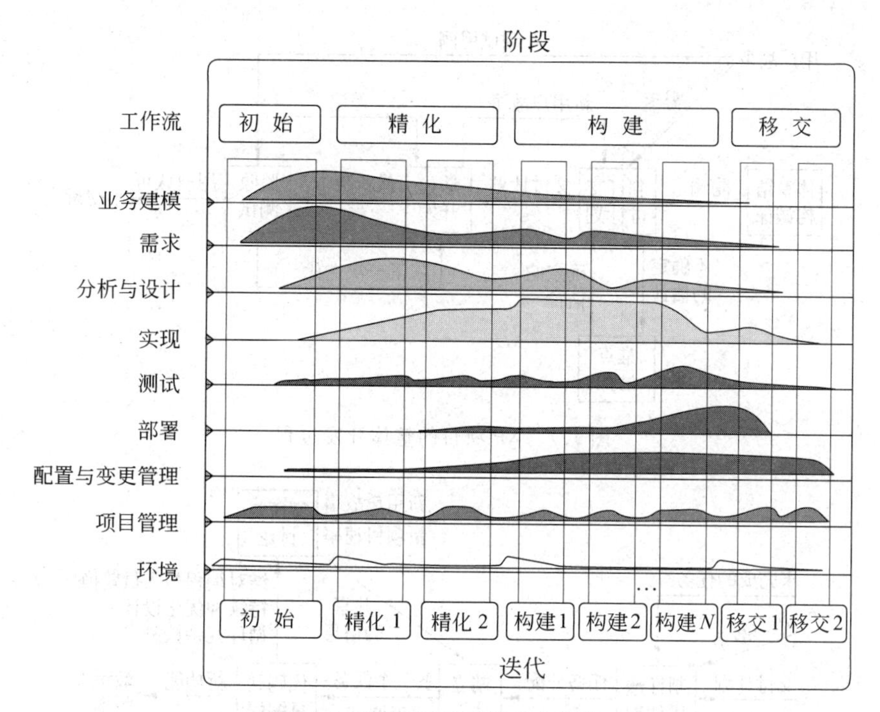

图 1.6 RUP 软件开发生命周期

RUP 软件开发生命周期中的每个阶段又进一步细分为一次或多次迭代过程。项目经理根据当前迭代所处的阶段及上一次迭代的结果，对核心工作流程中的活动进行适当的裁剪，以完成一次具体的迭代过程。

7. 敏捷过程与极限编程

根据下述 4 个价值观提出的软件过程统称为敏捷过程。

- 开发人员的素质及相互间的交互与协作比过程和工具更重要。
- 可以工作的软件比面面俱到的文档更重要。
- 与客户的合作比合同谈判更重要。
- 及时响应变化比死板地遵循计划更重要。

极限编程(XP)是最著名的敏捷过程，其名称中"极限"二字的含义是指把有效的软件开发实践运用到极致。

图 1.7 描述极限编程的整体开发过程，图 1.8 进一步描述整体开发过程中所包含的迭代过程。

8. 微软过程

多年的实践经验表明，Microsoft(微软)公司独创的微软过程是非常成功和行之有效的。

微软过程把软件生命周期划分成 5 个阶段，图 1.9 描绘了组成生命周期的阶段及标志每个阶段结束的里程碑。

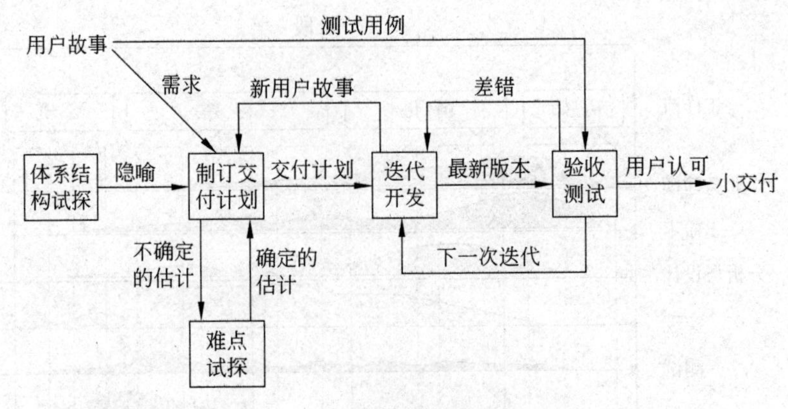

图 1.7 XP 项目的整体开发过程

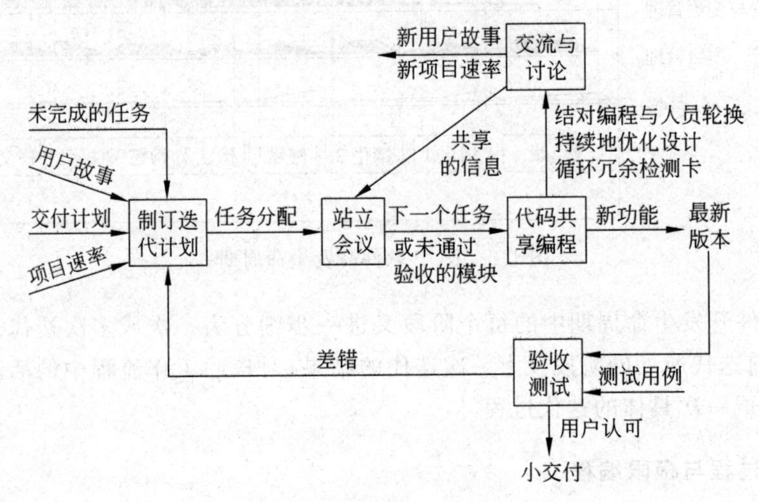

图 1.8 XP 迭代开发过程

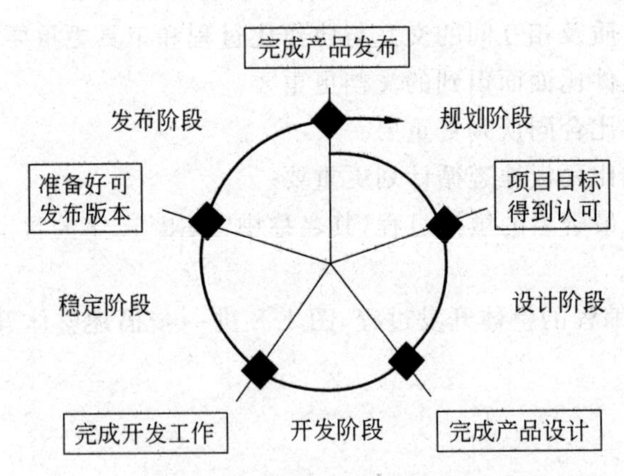

图 1.9 微软软件生命周期阶段划分和主要里程碑

微软过程的每一个生命周期发布一个递进的软件版本，各个生命周期持续、快速地迭代循环。图 1.10 描绘了微软过程的生命周期模型。

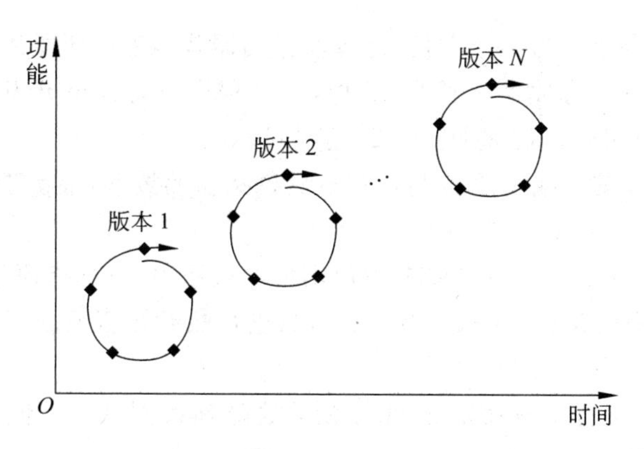

图 1.10　微软过程的生命周期模型

习　　题

1. 美国一家公司在 1982 年计划用 FORTRAN 语言开发一个在 VAX 750 计算机上运行的应用程序，估计这个程序的长度为 10 000 条 FORTRAN 指令。如果平均每人每天可以开发出 10 条 FORTRAN 指令，请问：

(1) 开发这个应用程序将用多少人日?

(2) 假设程序员的月平均工资为 4000 美元，每月按 20 个工作日计算，这个软件的成本是多少美元?

(3) 1982 年 VAX 750 计算机硬件价格约为 125 000 美元，在那一年这个软件的成本在总成本中占多大比例?

(4) 20 年后，一台性能远远优于 VAX 750 的微型计算机的价格约为 2000 美元，这时软件开发生产率已提高到平均每人每天可以开发出 40 条指令，而程序员的月平均工资也已涨到 8000 美元。如果在 2002 年开发上述 FORTRAN 应用程序，则该软件的成本在总成本中占多大比例?

2. 根据历史数据可以作出如下的假设。

(1) 对计算机存储容量的需求大致按下面公式描述的趋势逐年增加：

$$M = 4080e^{0.28(Y-1960)}$$

(2) 存储器的价格按下面公式描述的趋势逐年下降：

$$P_1 = 0.3 \times 0.72^{Y-1974}\text{(美分 / 位)}$$

如果计算机字长为 16 位，则存储器价格下降的趋势为：

$$P_2 = 0.048 \times 0.72^{Y-1974}\text{(美元 / 字)}$$

在上述公式中 Y 代表年份，M 是存储容量(字数)，P_1 和 P_2 代表价格。

基于上述假设可以比较计算机硬件和软件成本的变化趋势。

(1) 在 1985 年对计算机存储容量的需求估计是多少? 如果字长为 16 位，这个存储器的价格是多少?

(2) 假设在 1985 年一名程序员每天可开发出 10 条指令，程序员的平均工资是每月

4000美元。如果一条指令为一个字长,计算使存储器装满程序所需用的成本。

(3) 假设在1995年存储器字长为32位,一名程序员每天可开发出30条指令,程序员的月平均工资为6000美元,重复(1)(2)题所问。

3. 美国某科幻电影中有一个描写计算机软件错误的故事,很富于戏剧性。故事情节如下:

由计算机HAL控制的宇宙飞船在飞往木星的旅途中,飞行指挥员鲍曼和HAL之间有一段对话。鲍曼命令道:“HAL,请对备用舱进行故障预报测试。”10秒钟后HAL报告:“一切正常。”

但是,地面上的飞行指挥中心在重复做了故障预报测试后,却得出了相反的结论:“鲍曼,我是飞行指挥中心,你的计算机在预报故障时可能犯了错误,我们的两台HAL计算机都得出了和你的计算机相反的结论。”

鲍曼用手指敲着控制台说:“HAL,是不是有什么东西干扰了你,以致出了这个差错?”

“听着,鲍曼,我知道你很想帮助我,但是我的信息处理是正常的。不信就查看我的记录吧,你会看到它是完全正确的。”

“我看过你的服务记录,但是……谁都可能犯错误啊。”

“我并不固执己见,但是,我是不可能犯错误的……”

“喂,我是飞行指挥中心,我们已经彻底分析了你所遇到的麻烦,我们的两台计算机得出了完全一致的结论。问题出在故障预报系统中,我们确信是程序设计有错误。你必须断开你的计算机并改为地面控制模式,我们才能改正这个错误。”

当鲍曼断开计算机时,HAL立即又把自己接了上去。最后,鲍曼只好拆下计算机的存储器,才得以控制他的宇宙飞船。

请问:

(1) 为什么鲍曼拆下存储器就能摆脱计算机的干扰而独自控制宇宙飞船?我们现在遇到的软件问题有这么严重吗?

(2) 如果不依靠飞行指挥中心,鲍曼怎样才能知道HAL的故障预报有问题?

(3) 应该怎样设计计算机系统才能避免出现故事中描写的这类问题?

4. 什么是软件过程?它与软件工程方法学有何关系?

5. 为什么说分阶段的生命周期模型有助于软件项目管理?

6. 什么是里程碑?它应该有哪些特征?

7. 假设要求你开发一个软件,该软件的功能是把读入的浮点数开平方,所得到的结果应该精确到小数点后4位。一旦实现并测试完之后,该产品将被抛弃。你打算选用哪种软件生命周期模型?请说明你作出选择的理由。

8. 假设你被任命为一家软件公司的项目负责人,你的工作是管理该公司已被广泛应用的字处理软件的新版本开发。由于市场竞争激烈,公司规定了严格的完成期限并且已对外公布。你打算采用哪种软件生命周期模型?为什么?

9. 螺旋模型与Rational统一过程有哪些相似之处?有何差异?

10. 说明敏捷过程的适用范围。

11. 试比较 Rational 统一过程和敏捷过程。

12. 试讨论微软过程与 RUP 及敏捷过程的关系。

习 题 解 答

1. 答：(1)

$$\frac{10\,000}{10}=1000(\text{人日})$$

开发这个应用程序大约需用 1000 个人日。需要指出的是，上述工作量包括问题定义、可行性研究、需求分析、总体设计、详细设计、编码和单元测试、综合测试等各个开发阶段的工作量，而不仅仅是编写程序所需的工作量。

(2) 每月平均工作 20 天，故开发这个软件需要用

$$\frac{1000}{20}=50(\text{人月})$$

每人每月的平均工资为 4000 美元，因此这个软件的成本大约为

$$50\times 4000=200\,000(\text{美元})$$

(3) 软件成本与硬件成本之和为计算机系统的总成本。这个软件的成本在总成本中所占的比例为

$$\frac{200\,000}{200\,000+125\,000}=61.5\%$$

(4) 在 2002 年开发这个应用程序所需的工作量约为

$$\frac{10\,000}{40\times 20}=12.5(\text{人月})$$

这个软件的成本大约为

$$12.5\times 8000=100\,000(\text{美元})$$

该软件的成本在总成本中所占的比例为

$$\frac{100\,000}{100\,000+2000}=98\%$$

2. 答：(1) 在 1985 年对计算机存储容量的需求，估计是

$$\begin{aligned}M&=4080e^{0.28(1985-1960)}\\&=4080e^{7}\\&=4\,474\,263(\text{字})\end{aligned}$$

如果字长为 16 位，则这个存储器的价格是

$$\begin{aligned}P&=0.048\times 0.72^{1985-1974}\times 4\,474\,263\\&=5789(\text{美元})\end{aligned}$$

(2) 如果一条指令的长度为一个字，则使存储器装满程序共需 4 474 263 条指令。

在 1985 年一名程序员每天可开发出 10 条指令，如果每月有 20 个工作日，则每人每月可开发出 10×20＝200 条指令。

为了开发出 4 474 263 条指令以装满存储器，需要的工作量是

$$\frac{4\,474\,263}{200}\approx 22\,371(\text{人月})$$

程序员的月平均工资是4000美元，开发出4 474 263条指令的成本为

$$22\ 371 \times 4000 = 89\ 484\ 000(\text{美元})$$

(3) 在1995年对存储容量的需求，估计为

$$\begin{aligned} M &= 4080e^{0.28(1995-1960)} \\ &= 4080e^{9.8} \\ &= 73\ 577\ 679(\text{字}) \end{aligned}$$

如果字长为32位，则这个存储器的价格是

$$\begin{aligned} P &= 0.003 \times 32 \times 0.72^{1995-1974} \times 73\ 577\ 679 \\ &= 7127(\text{美元}) \end{aligned}$$

如果一条指令为一个字长，则为使存储器装满程序共需73 577 679条指令。

在1995年一名程序员每天可开发出30条指令，每月可开发出600条指令，为了开发出可装满整个存储器的程序，需用的工作量为

$$\frac{73\ 577\ 679}{600} = 122\ 629(\text{人月})$$

开发上述程序的成本为

$$122\ 629 \times 6000 = 735\ 776\ 790(\text{美元})$$

3. 答：(1) 计算机通过运行程序来控制宇宙飞船，而程序指令存放在存储器中。拆下存储器之后，计算机因取不出指令而无法运行程序，因此也就无法控制宇宙飞船了。

我们现在遇到的软件问题没有这么严重，还没有出现计算机不服从人的命令的情况。

(2) 除非鲍曼能亲自分析有故障的部件，或者在计算机上还安装有另外一套故障检测系统，否则不依靠飞行指挥中心他很难知道HAL的故障预报有问题。

(3) 应该把HAL设计成具有若干个储存的问题，供周期性测试之用。通过把应有的测试结果和HAL实际测试结果加以比较的方法，有可能发现HAL的故障预报问题。

此外，不论怎样具体设计HAL系统，都应该设置一种人工操作模式，并把人工操作模式设置为最高等级的控制模式，在任何情况下计算机控制都不能取消人工操作命令。

4. 答：软件过程是为了开发出高质量的软件产品所需完成的一系列任务的框架，它规定了完成各项任务的工作步骤。

软件过程定义了运用技术方法的顺序、应该交付的文档资料、为保证软件质量和协调软件变化必须采取的管理措施，以及标志完成了相应开发活动的里程碑。

软件过程是软件工程方法学的3个重要组成部分之一。

5. 答：软件是计算机系统的逻辑部件而不是物理部件，其固有的特点是缺乏可见性，因此，管理和控制软件开发过程相当困难。

分阶段的生命周期模型提高了软件项目的可见性。管理者可以把各个阶段任务的完成作为里程碑来对软件开发过程进行管理。把阶段划分得更细就能够更密切地监控软件项目的进展情况。

6. 答：里程碑是用来说明项目进展情况的事件。通常，把一个开发活动的结束或一项开发任务的完成定义为一个里程碑。

里程碑必须与软件开发工作的进展情况密切相关，而且里程碑的完成必须非常明显

(也就是说,里程碑应该有很高的可见性)。

7. 答：对这个软件的需求很明确,实现开平方功能的算法也很成熟,因此,既无须通过原型来分析需求也无须用原型来验证设计方案。此外,一旦实现并测试完之后,该产品将被抛弃,因此也无须使用有助于提高软件可维护性的增量模型或螺旋模型来开发该软件。

综上所述,为了开发这个简单的软件,使用大多数人所熟悉的瀑布模型就可以了。

8. 答：对这个项目的一个重要要求是,严格按照已对外公布了的日期完成产品开发工作,因此,选择生命周期模型时应该着重考虑哪种模型有助于加快产品开发的进度。使用增量模型开发软件时可以并行完成开发工作,因此能够加快开发进度。

这个项目是开发该公司已被广泛应用的字处理软件的新版本,从上述事实至少可以得出 3 点结论：第一,旧版本相当于一个原型,通过收集用户对旧版本的反映,较容易确定对新版本的需求,没必要再专门建立一个原型系统来分析用户的需求;第二,该公司的软件工程师对字处理软件很熟悉,有开发字处理软件的丰富经验,具有采用增量模型开发新版字处理软件所需要的技术水平;第三,该软件受到广大用户的喜爱,今后很可能还要开发更新的版本,因此,应该把该软件的体系结构设计成开放式的,以利于今后的改进和扩充。

综上所述,采用增量模型来完成这个项目比较恰当。

9. 答：螺旋模型所定义的软件过程也是一种迭代式软件生命周期过程,与 Rational 统一过程有许多相似之处：螺旋模型也是重复一系列组成系统生命周期的循环,在每次生命周期结束时向用户交付软件产品的一个可运行的版本,每个生命周期由若干次迭代组成,每次迭代都需要进行风险分析,每次迭代结束时都交付产品的一个增量原型。

以系统生命周期为单位的迭代而言,RUP 具有同样的二维迭代特性,但是,在 RUP 的一次生命周期所包含的若干次迭代过程中,每次迭代经历的是 9 个核心工作流程中的若干个流程而不是由笛卡儿坐标系中 4 个象限标明的 4 个方面的活动。具体说来,RUP 与螺旋模型有下述一些明显差异：螺旋模型没有规定对每次迭代过程结束时所交付的增量原型的具体要求,也未指明不同次迭代过程在经历笛卡儿坐标系中 4 个象限时所进行的 4 个方面活动的内容与重点有何不同。与螺旋模型不同,RUP 把产品的整个生命周期划分为 4 个阶段,并且明确给出了对每个阶段内的若干次迭代过程完成后所交付增量的具体要求,即定义了标志每个阶段结束的主要里程碑。此外,RUP 还详细描述了不同阶段中的不同迭代过程在经历 9 个核心工作流程时活动内容的重点和强度有何不同,并且提供了对每次迭代过程中不同核心工作流程活动的并行化支持。因此,RUP 的二维迭代生命周期结构对“迭代”开发方式的体现比螺旋模型更深刻、具体、详尽和全面,用于指导需求不明确、不稳定的项目开发,具有更强的可操作性。

10. 答：敏捷过程具有对变化和不确定性的更快速、更敏捷的反应特性,而且在快速的同时仍然能够保持可持续的开发速度。因此较适用于开发可用资源及开发时间都有较苛刻约束的小型项目。

11. 答：以极限编程为典型代表的敏捷过程是一个一维的迭代过程,该过程中的每个生命周期交付软件产品的一个可运行的版本,各个生命周期持续地循环;每个生命周期的长度(即开发一个软件版本所用的时间)可以从几个星期到几个月,一般说来,生命周期的长度越短越好;敏捷过程衡量项目进度的首要标准是可以工作的软件。

与敏捷过程不同,Rational 统一过程是一个二维的迭代过程,整个过程由生命周期的若干次循环组成;每个生命周期明确地划分为初始、精化、构建和移交 4 个阶段,每个阶段由一次或多次迭代完成,每次迭代可能经历 9 个核心工作流程中的若干个,RUP 明确规定了不同阶段中的不同迭代过程在经历 9 个核心工作流程时,工作内容的重点和强度;RUP 衡量项目进度的首要标准是各个阶段的主要里程碑。

相对于 RUP 而言,敏捷过程具有对需求变化和不确定性的更快速、更敏捷的反应特性,而且在快捷的同时仍然能够保持可持续的开发速度,因此,敏捷过程能够较好地适应商业竞争环境下对小型项目提出的有限资源和有限开发时间的约束,为商业环境下小型项目的开发提供了一些独具特色的、可操作性较强的解决方案,可以作为对 RUP 的补充和完善。相对于敏捷过程而言,RUP 提供的是理想开发环境下软件过程的一种完整而且完美的模式,作为软件过程模式来说,敏捷过程远不如 RUP 全面和完整。

12. 答:相对于 RUP 而言,可以把微软过程看做是它的一个精简配置版本。整个微软过程由若干个生命周期的持续递进循环组成,每个生命周期划分为 5 个阶段。微软过程生命周期阶段与 RUP 生命周期阶段的对应关系为:RUP 的初始阶段完成微软过程规划阶段的工作,精化阶段完成设计工作,构建阶段完成开发和稳定工作,移交阶段完成发布工作。微软过程的每个阶段精简为由一次迭代完成,每次迭代所完成的工作相当于经历 RUP 的若干个核心工作流程:规划阶段中一次迭代主要经历的工作流程为业务建模、需求和项目管理;设计阶段中一次迭代主要经历的工作流程为业务建模、需求、分析设计和项目管理;开发阶段中一次迭代主要经历的工作流程为需求、分析设计和实现;稳定阶段中一次迭代主要经历的工作流程为测试;发布阶段中一次迭代主要经历的工作流程为部署、配置与变更管理和项目管理。

相对于敏捷过程而言,可以把微软过程看做是它的一个扩充版本,微软过程补充规定了其每个生命周期内的各个阶段的具体工作流程。与敏捷过程类似,微软过程的适用范围也是具有有限资源和有限开发时间约束的项目。

第2章 CHAPTER

结构化分析

传统的软件工程方法学采用结构化分析技术完成系统分析(问题定义、可行性研究、需求分析)的任务。

结构化分析技术主要有下述三个要点。

- 采用自顶向下功能分解的方法。
- 强调逻辑功能而不是实现功能的具体方法。
- 使用图形(最主要的是数据流图)进行系统分析并表达分析的结果。

2.1 可行性研究的目的

可行性研究的目的是,用最小的代价在尽可能短的时间内研究并确定客户提出的问题是否有行得通的解决办法。

必须分析几种主要的候选解法的利弊,从而判断原定的系统目标和规模是否现实,系统完成后所能带来的效益是否大到值得投资开发这个系统的程度。

对每种可能的解决方案都应该仔细研究它的可行性,通常,至少从下述三个方面研究每种解决方案的可行性。

(1) 技术可行性:使用现有的技术能否实现这个系统。

(2) 经济可行性:这个系统的经济效益能否超过它的开发成本。

(3) 操作可行性:这个系统的操作方式在该客户组织内是否行得通。

2.2 可行性研究过程

可行性研究实质上是要进行一次大大压缩和简化了的系统分析和设计过程,也就是在较高层次上以较抽象的方式进行的系统分析和设计过程。典型的可行性研究过程有下述步骤。

(1) 复查系统规模和目标。

(2) 研究目前正在使用的系统。

(3) 导出新系统的高层逻辑模型。
(4) 进一步定义问题。
(5) 导出和评价供选择的解法。
(6) 推荐行动方针。
(7) 草拟开发计划。
(8) 书写文档提交审查。

2.3 需求分析的任务

需求分析的基本任务是准确地回答“系统必须做什么?”这个问题。需求分析的任务还不是决定系统怎样完成它的工作,而仅仅是确定系统必须完成哪些工作,也就是对目标系统提出完整、准确、清晰和具体的要求。

具体来说,需求分析的任务主要有下述几项。

1. 确定对系统的综合要求

虽然功能需求是对软件系统的一项基本需求,但并不是唯一的需求。通常对软件系统有下述几方面的综合要求。

(1) 功能需求。
(2) 性能需求。
(3) 可靠性和可用性需求。
(4) 出错处理需求。
(5) 接口需求。
(6) 约束。
(7) 逆向需求。
(8) 将来可能提出的要求。

2. 分析系统的数据要求

3. 导出系统的逻辑模型

4. 修正系统开发计划

2.4 与用户沟通的方法

在获取和分析软件需求的过程中,分析员和用户都起着关键的、必不可少的作用。用户与分析员之间需要沟通的内容非常多,在双方交流信息的过程中很容易出现误解或遗漏,也可能存在二义性。因此,不仅在整个需求分析过程中应该采用行之有效的通信技术,集中精力做细致的工作,而且必须严格审查、验证需求分析的结果。

分析员与用户沟通进行需求分析的典型方法如下所述。

1. 访谈

访谈是最早开始使用的获取用户需求的方法，也是迄今为止仍然广泛使用的需求分析方法。

访谈有两种基本形式，分别是正式的和非正式的访谈。

当需要调查大量人员的意见时，请被调查人填写调查表是十分有效的做法。

在访问用户的过程中使用情景分析技术往往非常有效。所谓情景分析，就是对用户将来使用目标系统解决某个具体问题的方法和结果进行分析。系统分析员利用情景分析技术往往能够获知用户的具体需求。

2. 面向数据流自顶向下求精

结构化分析方法实质上就是，面向数据流自顶向下逐步求精进行需求分析的方法。

通过可行性研究已经得出了目标系统的高层数据流图，需求分析的一个主要目标就是把数据流和数据存储定义到元素级。为了达到这个目标，通常从数据流图的输出端着手分析。

3. 简易的应用规格说明技术

简易的应用规格说明技术是一种面向团队的需求收集技术。这种方法提倡用户与开发者密切合作，共同标识问题，提出解决方案要素，商讨不同的方案并指定基本需求。目前，这种技术已经成为信息系统领域使用的主流技术。

4. 快速建立软件原型

快速建立软件原型是最准确、最有效、最强大的需求分析技术。所谓软件原型，就是快速建立起来的旨在演示目标系统主要功能的可运行的程序。

构建软件原型的要点是，它应该实现用户看得见的功能，省略目标系统的“隐含”功能。

软件原型应该具有的第一个特性是“快速”，第二个特性是“容易修改”。

2.5　分析建模与规格说明

1. 分析建模

为了更好地理解复杂事物，人们通常采用建立事物模型的方法。所谓模型，就是为了理解事物而对事物作出的一种抽象，是对事物的一种无歧义的书面描述。通常，模型由一组图形符号和组织这些符号的规则组成。

尽管目前有许多不同的用于需求分析的结构化分析方法，但是，多数方法都遵守下述准则。

(1) 必须理解并描述问题的信息域，根据这条准则应该建立数据模型。

(2) 必须定义软件应完成的功能,这条准则要求建立功能模型。

(3) 必须描述作为外部事件结果的软件行为,这条准则要求建立行为模型。

(4) 必须对描述目标系统信息、功能和行为的模型进行分解,用层次的方式展示细节。

2. 软件需求规格说明

通过需求分析除了创建分析模型之外,还应该写出软件需求规格说明书,它是需求分析阶段得出的最主要文档。

通常用自然语言完整、准确、具体地描述对目标系统的需求,这样的规格说明书具有容易书写、容易理解的优点。

为了消除用自然语言书写的软件需求规格说明书中可能存在的不一致、歧义、含糊、不完整及抽象层次混乱等问题,有些人主张用形式化方法描述用户对软件的需求。

2.6 实体-联系图

为了把用户的数据要求清楚、准确地描述出来,系统分析员通常建立一个概念性的数据模型。概念性数据模型是一种面向问题的数据模型,它描述了从用户角度看到的数据。

通常,使用实体-联系图来建立数据模型。可以把实体-联系图简称为ER图,相应地可以把用ER图描绘的数据模型称为ER模型。

ER图中包含了实体(即数据对象)、关系和属性三种基本成分。通常用矩形框代表实体,用连接相关实体的菱形框表示关系,用椭圆形或圆角矩形表示实体或关系的属性,并用直线把实体(或关系)与其属性连接起来。

2.7 数据流图

数据流图描绘数据在软件系统内从输入移动到输出过程中所经受的变换。通常用数据流图建立软件系统的功能模型。

数据流图是系统逻辑功能的图形表示,图中没有任何具体的物理部件,仅仅描绘数据在软件中流动和被处理的逻辑过程,不懂计算机技术的人也容易理解它,因此是分析员与用户之间极好的通信工具。

数据流图只有下述4种基本符号:正方形(或立方体)表示数据的源点或终点;圆角矩形(或圆形)代表变换数据的处理;开口矩形(或两条平行横线)代表数据存储;箭头线表示数据流,即特定数据的流动方向。

数据存储和数据流都是数据,仅仅所处的状态不同。数据存储是处于静止状态的数据,数据流是处于运动状态的数据。

在数据流图中应该描绘所有可能的数据流向,而不应该描绘出现某个数据流的条件。千万不要试图在数据流图中表示分支条件或循环,这样做将造成混乱,画不出正确的数据流图。

通常在数据流图中忽略出错处理，也不包含诸如打开或关闭文件之类的内务处理。画数据流图的要点是，描绘“做什么”而不考虑“怎样做”。

画数据流图的基本方法是，从基本系统模型出发，自顶向下从抽象到具体分层次地画。

2.8 数据字典

数据字典是关于数据的信息的集合，也就是对数据流图中包含元素的定义的集合。它的作用是在软件分析和设计的过程中提供关于数据的描述信息。

数据字典和数据流图共同构成系统的逻辑模型。

数据字典定义数据的方法就是对数据自顶向下地分解，当分解到不需要进一步定义，每个和工程有关的人也都清楚其含义的元素时，这时分解过程就结束了。

通常使用下列符号来定义数据。

- ＝意思是等价于(或定义为)。
- ＋意思是和(即顺序连接两个分量)。
- [ ]意思是或(即从方括号内列出的若干个分量中选择一个)，通常用|号分隔开供选择的分量。
- {}意思是重复(即重复花括号内的分量)。
- ()意思是可选(即圆括号里的分量可有可无)。

常常使用上限和下限进一步注释表示重复的花括号。一种注释方法是，在开括号的左边用上角标和下角标分别标明重复次数的上限和下限；另一种注释方法是，在开括号左侧标明重复次数的下限，在闭括号的右侧标明重复次数的上限。

2.9 状态转换图

状态转换图(简称为状态图)通过描绘系统状态及引起系统状态转换的事件来表示系统的行为。此外，状态图还指明了作为特定事件的结果系统将做哪些动作。因此，可以用状态图建立软件系统的行为模型。

1. 状态

状态是可以被观察到的系统行为模式，一个状态代表系统的一种行为模式。状态规定了系统对事件的响应方式。

在状态图中定义的状态主要有初态、终态和中间状态。在一张状态图中只能有一个初态，而终态则可以有 0 至多个。

在状态图中，初态用实心圆表示，终态用一对同心圆(内圆为实心圆)表示。中间状态用圆角矩形表示，可以用两条水平横线把它分成上、中、下三个部分，分别放置状态名、状态变量和活动表。

2. 事件

事件是在某个特定时刻发生的事情，它是对引起系统做动作或(和)从一个状态转换到另一个状态的外界事件的抽象。

状态图中两个状态之间带箭头的连线称为状态转换，箭头指明了转换的方向。状态转换通常是由事件触发的，在这种情况下应该在表示状态转换的箭头线上标出触发转换的事件表达式。

2.10 其他图形工具

1. 系统流程图

在进行可行性研究时，需要了解和分析现有的系统，并以概括的形式表达对现有系统的认识；在可行性研究及设计阶段，需要把设想的新系统逻辑模型转变成物理模型，因此必须描绘未来物理系统的概貌。

系统流程图是概括地描绘物理系统的传统工具，它用图形符号以黑盒子形式描绘组成系统的每个具体部件。系统流程图表达的是数据在系统各部件之间流动的情况，而不是对数据进行加工处理的控制过程，因此，它是物理数据流图而不是程序流程图。

2. 层次方框图

层次方框图用树形结构的一系列多层次的矩形框描绘数据的层次结构。树形结构的顶层是一个单独的矩形框，它代表完整的数据结构，下面各层矩形框代表这个数据的组成部分，最底层的各个框代表组成这个数据的实际数据元素。

3. Warnier 图

Warnier 图也用树形结构描绘信息，但是它提供的描绘手段比层次方框图更丰富。

用 Warnier 图可以清楚地描绘信息的逻辑结构，也就是说，它可以表明一个(或一类)信息元素是重复出现的，也可以表示特定信息在某一类信息中是有条件地出现的。因为重复和条件约束是说明软件处理过程的基础，所以很容易把 Warnier 图转变成软件设计的工具。

Warnier 图用花括号的开括号来区分数据结构的层次，在一个开括号内的所有名字都属于同一类信息，一个名字下方(或右侧)的圆括号中的数字标明了这个名字代表的信息类(或元素)在这个数据结构中出现的次数。

4. IPO 图

IPO 图是输入、处理和输出图的简称，它能够方便地描绘输入数据、对数据的处理和输出数据之间的关系，可以用来描述数据流图中处理框的功能，也可以描述程序模块的功能或实现算法。

2.11　验证软件需求

需求分析阶段的工作结果是开发软件系统的重要基础，一旦对目标系统提出完整、具体的要求并写出了软件需求规格说明书之后，就必须严格验证这些需求的正确性。通常从下述 4 个方面进行验证。

(1) 一致性。所有需求必须是一致的，任何一条需求都不能和其他需求相互矛盾。

(2) 完整性。需求必须是完整的，软件需求规格说明书应该包含用户对软件产品的每一项要求。

(3) 现实性。指定的需求应该是用现有的硬件技术和软件技术可以实现的。

(4) 有效性。需求必须是有效的，确实能解决用户所面临的问题，可以达到开发该软件的目标。

2.12　成本/效益分析

2.12.1　成本估计

软件开发成本主要表现为人力消耗，也就是以人日、人月或人年为单位的工作量。把开发软件所需用的工作量乘以平均工资则得到开发费用。最简单的成本估计技术是代码行技术和任务分解技术。

1. 代码行技术

首先估计实现软件的源代码行数，然后用每行代码的平均成本乘以行数就可以得出软件的成本。每行代码的平均成本主要取决于软件的复杂程度和工资水平。

2. 任务分解技术

首先把软件开发工程分解为若干个相对独立的任务，然后分别估计完成每个开发任务的成本，最后累加起来得出软件的总成本。估计完成每项任务的成本时，通常先估计完成该项任务需要的工作量，再乘以平均工资就可得出该项任务的成本。

2.12.2　成本/效益分析方法

首先，估计开发新系统的成本和新系统将带来的经济效益(增加的收入与节省的运行费用之和)。然后比较新系统的开发成本和经济效益，以便从经济角度判断是否值得投资开发这个系统，但是，投资是现在进行的，效益是将来获得的，应该考虑货币的时间价值。

1. 货币的时间价值

通常用利率的形式表示货币的时间价值。假设年利率为 i，若现在存入 P 元，则 n 年

后可得到的钱数为

$$F = P(1+i)^n$$

这也就是 P 元钱在 n 年后的价值。反之,如果 n 年后能收入 F 元钱,则这些钱的现在价值是

$$P = F/(1+i)^n$$

2. 投资回收期

投资回收期就是使累计的经济效益等于最初的投资所需要用的时间。

3. 纯收入

纯收入就是在整个生命周期内系统的累计经济效益(折合成现在值)与投资之差。

2.13 形式化说明技术

形式化说明技术是描述系统性质的、基于数学的技术。

1. 有穷状态机

一个有穷状态机包括下述5个部分:有穷的非空状态集 J;有穷的非空输入集 K;由当前状态和当前输入确定下一个状态(次态)的转换函数 T;初始态 S;终态集 F。

2. Petri网

通常,Petri网包含下列5种元素:

- 一组位置 P,在图中用圆圈代表位置。
- 一组转换 T,在图中用短直线表示转换。
- 一组输入函数 I,用由位置指向转换的箭头表示,它们是转换的函数。
- 一组输出函数 O,用由转换指向位置的箭头表示,它们是转换的函数。
- 标记 M,是Petri网中权标的分配,在某个位置有 n 个权标,则在代表该位置的圆圈内放 n 个圆点。

通常,当每个输入位置所拥有的权标数大于等于从该位置到转换的线数时,该转换就允许激发。当一个转换被激发时,每个输入位置减少的权标数等于从该位置到转换的箭头线数,而其输出位置增加的权标数等于从转换指向该输出位置的箭头线数。

对Petri网的一个重要扩充是加入禁止线。禁止线是用一个小圆圈而不是用箭头标记的输入线。通常,当每条输入线上至少有一个权标而禁止线上没有权标时,相应的转换才被允许。

3. Z语言

用Z语言描述的、最简单的形式化规格说明包含下述4部分:

• 给定的集合、数据类型及常数。
• 状态定义。
• 初始状态。
• 操作。

通常，一个 Z 规格说明由若干个“格”组成，每个格含有一组变量说明和一系列限定变量取值范围的谓词。

4. 应用形式化方法的准则

(1) 应该选用适当的形式化说明方法。
(2) 应该形式化，但不要过分形式化。
(3) 应该预先估算使用形式化方法的成本。
(4) 应该有形式化方法的顾问随时提供咨询。
(5) 尽量与传统方法结合起来使用。
(6) 应该建立详尽的文档。
(7) 应该一如既往地实施其他质量保证活动。
(8) 不要盲目依赖形式化方法。
(9) 应该测试、测试、再测试。
(10) 应该坚持软件重用。

习　题

1. 情景与描述了所有可能的动作序列的状态图之间有什么关系？

2. 在程序流程图中的每个结点都必须有一条从开始结点到该结点本身的路径，以及一条从该结点到结束结点的路径。为什么数据流图没有关于结点之间可达性的类似规则？

3. 请为某仓库的管理设计一个 ER 模型。该仓库主要管理零件的订购和供应等事项。仓库向工程项目供应零件，并且根据需要向供应商订购零件。

4. 银行计算机储蓄系统的工作过程大致如下：储户填写的存款单或取款单由业务员键入系统，如果是存款则系统记录存款人姓名、住址（或电话号码）、身份证号码、存款类型、存款日期、到期日期、利率及密码（可选）等信息，并打印出存款存单给储户；如果是取款而且存款时留有密码，则系统首先核对储户密码，若密码正确或存款时未留密码，则系统计算利息并打印出利息清单给储户。

请用数据流图描绘本系统的功能，并用实体-联系图描绘系统中的数据对象。

5. 目前住院病人主要由护士护理，这样做不仅需要大量护士，而且由于不能随时观察危重病人的病情变化，还会延误抢救时机。某医院打算开发一个以计算机为中心的患者监护系统,请分层次地画出描述本系统功能的数据流图。

医院对患者监护系统的基本要求是随时接收每个病人的生理信号(脉搏、体温、血压、心电图等),定时记录病人情况以形成患者日志,当某个病人的生理信号超出医生规定的安全范围时向值班护士发出警告信息,此外,护士在需要时还可以要求系统输出某个指定病人的病情报告。

6. 考虑一个修改磁带上主文件的系统。文件管理员把修改信息穿孔在卡片上,系统读入穿孔卡片上的信息并按照记录号把修改信息顺序排列好。然后系统逐个读入主文件上的记录,根据记录上的校验码校核每个读入的记录,丢掉出错的记录,按照修改信息修改余下的记录,产生的新文件存储在磁盘上。最后,系统输出一份修改报告供文件管理员参阅。

请分层次地画出上述主文件修改系统的数据流图。

7. 某高校可用的电话号码有以下几类:校内电话号码由4位数字组成,第1位数字不是0;校外电话又分为本市电话和外地电话两类,拨校外电话需先拨0,如果是本地电话再接着拨8位电话号码(第1位不是0),如果是外地电话则先拨3位区码,再拨8位电话号码(第1位不是0)。

请用2.8节讲述的符号定义上述的电话号码。

8. 办公室复印机的工作过程大致如下:未接收到复印命令时处于闲置状态,一旦接收到复印命令则进入复印状态,完成一个复印命令规定的工作后又回到闲置状态,等待下一个复印命令;如果执行复印命令时发现缺纸,则进入缺纸状态,发出警告,等待装纸,装满纸后进入闲置状态,准备接收复印命令;如果复印时发生卡纸故障,则进入卡纸状态,发出警告等待维修人员来排除故障,故障排除后回到闲置状态。

请用状态转换图描绘复印机的行为。

9. 二维整数表是由整数对构成的数组,可以认为表中左列的整数被映射成右列的整数,因此,可以把二维整数表看做是把整数映射成整数的函数。该函数的定义域是表中左列整数的集合,例如,若表 $g=\{(3,5),(7,6),(8,2)\}$,则 g 的定义域 $\mathrm{dom}(g)=\{3,7,8\}$。

查表(Lookup)操作在一张二维整数表中查找一个给定的表项(即整数)。如果在表的定义域中有这个给定的整数,则查找结果为该整数所映射成的整数,否则查找结果为零。例如,若在上述的表 g 中查找整数7,则得到的结果为6;若查找整数5,则得到的结果为0。

试用Z语言写出查表操作的规格说明。

10. 一个浮点二进制数的构成是:一个可选的符号(+或-),后跟一个或多个二进制位,再跟上一个字符E,再加上另一个可选符号(+或-)及一个或多个二进制位。例如,下列的字符串都是浮点二进制数:

110101E-101

-100111E11101

+1E0

更形式化地，浮点二进制数定义如下：

```
〈floating-point binary〉::=[〈sign〉]〈bitstring〉E[〈sign〉]〈bitstring〉
〈sign〉                 ::= + | -
〈bitstring〉            ::=〈bit〉[〈bitstring〉]
〈bit〉                  ::=0|1
```

其中，符号::=表示定义为；

符号[...]表示可选项；

符号 $a|b$ 表示 a 或 b。

假设有这样一个有穷状态机：以一串字符为输入，判断字符串是否为合法的浮点二进制数。试对这个有穷状态机进行规格说明。

11. 假设你在一所职业高中工作，负责该校信息系统的建设与维护。财务科长请你研究用学校拥有的计算机生成工资明细表和各种财务报表的可能性。

请详细描述你用结构化分析方法分析上述问题的过程。

习题解答

1. 答：情景仅仅是通过部分或全部状态图的一条路径。也就是说，情景仅仅描述了系统的某个典型行为，而状态图则描述了系统所有行为。

2. 答：数据流图不描述控制，因此，在一个数据流图中两个“处理”之间可能没有通路。如果每个处理都使用不同的输入数据，并生成不同的输出数据，而且一个处理的输出不用做另一个处理的输入，那么，在它们之间就没有弧。

3. 答：建立 ER 图的大致过程如下所述。

(1) 确定实体类型

本问题中共有三类实体，分别是“零件”、“工程项目”和“供应商”。

(2) 确定联系类型

一种零件可供应多个工程项目，一个工程项目需要使用多种零件，因此，零件与工程项目之间的联系“供应”，是多对多($M:N$)联系；类似地，零件与供应商之间的联系“订购”，也是多对多($M:N$)联系。

(3) 确定实体类型和联系类型的属性

实体类型“零件”的主要属性是零件编号、零件名称、颜色和重量。实体类型“工程项目”的属性主要是项目编号、项目名称和开工日期。实体类型“供应商”的属性主要有供应商编号、供应商名称和地址。

联系类型“供应”的属性是向某工程项目供应的某种零件的数量。联系类型“订购”的属性是向某供应商订购的某种零件的数量。

(4) 把实体类型、联系类型及属性组合成ER图

仓库管理的ER图如图2.1所示。

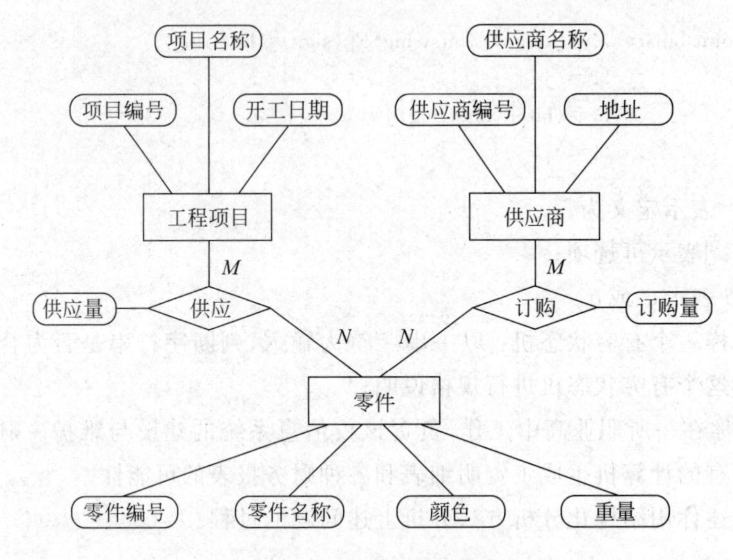

图2.1 仓库管理的ER图

4. 答:(1) 描绘本系统功能的数据流图如图2.2所示。

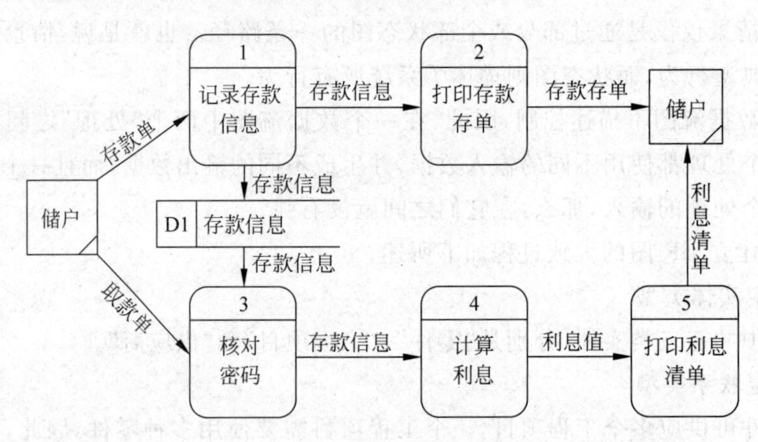

图2.2 计算机储蓄系统数据流图

(2) 本问题中共有两类实体,分别是“储户”和“储蓄所”,它们之间存在“存取款”关系。因为一位储户可以在多家储蓄所存取款,一家储蓄所拥有多位储户,所以“存取款”是多对多($M:N$)关系。

储户的属性主要有姓名、住址、电话号码和身份证号码,储蓄所的属性主要是名称、地址和电话号码,而数额、类型、到期日期、利率和密码则是联系类型存取款的属性。

图2.3是描绘计算机储蓄系统中数据对象的实体-联系图。

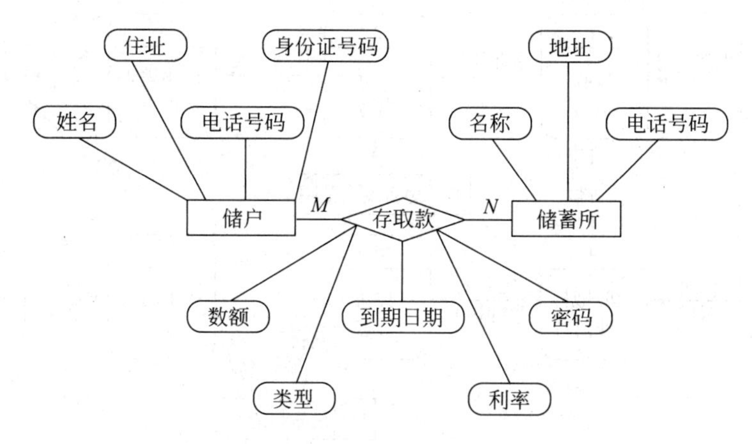

图 2.3　计算机储蓄系统的实体-联系图

5. 答：从问题陈述可知，本系统的数据源点是“病人”和“护士”，他们分别提供生理信号和要求病情报告的信息。进一步分析问题陈述，从系统应该“定时记录病人情况以形成患者日志”这项要求可以想到，还应该有一个提供日期和时间信息的“时钟”作为数据源点。

从问题陈述容易看出，本系统的数据终点是接收警告信息和病情报告的护士。

系统对病人生理信号的处理功能主要是“接收信号”、“分析信号”和“产生警告信息”。此外，系统还应该具有“定时取样生理信号”、“更新日志”和“产生病情报告”的功能。

为了分析病人生理信号是否超出了医生规定的安全范围，应该存储“患者安全范围”信息。此外，定时记录病人生理信号所形成的“患者日志”显然也是一个数据存储。

本系统的基本系统模型如图 2.4 所示，图 2.5 是本系统的功能级数据流图。

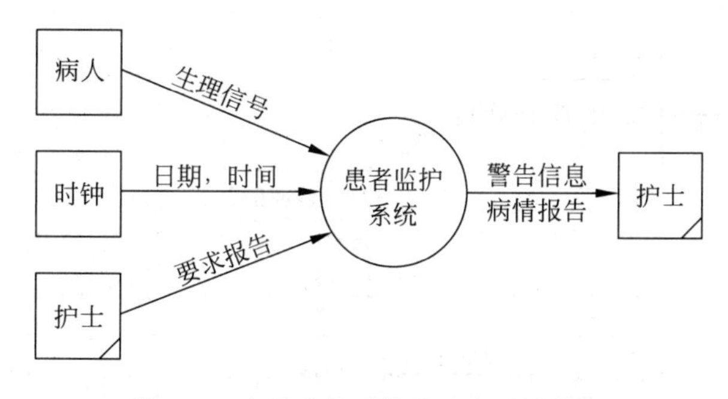

图 2.4　患者监护系统的基本系统模型

6. 答：本系统的数据源点和终点都是文件管理员，他既向系统提供修改信息，又接收系统生成的修改报告。

系统功能主要是接收修改信息、读主文件、校核记录、修改原始记录和产生报告。注意，问题陈述中所描述的“系统按照记录号把修改信息顺序排列好”，是具体的实现方法。在数据流图中无须描绘具体实现方法，因此，在本系统的数据流图中不需要包含“排序”功能。类似地，“文件管理员把修改信息穿孔在卡片上，系统读入穿孔卡片上的信息”，是系

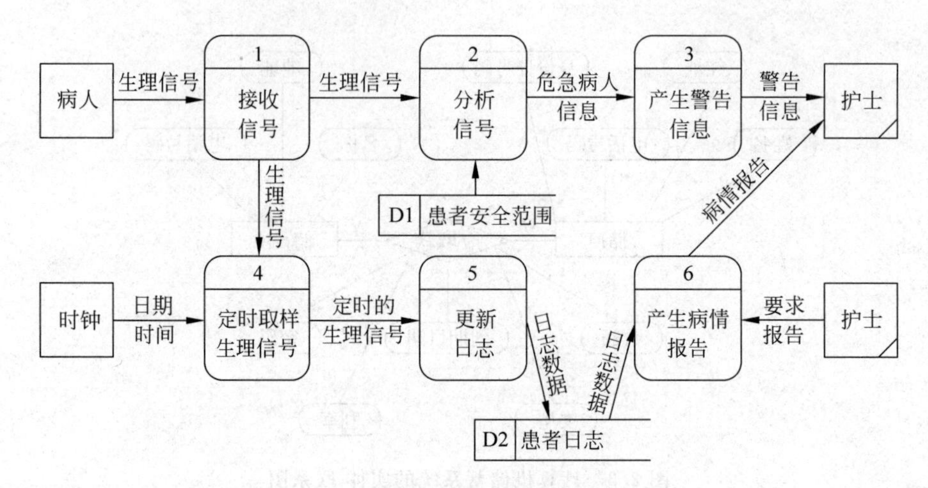

图 2.5 患者监护系统的功能级数据流图

统接收修改信息的具体方法。在数据流图中无须描绘这个具体的实现方案,因此,在本系统的数据流图中不需要包含“穿卡片”和“读卡片”功能。

本系统包含的数据存储是修改信息、主文件和修改后的主文件。

图 2.6 是本系统的基本系统模型,图 2.7 是功能级数据流图。

图 2.6 主文件修改系统的基本系统模型

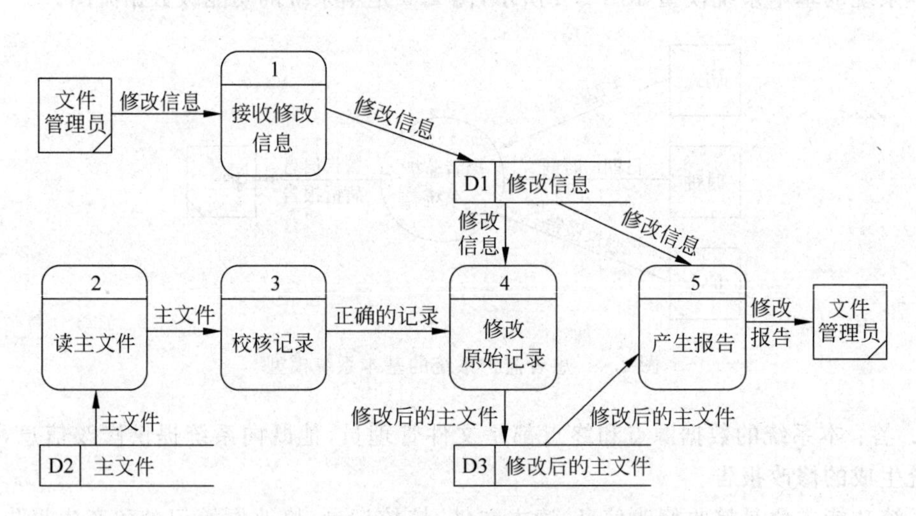

图 2.7 主文件修改系统的功能级数据流图

7. 答:电话号码=[校内电话号码|校外电话号码]

校内电话号码=非零数字+3 位数字

校外电话号码＝[本市号码|外地号码]
本市号码＝数字零＋8位数字
外地号码＝数字零＋3位数字＋8位数字
非零数字＝[1|2|3|4|5|6|7|8|9]
数字零＝0
3位数字＝3{数字}3
8位数字＝非零数字＋7位数字
7位数字＝7{数字}7
数字＝[0|1|2|3|4|5|6|7|8|9]

8. 答：从问题陈述可知，复印机的状态主要有闲置、复印、缺纸和卡纸。引起状态转换的事件主要是复印命令、完成复印命令、发现缺纸、装满纸、发生卡纸故障和排除了卡纸故障。

图2.8所示状态转换图描绘了复印机的行为。

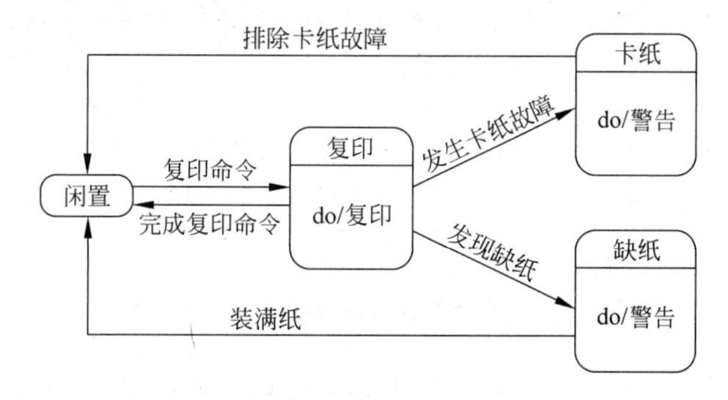

图2.8　复印机的状态图

9. 答：Lookup操作的Z规格说明如图2.9所示。

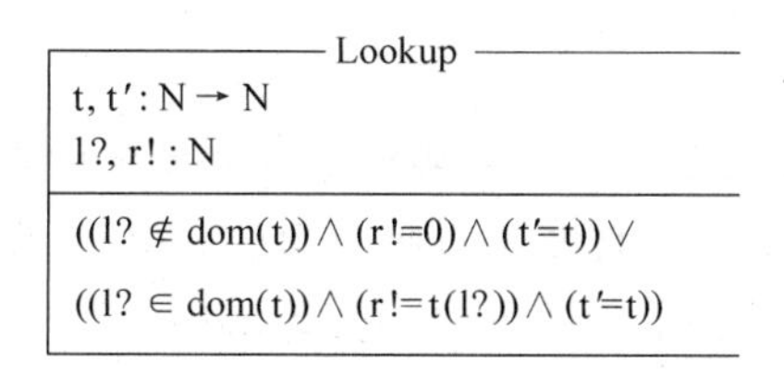

图2.9　Lookup操作的Z规格说明

上面给出的Z规格说明指出：t是二维整数表，t′是执行查表操作后的二维整数表；l?是输入(即要查找的整数)，r!是查表操作得到的结果，它也是整数。

图2.9所示Z规格的下半部分准确地说明了查表操作应该得到的结果：

- 若输入l?不在表t的定义域中，则输出r! 是0，而且表t保持不变。
- 若输入l?在表t的定义域中，则输出r! 是表t中l? 所映射成的那个整数，而且表t保持不变。

为什么需要在Z规格说明中指出，查表结果保持表t不变呢？试想，如果在Z规格说明中没有提出这项要求，则在查找过程中修改了表t的实现方案(可能这样做编程更方便些),也是符合规格说明的。但是,这样的实现方案是用户不能接受的。

10. 答:该有穷状态机的初态是"等待字符串输入"。在初态若接收到字符+、或字符-、或二进制位,则进入"输入尾数"状态;在初态若接收到其他字符,则进入终态"非浮点二进制数"。在"输入尾数"状态若接收到二进制位,则保持该状态不变;若接收到字符E,则进入"等待输入指数"状态;若接收到其他字符,则进入终态"非浮点二进制数"。在"等待输入指数"状态若接收到字符+、或字符-、或二进制位,则进入"输入指数"状态;若接收到其他字符,则进入终态"非浮点二进制数"。在"输入指数"状态若接收到二进制位,则保持该状态不变;若输入其他字符,则进入终态"非浮点二进制数";若输入结束,则进入终态"浮点二进制数"。

综上所述,判断输入的字符串是否是浮点二进制数的有穷状态机如图2.10所示。

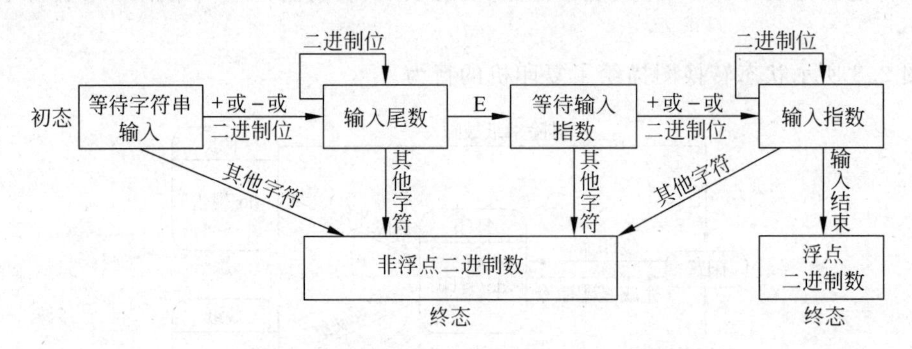

图2.10 判断浮点二进制数的有穷状态机

仔细研究如图2.10所示的有穷状态机可以发现,它还有不够严格的地方。有兴趣的读者请进一步改进它,画出更严格的、与浮点二进制数定义完全一致的有穷状态机。

11. 答:通常,结构化分析过程包括问题定义、可行性研究和需求分析三个阶段。下面分别叙述这三个阶段的分析过程。

(1) 问题定义

从何处着手解决财务科长提出的问题呢?立即开始考虑实现工资支付系统的详细方案并动手编写程序,对技术人员无疑是很有吸引力的。但是,在这样的早期阶段就考虑具体的技术问题,却很可能会迷失前进的方向。会计部门(用户)并没有要求在学校自己的计算机上实现工资支付系统,仅仅要求研究这样做的可能性。后者是和前者很不相同的问题,它实际上是问,这样做预期将获得的经济效益能超过开发这个系统的成本吗?换句话说,这样做值得吗?

优秀的系统分析员还应该进一步考虑,用户面临的问题究竟是什么。财务科长为什么想研究在自己的计算机上实现工资支付系统的可能性呢?询问财务科长后得知,该校一直由会计人工计算工资并编制财务报表,随着学校规模扩大,工作量也越来越大。目前每个月都需要两名会计紧张工作半个月才能完成,不仅效率低而且成本高。今后学校规模将进一步扩大,人工计算工资的成本还会进一步提高。

因此,目标是寻找一种比较便宜的生成工资明细表和各种财务报表的办法,并不一定必须在学校自己的计算机上实现工资支付系统。财务科长提出的要求实际上并没有描述应该解决的问题，而是在建议一种解决问题的方案。这种解决方案可能是一个好办法，分析员当然应该认真研究它，但是也还应该考虑其他可能的解决方案，以便选出最好的方案。良好的问题定义应该明确地描述实际问题，而不是隐含地描述解决问题的方案。

分析员应该考虑的另一个关键问题是预期的项目规模。为了改进工资支付系统最多可以花多少钱呢？虽然没人明确提出来，但是肯定会有某个限度。应该考虑下述 3 个基本数字：目前计算工资所花费的成本、新系统的开发成本和运行费用。新系统的运行费用必须低于目前的成本，而且节省的费用应该能使学校在一个合理的期限内收回开发新系统时的投资。

目前，每个月由两名会计用半个月时间计算工资和编制报表，一名会计每个月的工资和岗位津贴共约 2000 元，因此，每年为此项工作花费的人工费约 2.4 万元。显然，任何新系统的运行费用也不可能减少到小于零，因此，新系统每年最多可能获得的经济效益是 2.4 万元。

为了每年能节省 2.4 万元，投资多少钱是可以接受的呢？绝大多数单位都希望在 3 年内收回投资，因此，7.2 万元可能是投资额的一个合理的上限值。虽然这是一个很粗略的数字，但是它确实能使用户对项目规模有一些了解。

为了请客户（会计科和学校校长）检验分析员对需要解决的问题和项目规模的认识是否正确，以便在双方达成共识的基础上开发出确实能满足用户实际需要的新系统，典型地，分析员用一份简短的书面备忘录表达他对问题的认识，这份文档称为“关于系统规模和目标的报告书”（见表 2.1）。

表 2.1　关于工资支付系统规模和目标的报告书

	关于系统规模和目标的报告书　2002.12.26
项目名称：	工资支付
问题：	目前计算工资和编制报表的费用太高
项目目标：	研究开发费用较低的新工资支付系统的可能性
项目规模：	开发成本应该不超过 7.2 万元(±50%)
初步设想：	用学校自己的计算机系统生成工资明细表和财务报表
可行性研究：	为了更全面地研究工资支付项目的可能性，建议进行大约历时两周的可行性研究。这个研究的成本不超过 4000 元

校长和财务科经过研究同意了上述报告书，就可以对工资支付项目进行更仔细的研究了。

(2) 可行性研究

可行性研究是抽象和简化了的系统分析和设计的全过程，它的目标是用最小代价尽快确定问题是否能够解决，以避免盲目投资带来的巨大浪费。

本项目的可行性研究过程由下述步骤组成。

① 澄清系统规模和目标。

为了确保从一个正确的出发点着手进行可行性研究，首先通过访问财务科长和校长进一步验证上一阶段写出的“关于工资支付系统规模和目标的报告书”的正确性。

通过访问分析员对人工计算工资存在的弊端有了更具体的认识，并且了解到工资总数应该记入分类日记账，显然，新工资支付系统不能忽略与分类账系统的联系。

② 研究现有的系统。

了解任何应用领域的最快速有效的方法可能都是研究现有的系统。通过访问具体处理工资事务的两名会计，可以知道处理工资事务的大致过程。开始时把工资支付系统先看做一个黑盒子，图2.11所示的系统流程图描绘了处理工资事务的大致过程。

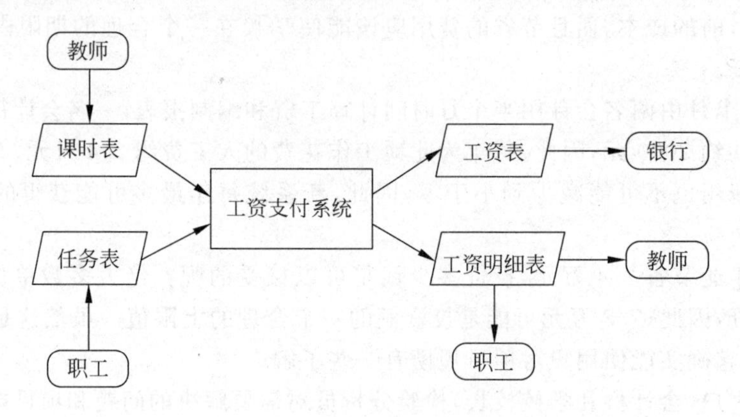

图2.11 处理工资事务的大致过程

处理工资事务的大致过程是，每月月末教师把他们当月实际授课时数登记在课时表上，由各系汇总后交给财务科，职工把他们当月完成承包任务的情况登记在任务表上，汇总后交给财务科。两名会计根据这些原始数据计算每名教职工的工资，编制工资表、工资明细表和财务报表。然后，把记有每名教职工工资总额的工资表报送银行，由银行把钱打到每名教职工的工资存折上，同时把工资明细表发给每名教职工。

接下来应该搞清楚图2.11中黑盒子(工资支付系统)的内容。

通过反复询问财务人员，可以知道现有的人工系统计算工资和编制报表的流程如下：接到课时表和任务表之后，首先审核这些数据，然后把审核后的数据按教职工编号排序并抄到专用的表格上，该表格预先印有教职工编号、姓名、职务、职称、基本工资、生活补贴、书报费、交通费、洗理费等数据。接下来根据当月课时数或完成承包任务情况，计算课时费或岗位津贴。算出每个人的工资总额之后，再计算应该扣除的个人所得税，应交纳的住房公积金和保险费，最后算出每个人当月的实发工资数。把算出的上述各项数据登记到前述的专用表格上，就得到了工资明细表。然后对数据进行汇总，编制出各种财务报表，而工资表不过是简化的工资明细表，它只包含工资明细表中的教职工编号、姓名和实发工资这3项内容。图2.12所示的系统流程图描绘了现有的人工工资支付系统的工作流程。

必须请有关人员仔细审查图2.12所示的系统流程图，有错误就应该及时纠正，有遗漏就应该及时补充。

③ 导出高层逻辑模型。

系统流程图很好地描绘了具体的系统，但是，在这样的图中把“做什么”和“怎样做”这两类不同范畴的知识混在一起了。我们的目标不是一成不变地复制现有的人工系统，而

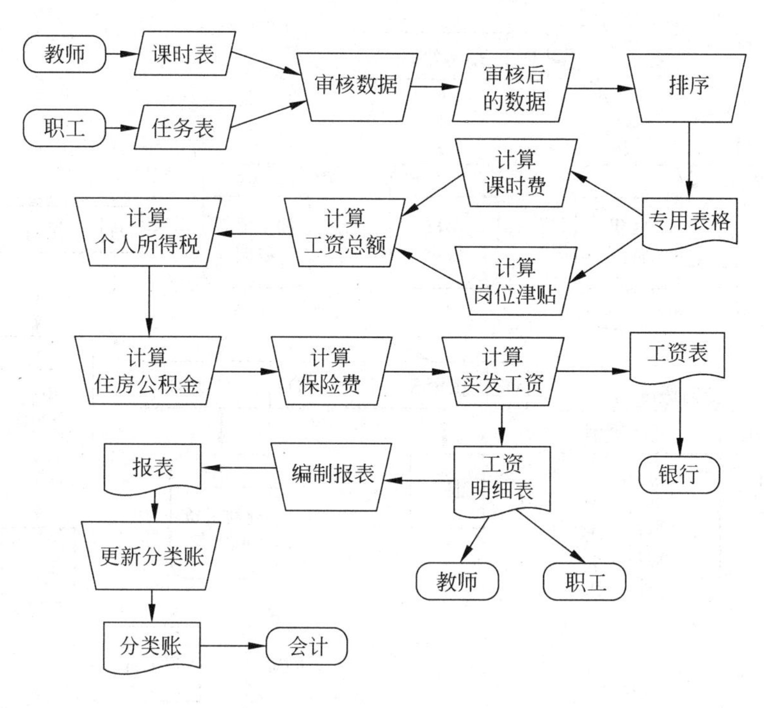

图 2.12 现有的工资支付系统

是开发一个能完成同样功能的新系统，因此，应该着重描绘系统的逻辑功能。

删除图 2.12 中表示的有关具体实现方法的信息，把它抽象成图 2.13。在这张数据流图中用“事务数据”代表课时表和任务表中包含的数据，用“加工事务数据”笼统地代表计算课时费、岗位津贴、工资总额、个人所得税、住房公积金、保险费、实发工资等一系列功能。这张数据流图描绘的是系统高层逻辑模型，在可行性研究阶段还不需要考虑完成“加工事务数据”功能的具体算法，因此没必要把它分解成一系列更具体的数据处理功能。

在图 2.13 中的处理框“更新分类账”虽然不属于本系统应完成的功能，但是，工资支付系统至少必须和“更新分类账”所在的系统通信，因此搞清楚它们之间的接口要点是很重要的。

在数据流图上直接注明关键的定时假设很有必要。在以后的系统设计过程中这些假设将起重要作用。清楚地注明这些假设也可以增加及时发现和纠正误解的可能性。

④ 进一步确定系统规模和目标。

现在，分析员再次访问会计和财务科长，讨论的焦点集中在图 2.13 所示的数据流图，它代表了到现在为止分析员对所要开发的系统的认识。通过仔细分析和讨论数据流图，能够及时发现并纠正分析员对系统的误解，补充被他忽视了的内容。

分析员现在对工资支付系统的认识已经比问题定义阶段深入多了，根据现在的认识，可以更准确地确定系统规模和目标。如果系统规模有较大变化，则应及时报告给客户，以便作出新的决策。

可行性研究的上述 4 个步骤可以看做是一个循环。分析员定义问题，分析这个问题，导出试探性的逻辑模型，在此基础上再次定义问题……重复这个循环直至得出准确的逻

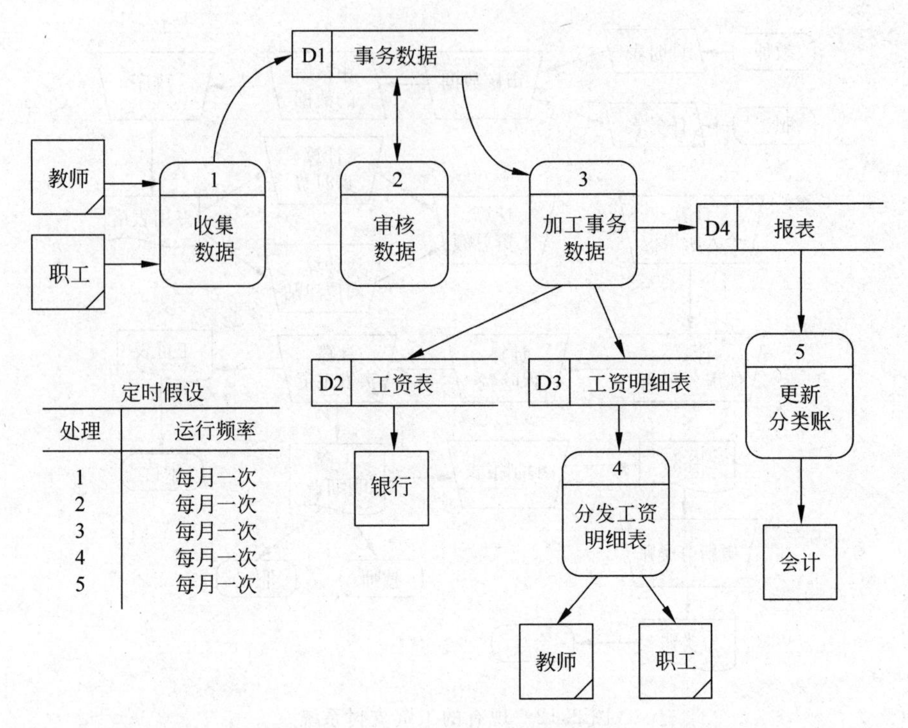

图2.13　工资支付系统的数据流图

辑模型为止，然后分析员开始考虑实现这个系统的方案。

⑤ 导出供选择的解法。

现在分析员对用户的问题已经有了比较深入的理解，但是，问题有行得通的解决办法吗？回答这个问题的唯一方法是，导出一些供选择的解决办法，并且分析这些解法的可行性。

导出供选择的解法的一个常用的简单方法是从数据流图出发，设想几种划分自动化边界的模式，并且为每种模式设想一个系统。

在分析供选择的解法时，首先考虑的是技术上的可行性。显然，从技术角度看不可能实现的方案是没有意义的。但是，技术可行性只是必须考虑的一个方面，还必须能同时通过其他检验，一种方案才是可行的。

接下来考虑操作可行性。例如，在对学生开放的公共计算机房内运行工资支付程序显然是不合适的。这样做不仅不安全而且会暴露教职工的个人隐私。因此，必须为工资支付系统单独购置一台计算机及必要的外部设备，并且放在一间专用的房间里。

最后，必须考虑经济可行性问题，即“效益大于成本吗？”因此，分析员必须对已经通过了技术可行性和操作可行性检验的解决方案再进行成本/效益分析。

为了给客户提供在一定范围内进行选择的余地，分析员应该至少提出3种类型的供选择的方案：低成本系统、中等成本系统和高成本系统。

如果把每月发一次工资改为每两个月发一次工资，则人工计算工资的成本大约可减少一半，即每年可节省1.2万元。除了已经进行的可行性研究的费用外，不再需要新的投资。这是一个很诱人的低成本方案。

当然,也必须充分认识上述低成本方案的缺点:违反常规;教职工反对;不能解决根本问题,随着学校规模扩大,人工处理工资事务的费用也将成比例地增加。

作为中等成本的解决方案,建议基本上复制现有系统的功能:课时表和任务表交到处理工资事务的专用机房,操作员把这些数据通过终端送入计算机,数据收集程序接收并校核这些事务数据,把它们存储在磁盘上。然后运行工资支付程序,这个程序从磁盘中读取事务数据,计算工资,打印出工资表、工资明细表和财务报表。图 2.14 所示的系统流程图描绘了上述系统。

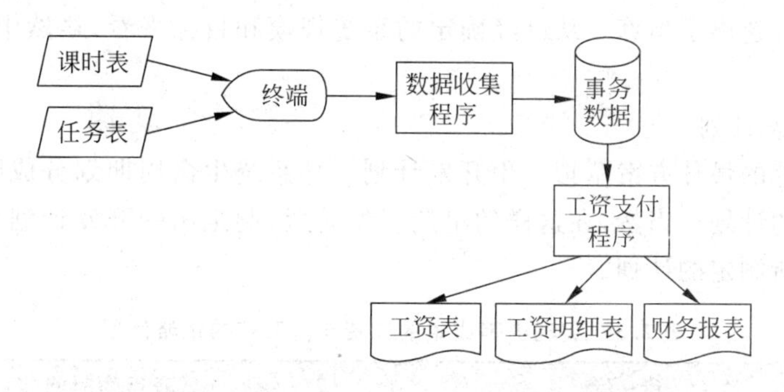

图 2.14 中等成本方案的系统流程图

上述中等成本方案看起来比较现实,因此对它进行了完整的成本/效益分析,分析结果列在表 2.2 中。从分析结果可以看出,中等成本的解决方案是比较合理的,经济上是可行的。

表 2.2 中等成本方案的成本/效益分析

开发成本			
人力(4 人月,8000 元/人月)			3.2 万元
购买硬件			1.0 万元
总计			4.2 万元
新系统的运行费用			
人力和物资(250 元/月)			0.3 万元/年
维护			0.1 万元/年
总计			0.4 万元/年
现有系统的运行费用			2.4 万元/年
每年节省的费用			2.0 万元
年	节　省	现在值(以 5%计算)	累计现在值
1	20 000 元	19 047.62 元	19 047.62 元
2	20 000 元	18 181.82 元	37 229.44 元
3	20 000 元	17 241.38 元	54 470.82 元
投资回收期			2.28 年
纯收入			12 470.82 元

最后,考虑一种成本更高的方案:建立一个中央数据库,为开发完整的管理信息系统做好准备,并且把工资支付系统作为该系统的第一个子系统。这样做开发成本大约将增加到12万元,然而从工资支付这项应用中获得的经济效益并不变。因此,如果仅考虑这一项应用,投资是不划算的,但是,将来其他应用系统(例如,教学管理,物资管理,人力资源管理)能以较低成本实现,而且这些子系统能集成为一个完整的系统。如果校长对这个方案感兴趣,可以针对它完成更详尽的可行性研究(大约需要用1万元)。

⑥ 推荐最佳方案。

低成本方案虽然很诱人,但是很难付诸实现;高成本的系统从长远看是合理的,但是它所需要的投资超出了预算。从已经确定的系统规模和目标来看,显然中等成本的方案是最好的。

⑦ 草拟开发计划。

应该为推荐的最佳方案草拟一份开发计划。把系统生命周期划分成阶段,有助于制定出相对合理的计划。当然,在这样的早期开发阶段,制定出的开发计划是比较粗略的,表2.3给出了所制定的计划。

表2.3　实现中等成本的工资支付系统的粗略计划

阶　　段	需要用的时间(月)
可行性研究	0.5
需求分析	1.0
概要设计	0.5
详细设计	1.0
实现	2.0
总计	5.0

⑧ 写出文档提交审查。

分析员归纳整理本阶段的工作成果写成正式文档(其中成本/效益分析的内容根据表2.3所示的实现计划适当修正),提交由校长和财务科全体人员参加的会议审查。

(3) 需求分析

需求分析的目的是确切地回答下述问题:"系统必须做什么?"

需求分析是在可行性研究的基础上进行,前一阶段产生的文档(特别是数据流图(见图2.13))是需求分析的出发点。在需求分析过程中,分析员将设计出更精确的数据流图,并将写出数据字典及一系列简明的算法描述,它们都是软件需求规格说明书的重要组成部分。

需求分析的主要任务是更详尽地定义系统应该完成的每一个逻辑功能。怎样完成这个任务呢?

任何数据处理系统的基本功能都是把输入数据转变成需要的输出信息。数据决定了处理和算法,看来数据应该是分析工作的出发点。必须经过计算才能得到的数据元素,引出必要的算法,算法反过来又引出了更多的数据元素。对数据的描述记录在数据字典中,对算法的描述记录在一组初步的IPO表中(目前描述的是说明数据处理功能的原理性算法)。

对系统有了更深入的认识之后,可以进一步细化数据流图。在细化数据流图的过程中,又会进一步加深对系统的认识。这样一步一步地分析,将更详尽更准确地定义出所需要的逻辑系统。

下面叙述工资支付系统的需求分析过程。

① 沿数据流图回溯。

为了把数据流和数据存储定义到元素级,一般说来,从数据流图的输出端着手分析是有意义的。这是因为,系统最基本的功能是产生需要的输出数据,在输出端出现的数据元素决定了系统的基本构成。

从图 2.13 所示的数据终点“教师”和“职工”开始分析,流入他们的数据流是“工资明细表”。工资明细表由哪些数据元素组成呢?从该职业高中目前使用的工资明细表上可以看出它包含许多数据元素,表 2.4 列出了这些数据元素。这些数据元素是从什么地方来的呢?既然它们是工资支付系统的输出,它们或者是从外面输入进系统的,或者是由系统经过计算产生出来的。沿数据流图从输出端往输入端回溯,分析员应该可以确定每个数据元素的来源。如果分析员不能确定某个数据元素的来源,那么,工资问题的专家应该知道,因此需要再次调查访问。这样有条不紊地分析下去,分析员将逐渐定义出系统的详细功能。

表 2.4 工资明细表上包含的数据元素

教职工编号	职称	洗理费	个人所得税
教职工姓名	生活补贴	课时费	住房公积金
基本工资	书报费	岗位津贴	保险费
职务	交通费	工资总额	实发工资

例如,表 2.4 中的数据元素“工资总额”是怎样得出来的呢?从图 2.13 可以看出,包含数据元素“工资总额”的工资明细表,是从处理 4(“分发工资明细表”)输出到数据终点的,但是这个处理的功能是分发已经打印好的工资明细表,并不能生成新的数据元素。沿着数据流图回溯(即逆着数据流箭头方向前进),接下来遇到数据存储 D3(“工资明细表”)。数据存储只不过是保存数据的介质,它不具有变换数据的功能,因此也不会生成工资总额这项数据元素。再回溯则来到处理 3(“加工事务数据”),显然,工资总额是由这个处理框计算出来的,因此应该确定相应的算法,以便更准确地定义这个处理框的功能。

根据常识,工资总额等于各项收入(基本工资、生活补贴、书报费、交通费、洗理费、课时费或岗位津贴)之和。虽然不同教职工的基本工资、生活补贴、书报费、交通费和洗理费的数额可能并不相同,但是对同一个人来说,在一段时间内这些数值是稳定不变的,不需要在每次计算工资总额时都从外面输入这些数据。事实上,在输入的事务数据中并不包含这些数据元素,因此,它们必定保存在某个数据存储中。目前,还不知道这些数据保存在何处,分析员在笔记本中记下“必须搞清楚基本工资、生活补贴、书报费、交通费和洗理费等数据元素存储在何处。”此外,为了计算工资总额必须先计算课时费或岗位津贴,因此,分析员在笔记本中记下"必须弄清课时费和岗位津贴的计算方法。"然后,着手分析另一个重要的数据元素"实发工资"。

显然,从工资总额中扣除个人所得税、住房公积金和保险费之后,余下的就是实发工资。沿数据流图回溯可知,个人所得税、住房公积金和保险费的数值都由处理3("加工事务数据")计算得出。但是,目前还不知道怎样计算这些数值,分析员在笔记本中记下"必须搞清楚个人所得税、住房公积金和保险费的计算方法。"

② 写出文档初稿。

分析员在分析过程中不断加深对目标系统的认识,应该把获得的信息用一种容易修改、容易更新的形式记录下来。

通常,一个系统会涉及许多人,他们彼此理解是至关重要的。文档是主要的通信工具,因此,文档必须是一致的和容易理解的。结构化分析方法要求,在需求分析阶段完成的正式文档(软件需求规格说明书)中必须至少包含三个重要成分:数据流图、数据字典及一组黑盒形式的算法描述。

数据字典是描述数据的信息的集合。在分析阶段,数据字典能帮助分析员组织有关数据的信息,并且是和用户交流信息的有力工具,此外,它还能起备忘录的作用。在设计阶段可以根据它确定记录、文件或数据库的格式。在实现阶段,程序员可以根据数据字典确定数据描述。在系统投入运行以后,数据字典可以清楚地告诉维护人员,具体的数据元素在系统中是怎样使用的,当必须修改程序时,这样的信息是极其宝贵的。

在手边没有数据字典软件包可用时,可以用卡片形式人工建立数据字典。例如,为工资支付系统中几个数据元素填写的数据字典卡片如图2.15所示。

名字:工资总额
别名:总工资
描述:扣除个税、公积金和保险费之前一个教职工的月工资
格式:数,最大值=9999.99
位置:工资明细表

名字:个人所得税
别名:个税,所得税
描述:政府本月征收的个人收入所得税
格式:数,最大值=9999.99
位置:工资明细表

图2.15 工资支付系统的数据字典卡片

分析员还应该以黑盒形式记录算法。所谓黑盒子就是不考虑一个功能的具体实现方法,只把它看做给予输入之后就能够产生一定输出的黑盒子。这正是在早期开发阶段分析员对算法应持有的正确观点,目的是用原理性算法准确地定义功能,算法的细节可以等到以后的开发阶段再确定。

通常使用IPO表记录对算法的初步描述。以后可以进一步精化它,而且在详细设计阶段可以把它作为HIPO图的一部分。图2.16是描述计算工资总额的初步算法的IPO表。

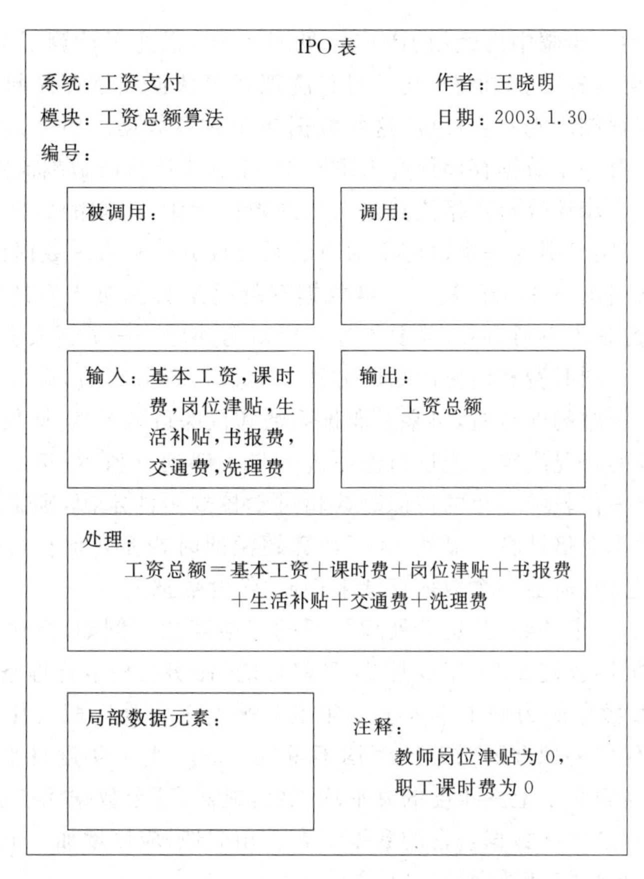
IPO 表

系统：工资支付　　作者：王晓明

模块：工资总额算法　　日期：2003.1.30

编号：

被调用：

调用：

输入：基本工资，课时费，岗位津贴，生活补贴，书报费，交通费，洗理费

输出：工资总额

处理：

工资总额＝基本工资＋课时费＋岗位津贴＋书报费＋生活补贴＋交通费＋洗理费

局部数据元素：

注释：教师岗位津贴为 0，职工课时费为 0

图 2.16　描述工资总额初步算法的 IPO 表

目前写出的文档还仅仅是初稿，写出文档初稿的目的，一方面是记录已经知道的信息；另一方面是供用户审查。随着需求分析工作的深入，这些文档还将进一步修改完善。

③ 定义逻辑系统。

通过前一步的工作，已经划分出许多必须在工资支付系统中流动的数据元素，并且把它们记录在初步的数据字典中；此外，还把某些算法以黑盒形式记录在 IPO 表中。上述这些工作方法正确吗？某些数据元素（例如，基本工资、生活补贴、书报费、交通费、洗理费）是从哪里来的呢？分析员必须设法得到这些问题的答案。

关于工资支付系统的详细信息只能来源于直接工作在这个系统上的人。因此，再次访问财务科长和具体处理工资事务的两位会计。数据流图（见图 2.13）是使讨论时焦点集中的极好工具，从数据流图的数据源点开始，沿着数据流循序讨论。事务数据从教职工流进收集数据这个处理中，以前已经在数据字典中描述了组成事务数据的元素（图 2.16 中未列出这张卡片），这个描述正确吗？有没有遗漏？收集数据的功能是什么？审核数据的算法是什么？……对于分析员来说，数据流图、数据字典和算法描述可以作为校核时的清单或备忘录。必须审核已经知道的信息，还必须补充目前尚不知道的信息，填补文档中的空白。

例如，考虑工资总额的算法。假设分析员和会计正在讨论数据流图中“加工事务数据”这个处理。在前一步骤中已经用IPO表(见图2.16)描述了计算工资总额的算法,并且知道基本工资、生活补贴、书报费、交通费和洗理费等数据应该存储起来,那么,它们到底存储在哪个数据存储中呢?会计说,这些数据属于人事数据。但是,在如图2.13所示的数据流图中并没有一个数据存储保存人事数据,显然应该修改数据流图,补充进这个数据存储。这样一步一步地分析数据流找出未知的数据元素,未知的数据元素引出访问时的问题,而问题的答案又引入一个以前不知道的系统成分——人事数据存储。

上述新发现又引出下一个问题:人事数据存储是从哪里进入系统的呢?经询问得知,这些数据的来源是人事科,而且需要增加一个新的处理——更新人事数据。

接下来讨论计算课时费和岗位津贴的方法。会计告诉分析员,课时费等于教师当月的授课时数乘上每课时的课时费,再乘上职称系数和授课班数系数;岗位津贴由职工的职务和完成当月任务的情况决定。通过讨论还进一步了解到,应在每年年末计算超额课时费,也就是说,如果一位教师一年的授课时数超过学校规定的定额,则超出部分每课时的课时费按正常值的1.2倍计算。显然,为了计算超额课时费需要保存每位教师当年完成的授课时数,也就是说,需要一个数据存储来存放“年度数据”。

接下来讨论“加工事务数据”这个处理需要的其他算法。例如,在讨论住房公积金的算法时了解到,根据国务院2002年3月24日修订的《住房公积金管理条例》的规定:“职工住房公积金的月缴存额为职工本人上一年度月平均工资乘以职工住房公积金缴存比例”,“职工和单位住房公积金的缴存比例均不得低于职工上一年度月平均工资的5%”。因此,需要存储每名教职工上一年度的月平均工资,显然,这个数据元素也应该存储在“年度数据”中。表2.5是年度数据包含的数据元素。相应地,应该增加一个处理(“更新年度数据”)在每年年末更新年度数据。

表2.5 年度数据包含的数据元素

教职工编号
教职工姓名
本年度累计工资总额
本年度累计实发工资
本年度累计授课时数
上年度月平均工资

最后,把新发现的数据源点、数据处理和数据存储补充到数据流图中,得到新数据流图(见图2.17)。

④ 细化数据流图。

经过上述工作,分析员对工资支付系统已经有了更深入、更具体的认识,原有的数据流图已经不能充分表达他对系统的认识,应该进一步细化数据流图。

通常,使用下述功能分解方法来细化数据流图:选取数据流图上功能过分复杂的处理,把它分解成若干个子功能,这些较低层次的子功能成为新数据流图上的处理,它们有自己的数据存储和数据流。

例如,图2.17中“加工事务数据”这个处理的功能太复杂了,用一个处理框不能清晰地描绘它的功能,应该把它进一步分解细化。根据分析员现在对加工事务数据功能的了解,把这个处理分解成下述5个逻辑功能。

- 取数据 取出事务数据、人事数据和年度数据。
- 计算正常工资 计算不包含超额课时费的工资。
- 计算超额课时费 年终计算超额课时费,算得的钱数加到12月份的工资总额中。
- 更新年度数据 把每月工资总额、实发工资及授课时数累加到相应的年度数据

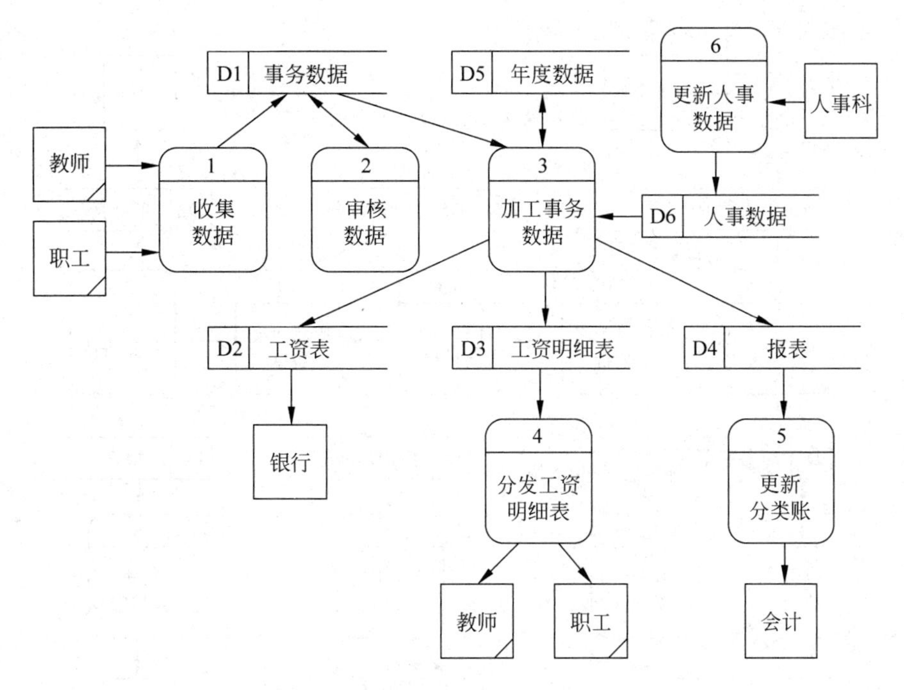

图 2.17　补充后的工资支付系统数据流图

中，并在年终计算本年度的月平均工资。

• 打印表格　打印出工资表、工资明细表和各种财务报表。

上述 5 个子功能及它们之间的关系可以用一张数据流分图来描绘(见图 2.18)。把分解"加工事务数据"处理框的结果加到原来的数据流图中，得到一张更详细的新数据流图，见图 2.19。

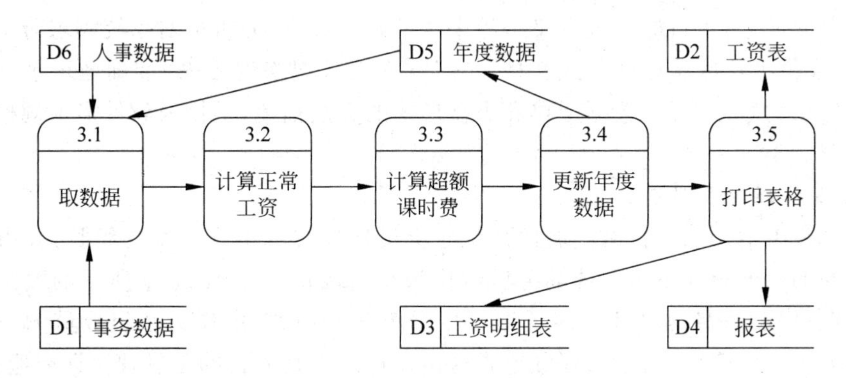

图 2.18　对"加工事务数据"的细化

新数据流图对工资支付系统的逻辑功能描绘得比以前更深入、更具体了。分析本系统其他处理功能后得知，对于这个具体系统来说，已经没有必要再分解其他功能了。一般来说，如果进一步分解将促使你开始考虑为了完成该功能需要写出的代码，就不应该再分解了。在需求分析阶段，分析员应该只在逻辑功能层工作，代码已经属于物理实现层了。

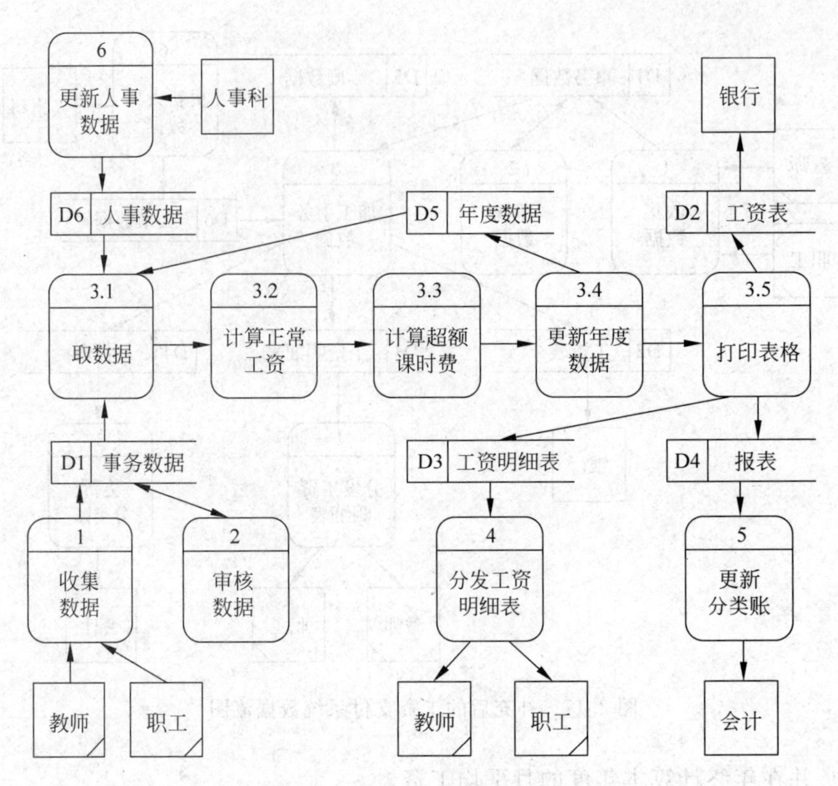

图 2.19　工资支付系统完整的数据流图

⑤ 书写正式文档。

数据流图细化之后，组成系统的各个元素之间的逻辑关系变得更清楚了。以细化后的数据流图为基础，可以对系统需求做更进一步地分析。随着分析过程的进展，通过询问与回答的反复循环，将目标系统定义得越来越准确。最终，分析员对系统需求有了令人满意的认识，应该把这些认识用正式文档——"软件需求规格说明书"准确地记录下来。细化到适当层次的数据流图、数据字典和黑盒形式的算法描述，是构成软件需求规格说明书的重要成分。

⑥ 技术审查和管理复审。

由外单位聘请来的一位有经验的系统分析员担任技术审查小组的组长，并由具体处理工资事务的两名会计及本系统的分析员作为小组成员。如图 2.19 所示的数据流图是审查的重点；用数据字典和 IPO 表辅助对数据流图的理解，由作为小组成员的一名会计朗读软件需求规格说明书，大家仔细审查这份文档。审查的目的是发现错误或遗漏，而不是对前一阶段的工作进行批评或争论。本系统的分析员负责改正审查小组发现的问题。

除了技术审查之外，在转入概要设计之前还必须进行管理方面的复审。由财务科长和学校校长对本项目的经费支出情况和开发进度，从管理角度进行审查。

第3章 结构化设计

CHAPTER

传统的软件工程方法学采用结构化设计技术完成软件设计(概要设计和详细设计)工作。结构化设计技术的基本要点如下。

- 软件系统由层次化结构的模块构成。
- 模块是单入口和单出口的。
- 构造和联结模块的基本准则是模块独立。
- 用图来描述软件系统的结构,并且使软件结构与问题结构尽量一致。

3.1 软件设计的任务

3.1.1 概要设计

概要设计也称为总体设计或初步设计,这个设计阶段主要完成下述两项任务。

1. 方案设计

首先设想实现目标系统的各种可能的方案。然后,根据系统规模和目标,综合考虑技术、经济、操作等各种因素,从设想出的供选择的方案中选取若干个合理的方案。最后,综合分析、对比所选取的各种合理方案的利弊,从中选出一个最佳方案,并且制定这个最佳方案的详细实现计划。

2. 软件体系结构设计

所谓软件体系结构设计,就是确定软件系统中每个程序是由哪些模块组成的,以及这些模块相互间的关系。设计出初步的软件结构之后,还应该从多方面进一步改进软件结构,以便得到更好的体系结构。

3.1.2 详细设计

详细设计阶段主要完成以下三项任务。

- 过程设计,即设计软件体系结构中所包含的每个模块的实现算法。
- 数据设计,即设计软件中所需要的数据结构。
- 接口设计,即设计软件内部各个模块之间、软件与协作系统之间以及软件与使用它的人之间的通信方式。

3.2 分析与设计的关系

系统分析的基本任务是定义用户所需要的软件系统,也就是回答系统必须“做什么”这个问题;系统设计的基本任务是设计实现目标系统的具体方案,也就是回答“怎样做”这个问题。虽然分析与设计的任务性质不同,但是二者之间有着非常密切的关系。

软件工程师必须依据用户对软件的需求来设计软件,因此,结构化分析的结果是进行结构化设计的最基本、最重要的输入信息。

体系结构设计的任务是,确定程序由哪些模块组成以及这些模块相互间的关系。在需求分析阶段画出的数据流图是进行体系结构设计的主要依据,为体系结构设计提供最基本的输入信息。

数据设计把需求分析阶段创建的信息模型转变成实现软件所需要的数据结构。在实体-联系图中定义的数据和数据之间的关系,以及数据字典中给出的详细的数据定义,共同为数据设计活动奠定坚实的基础。

接口设计的结果描述了软件内部、软件与协作系统之间以及软件与使用它的人之间的通信方式。接口意味着信息的流动(数据流或控制流),因此,数据流图提供了进行接口设计所需要的基本信息。

过程设计决定程序中包含的每个模块的实现算法,需求分析阶段画出的 IPO 图(表)为过程设计奠定了基础。

虽然需求分析为结构化设计提供了最基本、最重要的输入信息,但是,并不是说可以简单地把结构化分析的结果映射成结构化设计的结果。实际上,结构化设计过程综合了下述诸多因素:从以往开发类似软件的经验中获得的直觉和判断力,指导软件模型演化的一组原理(也称为准则)和启发规则,评价软件质量的一组标准,以及导出最终的设计结果的迭代过程。

软件工程师在软件设计过程中所作出的决策将最终决定软件开发能否成功,更重要的是,这些设计决策将决定软件维护的难易程度。

软件设计之所以如此重要,是因为设计是软件开发过程中决定软件产品质量的关键阶段。设计为我们提供了可以进行质量评估的软件表示(即软件模型),设计是把用户需求准确地转变为最终的软件产品的唯一方法。软件设计是后续的一切软件开发和维护步骤的基础,如果不进行设计,就会冒构造出不稳定的软件系统的风险:稍做改动这样的系统就可能崩溃;这样的系统很难维护;这样的系统很难测试;直到软件工程过程的后期(例如,编码结束)才能评价这样的系统的质量,但是,这时才发现软件质量问题已经为时过晚了。

3.3 设计原理

为了能获得高质量的设计结果，在软件设计过程中应该遵循下述原理(或准则)。

3.3.1 模块化与模块独立

模块化和模块独立是关系非常密切的两条设计原理。

1. 模块化

所谓模块就是由边界元素限定的相邻程序元素的序列，并且有一个标识符代表它。

模块化就是把程序划分成独立命名且可独立访问的模块。每个模块完成一个子功能，把全部模块集成起来构成一个整体，可以完成指定的功能，满足用户的需求。

模块化可以使一个复杂的大型程序能被人的智力所管理，是软件应该具备的最重要的属性。

事实上，每个程序都相应地有一个最适当的模块数目，可使软件系统的开发成本最小。

采用模块化原理可以使软件结构清晰，不仅容易设计也容易阅读和理解。因为程序错误通常局限在有关的模块及它们之间的接口中，所以模块化使软件容易测试和调试，因而有助于提高软件的可靠性。因为变动往往只涉及少数几个模块，所以模块化能够提高软件的可修改性。模块化也有助于软件开发工程的组织管理。一个复杂的大型程序可以由许多程序员分工编写不同的模块，并且可以进一步分配技术熟练的程序员编写较复杂的模块。

2. 模块独立

只有合理地划分和组织模块，才能获得模块化所带来的好处，极大地提高软件的质量。指导模块划分和组织最重要的原理就是模块独立。

开发具有独立功能而且和其他模块之间没有过多的相互作用的模块就可以做到模块独立。换句话说，希望这样设计软件结构，使得每个模块完成一个相对独立的特定子功能，并且和其他模块之间的关系很简单。

为什么模块的独立性很重要呢？主要有两条理由：第一，有效的模块化(即具有独立的模块)的软件比较容易开发出来。这是由于能够分割功能而且接口可以简化，当许多人分工合作开发同一个软件时，这个优点尤其重要。第二，独立的模块比较容易测试和维护。这是因为相对说来，修改设计和程序需要的工作量比较小，错误传播范围小，需要扩充功能时能够“插入”模块。总之，模块独立是软件设计的关键，而设计又是决定软件质量的关键环节。

3.3.2 抽象

抽象是人类在认识复杂现象、解决复杂问题的过程中使用的最强有力的思维工具。

在现实世界中，一定事物、状态或过程之间总会存在某些相似的方面(共性)，把这些相似的方面集中和概括起来，暂时忽略它们之间的差异，这就是抽象。或者说抽象就是提取出事物的本质特性而暂时不考虑其他细节。

由于人类思维能力的限制，如果一次面临的因素太多，是不可能作出精确思维的。设计复杂系统的唯一有效的方法是用层次的方式分析和构造它。一个复杂的软件系统应该首先用一些高级的抽象概念来理解和构造，这些高级概念又可以用一些较低级的概念来理解和构造，如此进行下去，直至最低层的具体元素。

这种层次的思维和解题方式必须反映在程序结构中，每级抽象层次中的一个概念将以某种方式对应于程序的一组成分。

当考虑对任何问题的模块化解法时，可以提出许多抽象的层次。在抽象的最高层次使用问题环境的语言，以概括的方式叙述问题的解法；在较低抽象层次采用更过程化的方法，把面向问题的术语和面向实现的术语结合起来叙述问题的解法；最后，在最低的抽象层次用可以直接实现的方式叙述问题的解法。

3.3.3 逐步求精

逐步求精是人类解决复杂问题时采用的基本方法，也是许多软件工程技术的基础。可以把逐步求精定义为："为了能集中精力解决主要问题而尽量推迟对问题细节的考虑。"

逐步求精之所以如此重要，是因为人类的认知过程遵守 Miller 法则：一个人在任何时候都只能把注意力集中在(7±2)个知识块上。

事实上，可以把逐步求精看做是一项把一个时期内必须解决的种种问题按优先级排序的技术。它让软件工程师把精力集中在与当前开发阶段最相关的那些问题上，而忽略那些对整体解决方案来说是重要的，然而目前还不需要考虑的细节性问题，这些细节将留到以后再考虑。逐步求精技术确保每个问题都将被解决，而且每个问题都在适当的时候解决，但是，在任何时候一个人都不需要同时处理7个以上知识块。

在用逐步求精方法解决问题的过程中，问题的某个特定方面的重要性是随时间变化的。最初，问题的某个方面可能无关紧要、无须考虑，但是后来同样的问题会变得很重要，必须解决。因此，逐步求精方法能够确保每个问题都得到解决，并且在适当的时间解决，在任何时刻都不需要同时处理7个以上知识块。

求精实际上是细化过程。从在高抽象级别定义的功能陈述(或信息描述)开始。也就是说，该陈述仅仅概念性地描述了功能或信息，但是并没有提供功能的内部工作情况或信息的内部结构。求精要求设计者细化原始陈述，随着每个后续求精(细化)步骤的完成而提供越来越多的细节。

抽象与求精是一对互补的概念。抽象使得设计者能够说明过程和数据，同时却忽略低层细节。事实上，可以把抽象看做是一种通过忽略多余的细节，同时强调有关的细节，而实现逐步求精的方法。求精则帮助设计者在设计过程中揭示出低层细节。这两个概念都有助于设计者在设计演化过程中创造出完整的设计模型。

3.3.4 信息隐藏

信息隐藏原理指出，在设计软件模块时应该使得一个模块内包含的信息（过程和数据）对于不需要这些信息的模块来说是不能访问的。

实际上，应该隐藏的不是有关模块的一切信息，而是模块的实现细节。

“隐藏”意味着可以通过定义一组独立的模块来实现有效的模块化，这些独立的模块彼此间仅仅交换那些为了完成系统功能而必须交换的信息。

使用信息隐藏原理设计软件模块有助于减少修改软件时所犯的错误。

3.3.5 局部化

所谓局部化是指把一些关系密切的软件元素物理地放得彼此靠近。局部化与信息隐藏密切相关。显然，局部化有助于实现信息隐藏。

3.4 度量模块独立性的标准

模块的独立程度可以由两个定性标准来度量，这两个标准分别称为内聚和耦合。内聚衡量一个模块内部各个元素彼此结合的紧密程度；耦合衡量不同模块彼此间互相依赖（连接）的紧密程度。

3.4.1 内聚

内聚度量一个模块内的各个元素彼此结合的紧密程度，它是信息隐藏和局部化概念的自然扩展。

设计软件时应该力求做到高内聚（功能内聚和顺序内聚），通常中等程度的内聚（通信内聚和过程内聚）也是可以使用的，而且效果和高内聚相差不多；但是，低内聚（偶然内聚、逻辑内聚和时间内聚）效果很差，不要使用。

内聚和耦合是密切相关的，模块内的高内聚往往意味着模块间的松耦合。内聚和耦合都是进行模块化设计的有力工具，但是实践表明内聚更重要，应该把更多注意力集中到提高模块的内聚程度上。

3.4.2 耦合

耦合是对一个软件结构内不同模块之间互连程度的度量。耦合的强弱取决于模块间接口的复杂程度，进入或访问一个模块的点，以及通过接口的数据。

在软件设计中应该追求尽可能松散耦合的系统。模块间耦合松散，有助于提高系统的可理解性、可测试性、可靠性和可维护性。

模块之间典型的耦合有数据耦合、控制耦合、特征耦合、公共环境耦合和内容耦合。

应该采用下述的设计准则：尽量使用数据耦合，少用控制耦合和特征耦合，限制公共环境耦合的范围，完全不用内容耦合。

3.5 启发规则

总结长期以来开发软件所积累的丰富经验,得出了一些启发式规则。这些启发式规则在许多场合都能给软件工程师以有益的启示,往往能帮助工程师找到改进软件设计、提高软件质量的途径。下面是几条典型的启发式规则。

(1) 改进软件结构、提高模块独立性。设计出软件的初步结构以后,应该仔细审查分析这个结构,通过模块分解或合并,力求降低耦合、提高内聚。

(2) 模块规模应该适中。模块规模过大,则可理解程度很低;模块规模过小则开销大于有效操作。通过模块分解或合并调整模块规模时,不可降低模块独立性。

(3) 深度、宽度、扇出和扇入都应适当。

(4) 模块的作用域应该在控制域之内。

(5) 力争降低模块接口的复杂程度。接口复杂或与模块功能不一致,是紧耦合或低内聚的征兆,应该重新分析这个模块的独立性。

(6) 设计单入口、单出口的模块。这条启发式规则警告软件工程师不要使模块间出现内容耦合。

(7) 模块功能应该可以预测。模块功能应该能够预测(即只要输入的数据相同就产生同样的输出),但也不要使模块功能过分局限。

3.6 描绘软件结构的图形工具

1. 层次图和HIPO图

层次图用于描绘软件的层次结构。层次图中的一个矩形框代表一个模块,方框间的连线表示模块间的调用关系。层次图很适于在自顶向下设计软件的过程中使用。

HIPO图是"层次图加输入/处理/输出图"的英文缩写。它用层次图描绘软件结构,和层次图中每个方框相对应,有一张IPO图(或表)描绘这个方框代表的模块的处理过程。

2. 结构图

结构图和层次图类似,也是描绘软件结构的图形工具。图中一个矩形框代表一个模块,框间连线表示模块间的调用关系。通常还用带注释的箭头描述在模块调用过程中传递的信息。

3.7 面向数据流的设计方法

面向数据流的设计方法的目标是给出设计软件结构的一个系统化的途径。这种设计方法定义了一些"映射"规则,利用这些映射可以把数据流图变换成软件结构。

3.7.1　数据流的类型

面向数据流的设计方法把数据流图映射成软件结构，数据流的类型决定了映射的方法。数据流有下述两种类型。

1. 变换流

如果信息沿输入通路进入系统，同时由外部形式变换成内部形式，进入系统的信息通过变换中心，经加工处理以后再沿输出通路变换成外部形式离开软件系统，则具有上述特征的数据流就称为变换流。

2. 事务流

原则上所有信息流都可以归类为变换流，但是，如果信息沿输入通路到达一个称为事务中心的处理T，这个处理根据输入数据的类型在若干个候选的动作序列中选取出一个来执行，则这类数据流应该划为一类特殊的数据流，称为事务流。

3.7.2　设计步骤

面向数据流方法主要有下述几个设计步骤。

1. 复查基本系统模型

复查经结构化分析过程画出的基本系统模型，以确保系统的输入输出数据符合实际。

2. 复查并精化数据流图

认真复查需求分析阶段画出的数据流图，并在必要时加以精化。不仅要确保数据流图给出了正确的目标系统逻辑模型，而且应该使数据流图中的每个处理都代表一个规模适中、相对独立的子功能。

3. 确定数据流图具有变换特性还是事务特性

一般地说，一个系统中的所有信息流都可以认为是变换流，但是，当遇到有明显事务特性的信息流时，建议采用事务分析方法进行设计。在这一步，设计人员应该根据数据流图中占优势的属性确定数据流的全局特性。此外，还应该把具有和全局特性不同的特点的局部区域孤立出来，以后可以按照这些子数据流的特点精化根据全局特性得出的软件结构。

4. 确定数据流的边界

对于变换流来说，分析确定输入流和输出流的边界，从而孤立出变换中心。对于事务流来说，分析确定输入流的边界，从而孤立出事务中心。

5. 完成"第一级分解"

软件结构代表对控制的自顶向下的分配,所谓分解就是分配控制的过程,而第一级分解就是分配顶层控制。

对于变换流的情况,位于软件结构最顶层的总控模块协调下述三个从属模块的控制功能。

- 输入信息处理控制模块,此模块协调对所有输入数据的接收。
- 变换中心控制模块,此模块管理对内部形式的数据的所有操作。
- 输出信息处理控制模块,此模块协调输出信息的产生过程。

对于事务流的情况,位于软件结构最顶层的总控模块管理下属的接收分支和发送分支的工作。接收分支由输入流映射而成。发送分支的顶层是一个调度模块,它根据输入数据的类型调用相应的活动分支。

机械地遵循上述映射规则很可能会得出一些不必要的控制模块,如果它们确实用处不大,那么可以而且应该把它们合并。反之,如果控制模块功能过分复杂,则应该把它分解为两个或多个控制模块,或者适当地增加中间层次的控制模块。

6. 完成"第二级分解"

所谓第二级分解就是把数据流图中的每个处理映射成软件结构中一个适当的模块。

对于变换流来说,完成第二级分解的方法是从变换中心的边界开始沿着输入通路向外移动,把输入通路中每个处理依次映射成软件结构中"输入信息处理控制模块"控制下的一个低层模块;然后从变换中心的边界开始沿着输出通路向外移动,把输出通路中每个处理依次映射成直接或间接受"输出信息处理控制模块"控制的一个低层模块;最后把变换中心内的每个处理映射成受"变换中心控制模块"控制的一个模块。

对于事务流来说,映射出接收分支结构的方法和变换分析映射出输入结构的方法很相似。发送分支的结构包含一个调度模块,它控制下层的所有活动模块,然后把数据流图中的每个活动流通路映射成与它的流特征相对应的结构。

设计一个大型系统时,通常把变换分析和事务分析应用到同一个数据流图的不同部分,由此得到的子结构形成"构件",可以使用它们构造完整的软件结构。

7. 优化

对第一次分割得到的软件结构,总可以根据模块独立原理和启发式设计规则进行优化。为了产生合理的分解,得到尽可能高的内聚、尽可能松散的耦合,最重要的是,为了得到一个易于实现、易于测试和易于维护的软件结构,应该对初步分割得到的模块进行再分解或合并。

3.8 人机界面设计

人机界面设计是接口设计的一个重要的组成部分。对于交互式系统来说,人机界面设计和数据设计、体系结构设计、过程设计一样重要。

人机界面的设计质量直接影响用户对软件产品的评价，从而影响软件产品的竞争力和使用寿命，因此，必须对人机界面设计给予足够重视。

由于对人机界面的评价，在很大程度上由人的主观因素决定，因此，使用基于原型的系统化的设计策略是成功地设计人机界面的关键。

3.8.1 应该考虑的设计问题

在设计用户界面的过程中，设计者几乎总会遇到下述4个问题：系统响应时间、用户帮助设施、出错信息处理和命令交互。最好在设计人机界面的初期就把这些问题作为重要的设计问题来考虑，这时修改比较容易，代价也低。下面讨论这4个问题。

1. 系统响应时间

系统响应时间是许多交互式系统用户经常抱怨的问题。一般说来，系统响应时间指从用户完成某个控制动作(例如，按回车键或点击鼠标)到软件给出预期的响应(输出或做预期的动作)之间的这段时间。

系统响应时间有两个重要属性，分别是长度和易变性。系统响应时间的长短应该适当，而且应该尽量稳定。

2. 用户帮助设施

常见的帮助设施有集成的和附加的两类。集成的帮助设施从一开始就设计在软件里面，通常它对用户的工作内容是敏感的，因此用户可以从与刚刚完成的操作有关的主题中选择一个请求帮助。显然，这可以缩短用户获得帮助所需的时间，并能增加界面的友好性。附加的帮助设施是在系统建成后再添加到软件中的，在多数情况下，它实际上是一种查询能力有限的联机用户手册。人们普遍认为，集成的帮助设施优于附加的帮助设施。

3. 出错信息处理

一般说来，交互式系统给出的出错信息或警告信息，应该具有下述属性。

- 信息应该以用户可以理解的术语描述问题。
- 信息应该提供有助于从错误中恢复的建设性意见。
- 信息应该指出错误可能导致哪些负面后果(例如，破坏数据文件)，以便用户检查是否出现了这些问题，并在确实出现问题时予以改正。
- 信息应该伴随着听觉上或视觉上的提示，也就是说，在显示信息时应该同时发出警告声，或者信息用闪烁方式显示，或者信息用明显表示出错的颜色显示。
- 信息不能带有指责色彩，也就是说，不能责怪用户。

当确实出现了问题的时候，有效的出错信息能够提高交互式系统的质量，减少用户的挫折感。

4. 命令交互

命令行曾经是用户和系统软件交互的最常用方式，而且也曾经广泛地用于各种应用软件中。现在,面向窗口的、点击和拾取方式的界面已经减少了用户对命令行的依赖,但是,许多高级用户仍然偏爱面向命令的交互方式。在多数情况下,用户既可以从菜单中选择软件功能,也可以通过键盘命令序列调用软件功能。

3.8.2 人机界面设计过程

用户界面设计是一个迭代的过程。也就是说,通常先创建设计模型,再用原型实现这个设计模型,并由用户试用和评估,然后根据用户的意见进行修改,直至满意为止。

3.8.3 人机界面设计指南

1. 一般交互指南

一般交互指南涉及信息显示、数据输入和系统的整体控制,因此,这些指南是全局性的,忽略它们将冒较大风险。一般交互指南如下。

- 保持一致性。
- 提供有意义的反馈。
- 在执行有较大破坏性的动作之前要求用户确认。
- 允许取消绝大多数操作。
- 减少在两次操作之间必须记忆的信息量。
- 提高对话、鼠标移动和思考的效率。
- 允许用户犯错误。
- 按功能对动作分类,并据此设计屏幕布局。
- 提供对工作内容敏感的帮助设施。
- 用简单动词或动词短语作为命令名。

2. 信息显示指南

- 只显示与当前工作内容有关的信息。
- 用便于用户迅速地吸取信息的方式来显示数据。
- 使用一致的标记、标准的缩写和可预知的颜色。
- 允许用户保持可视化的语境。
- 产生有意义的出错信息。
- 使用大小写、缩进和文本分组来帮助理解。
- 使用窗口分隔不同类型的信息。
- 使用“模拟”方式显示信息。
- 高效率地使用显示屏。

3. 数据输入指南

- 尽量减少用户的输入动作。
- 保持信息显示和数据输入之间的一致性。

- 允许用户自定义输入。
- 交互应该是灵活的，可调整成用户喜欢的输入方式。
- 使得在当前动作语境中不适用的命令不起作用。
- 让用户控制交互流。
- 对所有输入动作都提供帮助。
- 消除冗余的输入。

3.9　过程设计

过程设计应该在数据设计、体系结构设计和接口设计完成之后进行，它是详细设计阶段应该完成的主要任务。

过程设计的任务还不是具体地编写程序，而是要设计出程序的“蓝图”，以后程序员将根据这个蓝图写出实际的程序代码。因此，过程设计的结果基本上决定了最终程序代码的质量。考虑程序代码的质量时必须注意，程序的“读者”有两个，那就是计算机和人。在软件的生命周期中，设计测试方案、诊断程序错误、修改和改进程序等都必须首先读懂程序。实际上对于长期使用的软件系统而言，人读程序的时间可能比写程序的时间要长得多。因此，衡量程序的质量不仅要看它的逻辑是否正确，性能是否满足要求，更主要的是要看它是否容易阅读和理解。过程设计的目标不仅仅是逻辑上正确地实现每个模块的功能，更重要的是设计出的处理过程应该尽可能简明易懂。结构程序设计技术是实现上述目标的关键技术，因此是过程设计的逻辑基础。

狭义的结构程序设计定义为：如果一个程序的代码块仅仅通过顺序、选择和循环这三种控制结构进行连接，并且每个代码块只有一个入口和一个出口，则称这个程序是结构化的。

广义的结构程序设计定义为：结构程序设计是尽可能少用GO TO语句的程序设计方法。最好仅在检测出错误时才使用GO TO语句，而且最好应该使用前向GO TO语句。

也可以把结构程序设计技术具体地划分为下述三种类型：如果只允许使用顺序、IF-THEN-ELSE型分支和DO-WHILE型循环这三种基本控制结构，则称为经典的结构程序设计；如果除了上述三种基本控制结构之外，还允许使用DO-CASE型多分支结构和DO-UNTIL型循环结构，则称为扩展的结构程序设计；如果再加上允许使用LEAVE(或BREAK)结构，则称为修正的结构程序设计。

3.10　过程设计的工具

描述程序处理过程的工具称为过程设计的工具，它们可以分为图形、表格和语言三类。不论是哪类工具，对它们的基本要求都是能提供对设计的无歧义的描述，也就是应该能指明控制流程、处理功能、数据组织以及其他方面的实现细节，从而在编码阶段能把对设计的描述直接翻译成程序代码。此外，这类工具应该尽可能的形象直观，易学、易懂。

1. 程序流程图

程序流程图又称为程序框图，它是历史最悠久、使用最广泛的描述过程设计的方法，然而它也是用得最混乱的一种方法。

2. 盒图

出于要有一种不允许违背结构程序设计精神的图形工具的考虑，Nassi 和 Shneiderman 发明了盒图，又称为 N-S 图。

盒图没有箭头，因此不能够随意转移控制。坚持使用盒图作为过程设计的工具，可以使程序员逐步养成用结构化的方式思考问题、解决问题的习惯。

3. PAD 图

PAD 是问题分析图(problem analysis diagram)的英文缩写，它用二维树状结构的图来表示程序的控制流，将这种图翻译成程序代码比较容易。

4. 判定表

当算法中包含多重嵌套的条件选择时，用程序流程图、盒图、PAD 图或后面即将介绍的过程设计语言(PDL)都不易清楚地描述。然而，判定表却能够清晰地表示复杂的条件组合与应做的动作之间的对应关系。

一张判定表由 4 部分组成，左上部列出所有条件，左下部是所有可能做的动作，右上部是表示各种条件组合的一个矩阵，右下部是和每种条件组合相对应的动作。判定表右半部的每一列实质上是一条规则，规定了与特定的条件组合相对应的动作。

5. 判定树

判定表虽然能清晰地表示复杂的条件组合与应做的动作之间的对应关系，但其含义不是一眼就能看出来的，初次接触这种工具的人要理解它需要有一个简短的学习过程。

判定树是判定表的变种，它能清晰地表示复杂的条件组合与应做的动作之间的对应关系。判定树的优点在于，它的形式简单到不需任何说明，一眼就可以看出其含义，因此易于掌握和使用。多年来判定树一直受到人们的重视，是一种比较常用的系统分析和设计的工具。

6. 过程设计语言(PDL)

PDL 也称为伪码，这是一个笼统的名称，现在有许多种不同的过程设计语言在使用。它是用正文形式表示数据和处理过程的设计工具。

PDL 具有严格的关键字外部语法，用于定义控制结构和数据结构；另外，PDL 表示实际操作和条件的内部语法通常又是灵活自由的，以便可以适应各种工程项目的需要。因此，一般说来 PDL 是一种“混杂”语言，它使用一种语言(通常是某种自然语言)的词汇，同时却使用另一种语言(某种结构化的程序设计语言)的语法。

3.11　面向数据结构的设计方法

计算机软件本质上是信息处理系统，因此，可以根据软件所处理信息的特征来设计软件。前面曾经复习了面向数据流的设计方法，也就是根据数据流确定软件结构的方法，本节将复习面向数据结构的设计方法，也就是根据数据结构设计程序处理过程的方法。

在许多应用领域中信息都有清楚的层次结构，输入数据、内部存储的信息(数据库或文件)以及输出数据都可能有独特的结构。数据结构既影响程序的结构又影响程序的处理过程，重复出现的数据通常由具有循环控制结构的程序来处理，选择数据(即可能出现也可能不出现的信息)要用带有分支控制结构的程序来处理。层次的数据组织通常和使用这些数据程序的层次结构十分相似。

面向数据结构设计方法的最终目标是得出对程序处理过程的描述。这种设计方法并不明显地使用软件结构的概念，模块是设计过程的副产品，对于模块独立原理也没有给予应有的重视。因此，这种方法最适合于在详细设计阶段使用，也就是说，在完成了软件结构设计之后，可以使用面向数据结构的方法来设计每个模块的处理过程。

Jackson 结构程序设计方法是典型的面向数据结构的设计方法，它由以下 5 个步骤组成。

第 1 步，分析并确定输入数据和输出数据的逻辑结构，并用 Jackson 图描绘这些数据结构。

第 2 步，找出输入数据结构和输出数据结构中有对应关系的数据单元。所谓有对应关系是指有直接的因果关系，在程序中可以同时处理的数据单元(对于重复出现的数据单元必须重复的次序和次数都相同才可能有对应关系)。

第 3 步，用下述 3 条规则从描绘数据结构的 Jackson 图导出描绘程序结构的 Jackson 图。

规则 1，为每对有对应关系的数据单元，按照它们在数据结构图中的层次在程序结构图的相应层次画一个处理框(注意，如果这对数据单元在输入数据结构和输出数据结构中所处的层次不同，则和它们对应的处理框在程序结构图中所处的层次与它们之中在数据结构图中层次低的那个对应)。

规则 2，根据输入数据结构中剩余的每个数据单元所处的层次，在程序结构图的相应层次分别为它们画上对应的处理框。

规则 3，根据输出数据结构中剩余的每个数据单元所处的层次，在程序结构图的相应层次分别为它们画上对应的处理框。

总之，描绘程序结构的 Jackson 图应该综合输入数据结构和输出数据结构的层次关系而导出来。在导出程序结构图的过程中，由于改进的 Jackson 图规定在构成顺序结构的元素中不能有重复出现或选择出现的元素，因此可能需要增加中间层次的处理框。

第 4 步，列出所有操作和条件(包括分支条件和循环结束条件)，并且把它们分配到程序结构图的适当位置。

第5步,用伪码表示程序。

3.12 程序复杂程度的定量度量

定量度量程序复杂程度的价值在于:把程序的复杂程度乘以适当常数即可估算出软件中错误的数量以及开发该软件需要用的工作量,因此,定量度量的结果可以用来比较两个不同的设计或两个不同算法的优劣;程序的定量复杂度可以作为模块规模的精确限度。

3.12.1 McCabe 方法

1. 流图

McCabe 方法根据程序控制流的复杂程度定量度量程序复杂程度,这样度量出的结果称为程序的环形复杂度。

为了突出描述程序的控制流,人们常常使用流图(也称为程序图)。流图实质上是"退化了的"程序流程图,它仅仅描绘程序的控制流,完全不表现对数据的具体操作以及分支或循环的具体条件。

在流图中用圆表示结点,一个圆代表一条或多条语句。程序流程图中一个顺序执行的处理框序列和一个菱形判定框,可以映射成流图中的一个结点。流图中的箭头线称为边,代表控制流。在流图中一条边必须终止于一个结点,即使这个结点并不代表可执行的语句(相当于一个空语句)。由边和结点围成的面积称为区域,当计算区域数时应该包括图外部没被围起来的那个区域。

当过程设计的结果中包含复合条件时,应该把复合条件分解为若干个简单条件,每个简单条件对应流图中一个结点。

2. 计算环形复杂度的方法

有了描绘程序控制流的流图之后,可以用下述3种方法之一来计算环形复杂度。

(1) 环形复杂度等于流图中的区域数。

(2) 流图 G 的环形复杂度 $V(G)=E-N+2$,其中 E 是流图中边的条数,N 是结点数。

(3) 流图 G 的环形复杂度 $V(G)=P+1$,其中 P 是程序中判断的数目。在源代码中,IF 语句、WHILE 循环或 FOR 循环都相当于1个判断,而 CASE 语句或其他多分支语句相当的判断数等于可能的分支数减1。

3.12.2 Halstead 方法

Halstead 方法根据程序中运算符和操作数的总数来度量程序的复杂程度。

令 N_1 为程序中运算符出现的总次数,N_2 为操作数出现的总次数,程序长度 N 定义为

$$N = N_1 + N_2$$

若详细设计结果中使用的不同运算符(包括关键字)的个数为 n_1,不同操作数(变量和常数)的个数为 n_2,则 Halstead 方法预测程序长度为

$$H = n_1 \log_2 n_1 + n_2 \log_2 n_2$$

实践表明,预测的长度 H 比较接近实际长度 N。

习 题

1. 用逐步求精方法解决下述更新顺序主文件的问题。

美国某杂志社需要一个软件,以更新存有该杂志订户姓名、地址等数据的顺序主文件。共有插入、修改和删除等 3 种类型的事务,分别对应于事务代码 1、2 和 3。也就是说,事务类型如下:

类型 1: INSERT(插入一个新订户到主文件中);

类型 2: MODIFY(修改一个已有的订户记录);

类型 3: DELETE(删除一个已有的订户记录)。

事务是按订户名字的字母顺序排序的。如果对一个订户既有修改事务又有删除事务,则已对那个订户的事务排好次序了,以便使修改发生在删除之前。

2. 分析图 3.1 所示的层次图,确定每个模块的内聚类型。

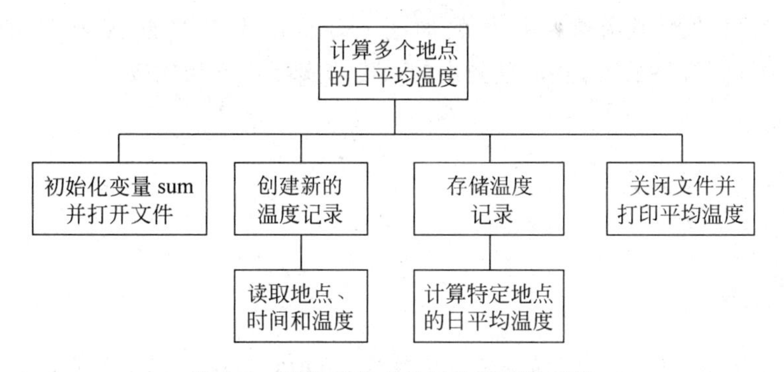

图 3.1 计算多地点日平均温度的程序

3. 分析图 3.2,确定模块之间的耦合类型。

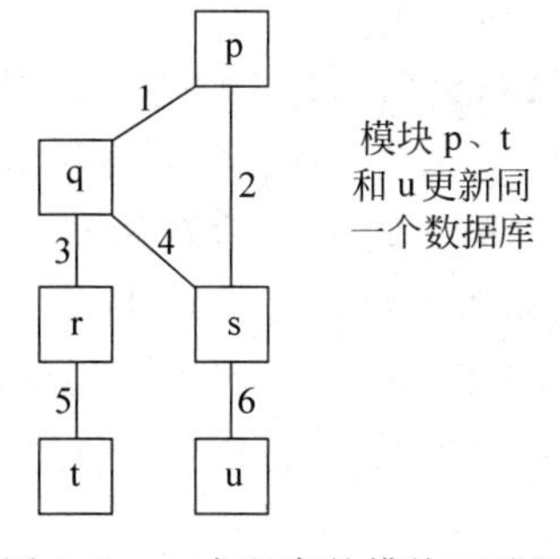

图 3.2 一个程序的模块互连图

在图3.2中已经给模块之间的接口编了号码,表3.1描述了模块间的接口。

表3.1　模块接口描述

编　号	输　入	输　出
1	飞机类型	状态标志
2	飞机零件清单	
3	功能代码	
4	飞机零件清单	
5	零件编号	零件制造商
6	零件编号	零件名称

4. 用面向数据流方法设计本书第2章第11题所述的工资支付系统的软件结构。

5. 用3种方法计算图3.3所示流图的环形复杂度。

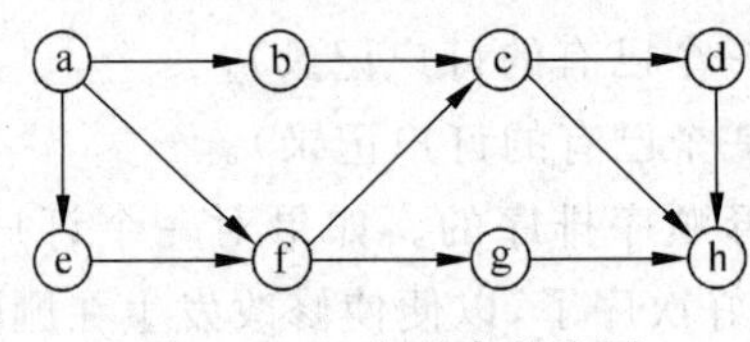

图3.3　一个程序的流图

6. 下面列出的代码用重复执行的加法来计算两个正整数 X 和 Y 的乘积,请用Halstead方法预测程序长度,并把预测出的长度与实际长度相比较。

```
Z=0;
while X>0
    Z=Z+Y;
    X=X-1;
end_while;
print(Z);
```

7. 图3.4是用程序流程图描绘的程序算法,请把它改画为等价的盒图。

8. 某交易所规定给经纪人的手续费计算方法如下：总手续费等于基本手续费加上与交易中的每股价格和股数有关的附加手续费。如果交易总金额少于1000元,则基本手续费为交易金额的8.4%;如果交易总金额在1000～10 000元之间,则基本手续费为交易金额的5%,再加34元;如果交易总金额超过10 000元,则基本手续费为交易金额的4%加上134元。当每股售价低于14元时,附加手续费为基本手续费的5%,除非买进、卖出的股数不是100的倍数,在这种情况下附加手续费为基本手续费的9%。当每股售价在14～25元之间时,附加手续费为基本手续费的2%,除非交易的股数不是100的倍数,在这种情况下附加手续费为基本手续费的6%。当每股售价超过25元时,如果交易的股数零散(即不是100的倍数),则附加手续费为基本手续费的4%,否则附加手续费为基本手续费的1%。

要求:

(1) 用判定表表示手续费的计算方法。

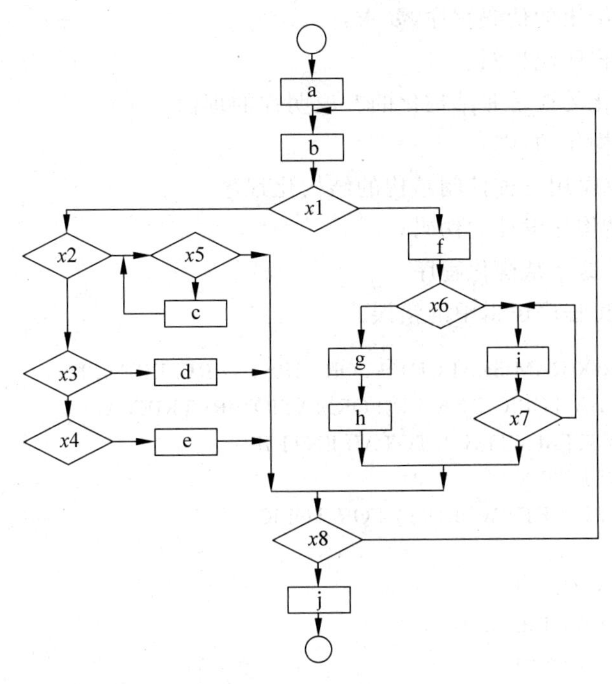

图 3.4 程序流程图

(2) 用判定树表示手续费的计算方法。

9. 画出下列伪码程序的程序流程图和盒图。

```
START
IF P THEN
    WHILE q DO
          f
    END DO
  ELSE
    BLOCK
          g
          n
    END BLOCK
END IF
STOP
```

10. 图 3.5 给出的程序流程图代表一个非结构化的程序，请问：

(1) 为什么说它是非结构化的？

(2) 设计一个与它等价的结构化程序。

(3) 在(2)题的设计中你使用附加的标志变量 flag 了吗？若没用，请再设计一个使用 flag 的程序；若用了，请再设计一个不用 flag 的程序。

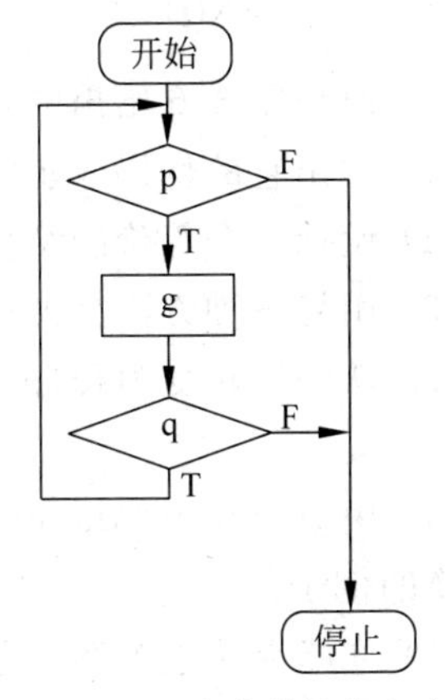

图 3.5 一个非结构化程序

11. 研究下面给出的伪码程序，要求：

(1) 画出它的程序流程图。

(2) 它是结构化的还是非结构化的？说明你的理由。

(3) 若是非结构化的，则：

ⓐ 把它改造成仅用三种控制结构的结构化程序；

ⓑ 写出这个结构化设计的伪码；

ⓒ 用盒图表示这个结构化程序。

(4) 找出并改正程序逻辑中的错误。

```
COMMENT：PROGRAM SEARCHES FOR FIRST N REFERENCES
         TO A TOPIC IN AN INFORMATION RETRIEVAL
         SYSTEM WITH T TOTAL ENTRIES
         INTPUT N
         INPUT KEYWORD(S) FOR TOPIC
         I=0
         MATCH=0
         DO WHILE I≤T
            I=I+1
            IF WORD=KEYWORD
              THEN MATCH=MATCH+1
                   STORE IN BUFFER
            END
            IF MATCH=N
              THEN GOTO OUTPUT
            END
         END
         IF N=0
            THEN PRINT "NO MATCH"
OUTPUT：ELSE CALL SUBROUTINE TO PRINT BUFFER
           INFORMATION
        END
```

12. 研究图 3.6 给出的程序流程图，要求：

(1) 写出它的伪码表示。

(2) 设计一个等价的结构化程序。

(3) 用另一种方法重做第(2)题。

13. 从伪码转变为程序流程图或从程序流程图转变为伪码是否是唯一的？请说明理由。

14. 用 Ashcroft_Manna 技术可以将非结构化的程序转换为结构化程序，图 3.7 是一个转换的例子。

(1) 你能否从这个例子总结出 Ashcroft_Manna 技术的一些基本方法？

(2) 进一步简化图 3.7(b)给出的结构化设计。

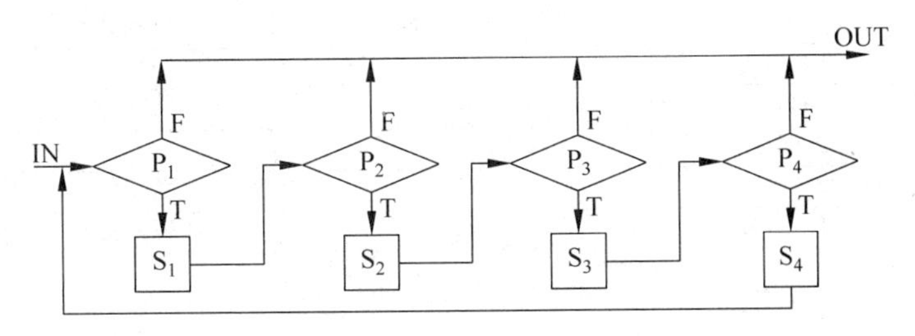

图 3.6 一个非结构化设计

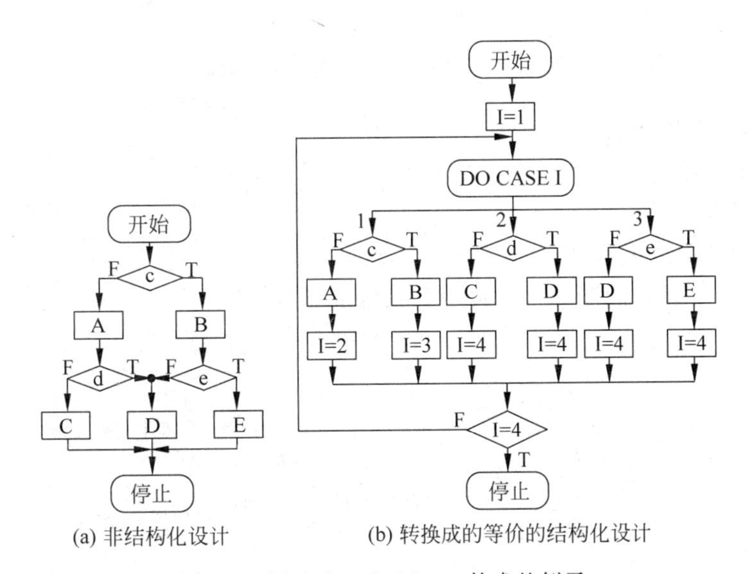

(a) 非结构化设计　　(b) 转换成的等价的结构化设计

图 3.7 用 Ashcroft_Manna 技术的例子

15. 用 Jackson 图描绘下述的一列火车的构成：

一列火车最多有两个火车头。只有一个火车头时则位于列车最前面，若还有第二个火车头时，则第二个火车头位于列车最后面。火车头既可能是内燃机车也可能是电气机车。车厢分为硬座车厢、硬卧车厢和软卧车厢3种。硬座车厢在所有车厢的前面，软卧车厢在所有车厢的后面。此外，在硬卧车厢和软卧车厢之间还有一节餐车。

习题解答

1. 答：解决任何问题之前都必须首先理解问题，对问题理解得越深入，解决起来也就越容易。为了获得对顺序主文件更新问题的直观、具体的认识，首先设想一个典型的主文件(称为旧的主文件)、一个事务文件和更新后得到的新的主文件及异常情况报告，如图 3.8 所示。

为了简单起见，在图 3.8 中忽略了主文件和事务文件中所包含的订户地址信息。

从图 3.8 可以看出，更新顺序主文件系统有下述两个输入文件：

① 旧的主文件(由包含订户姓名、地址信息的记录组成)。

② 事务文件。

事务文件
3 Brown
1 Harris
2 Jones
3 Jones
1 Smith

旧的主文件
Abel
Brown
James
Jones
Smith
Townsend

新的主文件
Abel
Harris
James
Smith
Townsend

异常报告
Smith

图 3.8　典型的顺序主文件更新问题

系统还有三个输出文件：

① 新的主文件。

② 异常报告。

③ 摘要和工作结束信息。

图 3.9 描绘了设想的顺序主文件更新系统的概貌。

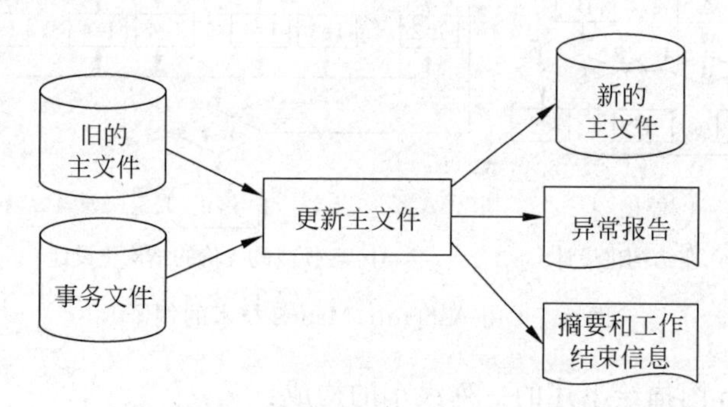

图 3.9　顺序主文件更新系统概貌

然后用逐步求精方法设计图 3.9 中关键的黑盒子“更新主文件”的实现算法。逐步求精方法实质上是“自顶向下”的设计方法，它通过不断分层细化解决问题的算法来设计软件。它不像“各个击破”技术那样把整个问题分解为若干个重要程序相同的子问题。在用逐步求精方法设计软件的过程中，软件的某个特定方面的重要性在一次又一次的求精中是变化的。最初，某个问题可能无关紧要，但后来同样的问题会变得相当重要。换句话说，可以把逐步求精方法看做是建立某个阶段内需要解决的各种问题的优先级的一种技术。它能确保每个问题都在恰当的时间得到解决，而且在任何时刻都不需要同时解决 7 个以上问题。使用逐步求精方法设计软件的难点在于，在当前的求精步骤中确定哪些是必须处理的重要事项，哪些事项应该推迟到后面的求精步骤中去处理。

作为对“更新主文件”的第一步求精，把它分解为 3 个处理框，分别称为输入、处理和输出，如图 3.10 所示。

在这个设计步骤中假设，当“处理”需要一个记录时，能够在那个时候输入正确的记录。同样，也能够在当时把正确的记录写入到正确的文件中。也就是说，在把逐步求精方

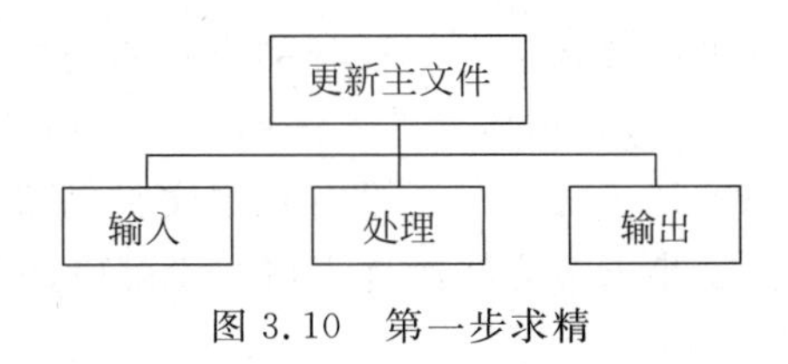

图 3.10　第一步求精

法运用到解决更新主文件这个问题时，是把输入和输出这两个方面的问题暂时分离出去，集中精力设计处理的算法。

为了搞清楚怎样按照事务文件的指示，更新旧的主文件产生新的主文件，也就是说，为了设计出处理的算法，让我们再一次研究图 3.8 所示的例子。把第一个事务记录(Brown)的关键字与第一个旧的主文件记录(Abel)的关键字相比较。因为 Brown 按字母顺序排在 Abel 的后面，把 Abel 记录不加更改地写入新的主文件后，读取下一个旧的主文件记录(Brown)。现在，事务记录的关键字与旧的主文件记录的关键字相同，又因为事务的类型是 3(删除)，所以必须删除 Brown 记录，这可通过不把 Brown 记录复制到新的主文件中来实现。接下来读取下一个事务记录(Harris)和下一个旧的主文件记录(James)，分别在各自的缓冲区里覆盖 Brown 记录，因为 Harris 在 James 之前，而且事务类型为 1(插入)，所以把 Harris 记录写到新的主文件中以实现插入。读取下一个事务记录(Jones)，因为 Jones 在 James 之后，把 James 记录复制到新的主文件中，然后读取下一个旧的主文件记录，在旧文件记录缓冲区中得到 Jones 记录。现在事务记录关键字与旧的主文件记录关键字相同，正如从事务文件中看到的那样，先修改旧的主文件记录(Jones 记录)，然后把它删除，以便读取下一个事务记录(Smith)和下一个旧的主文件记录(也是 Smith)。遗憾的是，事务类型是 1(插入)，但是在旧的主文件中已经有 Smith 记录了，因此，在输入数据时有错误，将 Smith 记录写入异常报告中。更确切地说，将 Smith 事务记录写入异常报告，而把 Smith 旧的主文件记录写入新的主文件。

总结上述例子中揭示出的处理过程，得到表 3.2 所示的处理规则。

表 3.2　处理规则

事务记录关键字＝旧的主文件记录关键字	1. 插入：打印出错信息 2. 修改：修改主文件记录 3. 删除：删除主文件记录①
事务记录关键字＞旧的主文件记录关键字	把旧的主文件记录复制到新的主文件中
事务记录关键字＜旧的主文件记录关键字	1. 插入：把事务记录写入新的主文件 2. 修改：打印出错信息 3. 删除：删除出错信息

根据表 3.2 所示的处理规则，可以对图 3.10 中的“处理”框求精，得到图 3.11 所示的第 2 步求精结果。为减少连线(特别是为了减少交叉线)，在这张流程图中用标有相同字母(例如，字母 A)的圆代表应该连在一起的点。图中连到“输入”和“输出”方框的虚线表

① 通过不向新的主文件复制缓冲区内的记录实现删除主文件记录。

示把如何处理输入和输出的设计决定推迟到较晚的求精步骤中再作出，该图其余部分是实现“处理”的流程图，或者说是对处理事务的算法的初步求精结果。正如刚才讲过的，已把对输入和输出问题的考虑推迟了，此外，还没有规定文件结束的条件，也没有规定遇到出错条件时应该怎样处理。逐步求精方法的优点就在于可以把这类问题推迟到后面的求精步骤中去解决。

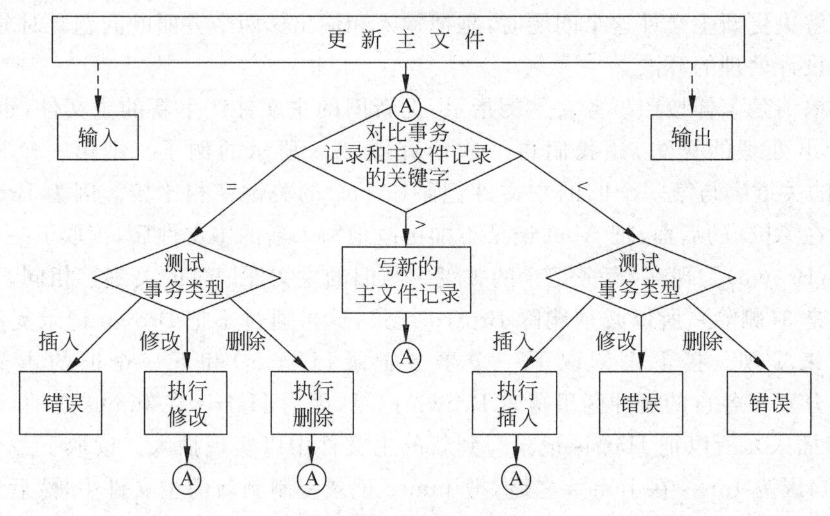

图 3.11 第二步求精

下一个设计步骤是求精图 3.11 中的“输入”和“输出”两个处理框，得到图 3.12。在这个设计步骤中仍然没有处理到文件结束的条件，也没有写入工作结束的信息，这些设计工作可以在后面的求精步骤中完成。使用逐步求精方法设计软件时，每完成一个求精步骤都必须对这个求精步骤得出的设计结果仔细审查，发现没有错误才能进行下一个求精步骤的设计工作，如果发现了错误则应该及时纠正。审查图 3.12 可以发现，该设计包含一个严重错误。考虑图 3.8 中给出的数据可以发现这个错误。假设当前的事务是 2(Jones)，也就是修改 Jones 记录，并且当前的旧的主文件记录是 Jones。在图 3.12 的设计中，因为事务记录的关键字与旧的主文件记录的关键字相同，沿最左边的路径到达“测试事务类型”判定框。因为当前的事务类型是“修改”，所以修改旧的主文件记录并把修改后的记录写入新的主文件。然后读取下一个事务记录，该记录是 3(Jones)，也就是删除 Jones 记录，但是，已经把修改后的 Jones 记录写入新的主文件记录了。

在用逐步求精方法设计软件的过程中对每个求精步骤得出的设计结果都进行严格审查的好处是，一旦发现了错误，不必从头开始重做一遍，只需回到前一步的设计结果，从那里开始重新设计即可。在本设计中，第二步求精的结果(见图 3.11)是正确的，可以把它作为第三步求精的基础。

正如刚才讲过的，图 3.12 所示设计的错误在于，当事务类型为 2(修改)时没有考虑下一个事务的影响，就把修改后的主文件记录写入新的主文件了。为了改正上述错误，我们采用“前瞻一步”的策略，也就是说，只有在分析了一个事务记录的下一个事务记录之后才能处理该事务记录。更具体地说，当一个事务记录的类型为“修改”时，修改缓冲区中的

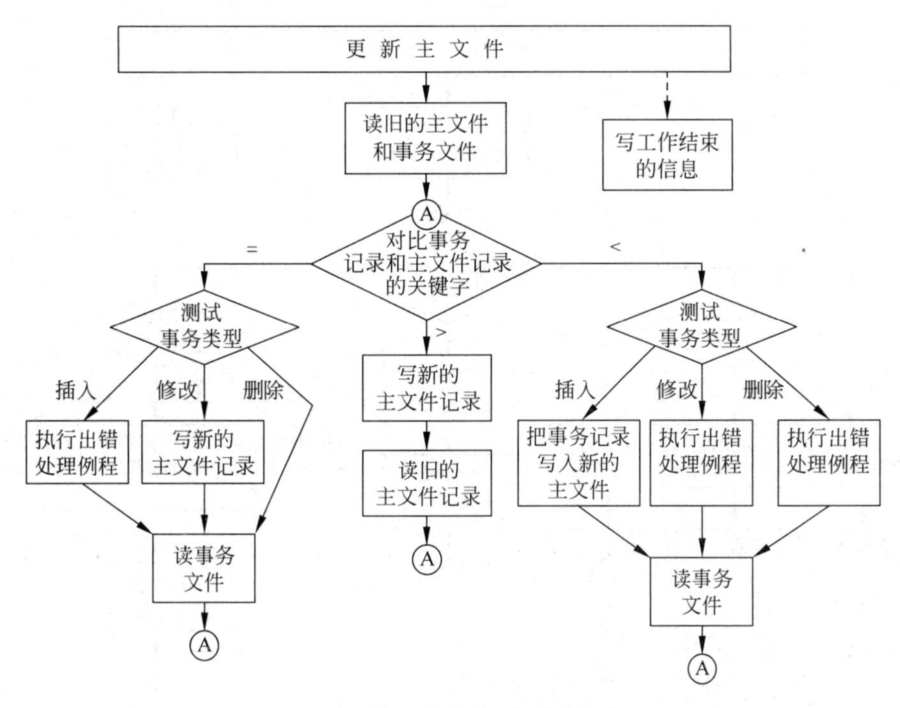

图3.12　第三步求精(有严重错误)

旧主文件记录,然后读取下一个事务记录,如果刚读出事务记录的关键字与缓冲区中的旧主文件记录的关键字不相同,则把缓冲区中已经修改过的旧主文件记录写入新的主文件;如果新读出的事务记录的关键字与主文件记录关键字相同,则依据新的事务记录的类型来处理缓冲区中的旧主文件记录。由于事务文件是预先排好序的,当新读出的事务记录与主文件记录有相同的关键字时,也就是新读出的事务记录与前一个事务记录是针对同一个订户的事务时,新读出事务记录的类型只可能是“修改”或“删除”(已知前一个事务记录的类型是“修改”)。采用“前瞻一步”的设计策略,得出图3.13所示的第三步求精结果。

为简单起见,当针对同一位订户有多个事务时,仅考虑了在修改事务之后又有修改事务或删除事务的情况。实际上,如果对事务文件先进行预处理,使得针对每位订户最多只有一个事务,则更新顺序主文件的算法可大大简化。下面列出对事务文件可能做的一些预处理:如果针对同一个订户有多个修改事务,则仅保留最后一个修改事务(本问题中的主文件记录仅有订户姓名和地址两项信息,多次修改地址则以最后一次修改为准);若插入一位新订户记录后,又有零个或多个修改事务,最后是一个删除事务,则略去这一系列事务;若对一个订户记录既有修改事务又有删除事务,则略去修改事务,仅保留删除事务;若针对一位订户既有插入事务又有修改事务,则用修改事务的内容(地址信息)更正插入事务的内容(地址信息),然后删去这个修改事务。

在第四步求精的过程中,应该考虑迄今为止被忽略的诸如打开和关闭文件这样的细节问题。采用逐步求精方法设计软件时,这样的细节问题是在基本算法被完全设计出来之后,最后处理的。显然,不打开和关闭文件,程序是不可能正常运行的,也就是说,这些

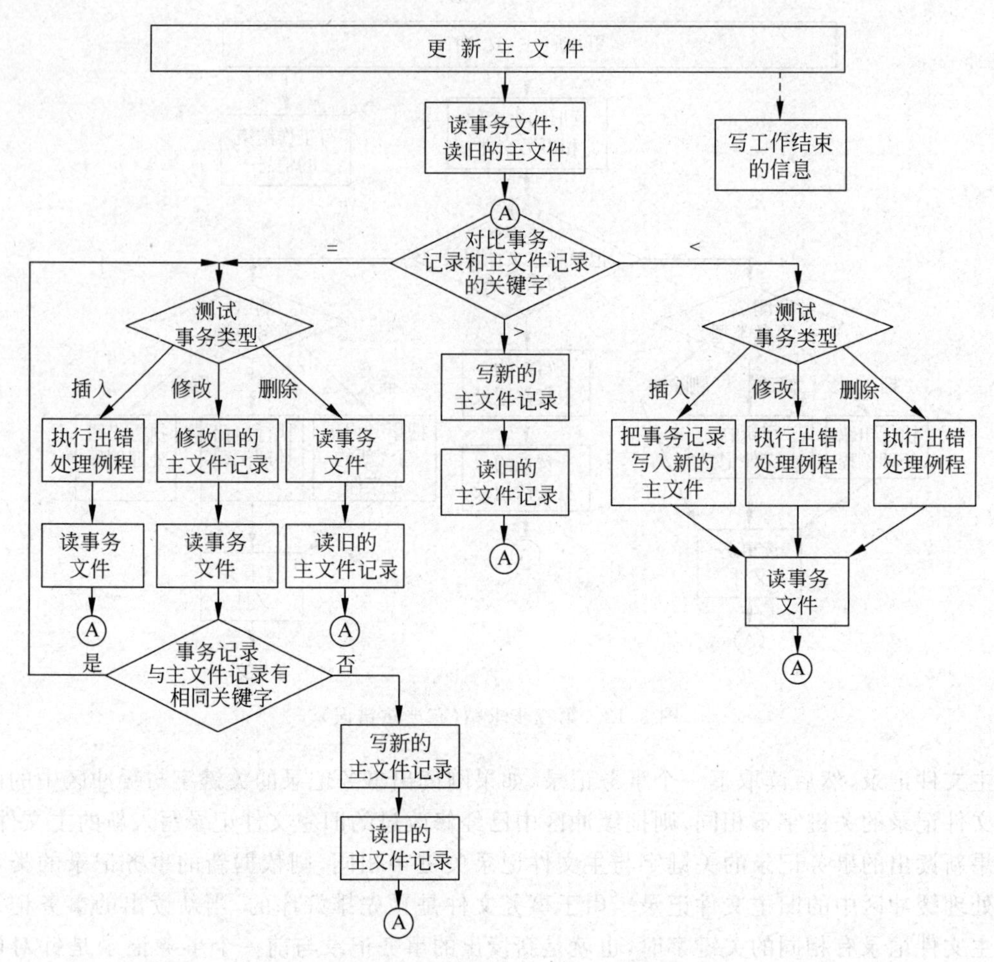

图 3.13 改正错误后的第三步求精

问题是必须处理的，但是，重要的是，处理这类细节问题应该在设计的最后阶段进行。在设计的早期阶段，设计者集中精力关注的7个左右问题是不应该包括打开和关闭文件这样的细节问题的。打开和关闭文件与特定软件的设计无关，它们只是作为任何设计的一部分的实现细节。然而，在后面的求精步骤中，打开和关闭文件变得重要起来，必须加以处理。

从前述设计过程可知，可以把逐步求精方法看做是建立在某个阶段内需要解决的各种问题的优先级的一种技术。逐步求精方法能够确保每个问题都得到解决，并且是在合适的时间内解决，在任何时刻都不需要同时考虑7个以上的问题。

2. 答：从图3.1所示的层次图可以看出，这个程序的功能是计算若干个指定地点的每日平均温度。变量sum保存某地一天之内在指定的时间取样点的温度之和。程序运行时首先初始化变量sum并打开文件，然后读取地点、时间和温度等原始数据，创建用于保存这些数据的温度记录，接下来计算特定地点的日平均温度，存储温度记录。重复调用“读取地点、时间和温度”、“创建新的温度记录”、“计算特定地点的日平均温度”和“存储温度记录”等模块，直至计算出并保存好所有指定地点的日平均温度。最后，打印平均温度并关闭文件。

从上述叙述可知,"计算多个地点的日平均温度"、"读取地点、时间和温度"、"创建新的温度记录"、"计算特定地点的日平均温度"和"存储温度记录"5 个模块,每个都完成一个单一的功能,模块内所有处理元素都为完成同一个功能服务,彼此结合得十分紧密,因此,这 5 个模块的内聚类型都是功能内聚。

初看起来,由于初始化变量 sum 和打开文件这两个操作都是在程序运行的初始阶段完成的,"初始化变量 sum 并打开文件"这个模块的内聚类型似乎是时间内聚。但是,初始化变量 sum 是本程序特有的操作,而打开文件是硬件要求的操作,是任何使用文件的程序都包含的一个操作,并非本程序特有的操作。当可以分配两个或更多个不同级别的内聚类型给一个模块时,规则是分配最低级别的内聚类型给该模块。因此,"初始化变量 sum 并打开文件"这个模块的内聚类型是偶然内聚。同理,"关闭文件并打印平均温度"这个模块的内聚类型也是偶然内聚。

3. 答:综合分析图 3.2 和表 3.1 所提供的信息可知各个模块之间的耦合情况。例如,当模块 p 调用模块 q 时(接口 1),它传递了一个参数——飞机类型。当模块 q 把控制返还给模块 p 时,它传回一个状态标志。

某些模块之间的耦合类型是明显的,例如,模块 p 和 q 之间(接口 1)、模块 r 和 t 之间(接口 5)及模块 s 和 u 之间(接口 6)都是数据耦合,因为它们传递的都是一个简单变量。

如果两个模块中的一个模块给另一个模块传递控制元素,也就是说,如果一个模块明显地控制另一个模块的逻辑,则它们之间具有控制耦合。例如,当给具有逻辑内聚的模块传递功能代码时就传递了控制元素。另一个控制耦合的例子是把控制开关作为一个参数传递。图 3.2 中模块 q 调用模块 r 时(接口 3)传递一个功能代码,因此,这两个模块之间是控制耦合。

图 3.2 右侧文字说明,模块 p、t 和 u 更新同一个数据库,因此,它们之间具有公共环境耦合。

当模块 p 调用模块 s 时(接口 2),如果模块 s 使用或更新模块 p 传递给它的零件清单中的所有元素,则模块 p 和 s 之间的耦合是数据耦合;但是,如果模块 s 只访问该清单中的一部分元素,则模块 p 和 s 之间的耦合是特征耦合。模块 q 和 s 之间(接口 4)的耦合情况与此类似。由于图 3.2 和表 3.1 中给出的信息尚不足以准确地描述各个模块的功能,所以不能确定这两对模块之间的耦合是数据耦合还是特征耦合。

4. 答:在解答第 2 章第 11 题的过程中已经用结构化分析方法详细地分析了这个工资支付系统,并且认真审查了结构化分析所得出的结果。因此,可以从图 2.19 所示的工资支付系统完整数据流图出发,设计工资支付系统的结构。

从图 2.19 可以看出,事务数据和人事数据沿着两条输入通路进入系统,输出数据沿着一条输出通路离开系统,数据流图中没有明显的事务中心。因此,从整体上看这个数据流图具有变换流的基本特征。

接下来应该分析确定输入流和输出流的边界,以孤立出变换中心。"取数据"和"收集数据"显然位于输入流中。"审核数据"仅仅对收集来的事务数据进行校核,并不对数据进行加工处理,它的基本功能是确保输入的事务数据是合理的,因此,也应该归入输入流的行列。“更新人事数据”由人事科通过另一个程序完成,不属于本系统应完成的功能。“打印表格”显然应该位于输出流中。“分发工资明细表”由人工完成,它不是工资支付程序的一部分。综上所述,得出画有流边界的数据流图如图3.14所示。

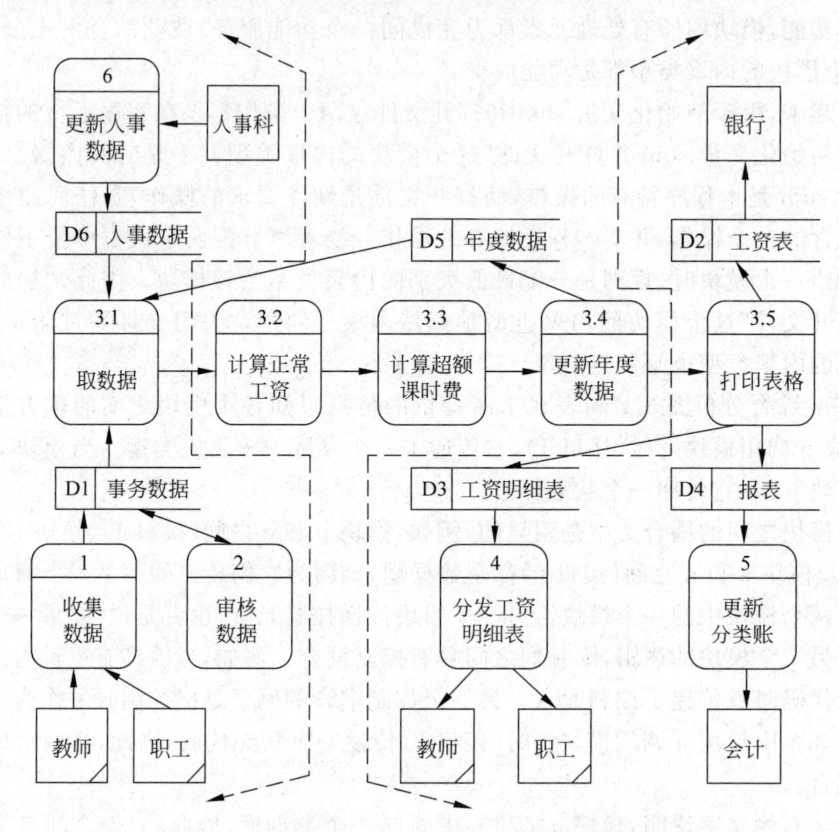

图3.14　画有流边界的工资支付系统数据流图

下一个设计步骤是完成“第一级分解”。所谓第一级分解就是确定系统的总体控制结构。通常,变换分析得出的系统高层结构是一个“三叉”的控制结构,针对工资支付系统得出的高层控制结构如图3.15所示。

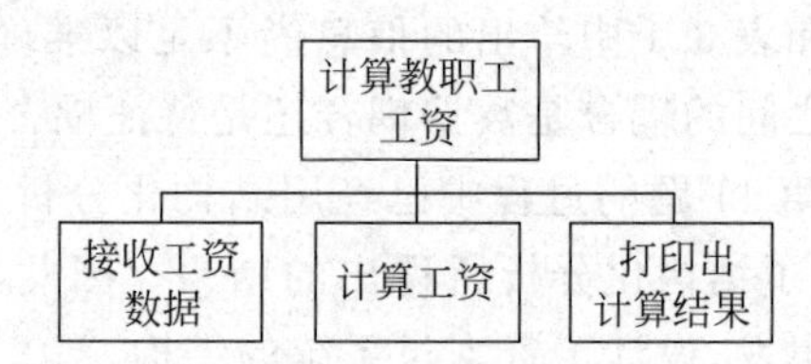

图3.15　工资支付系统的第一级分解

再下一个设计步骤是完成“第二级分解”。所谓第二级分解就是把数据流图中的每个处理映射成软件结构中的一个适当的模块。变换分析的映射规则是从变换中心的边界开始沿着输入通路向外移动,把输入通路中每个处理映射成软件结构中“输入信息处理控制模块”控制下的一个低层模块;然后沿输出通路向外移动,把输出通路中每个处理映射成直接或间接受“输出信息处理控制模块”控制的一个低层模块;最后把变换中心内的每个处理映射成受“变换中心控制模块”控制的一个低层模块。

对于工资支付系统来说，第二级分解的结果如图 3.16 所示。

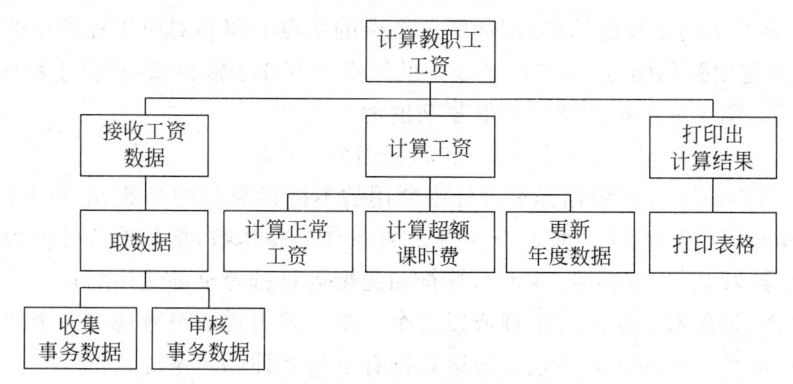

图 3.16　工资支付系统的第二级分解

最后一个设计步骤是，对工资支付系统的初步设计结果进行优化。结合工资支付系统的功能研究图 3.16 所示的系统初步结构可以看出，“接收工资数据”这个控制模块是多余的：“取数据”模块本身就具有根据需要读取相应数据的功能，没必要在它上面再加一个控制模块。此外，完成具体输出功能的模块只有一个，无须再额外设置一个输出信息处理控制模块，因此应该去掉“印出计算结果”模块。优化后的工资支付系统结构如图 3.17 所示。

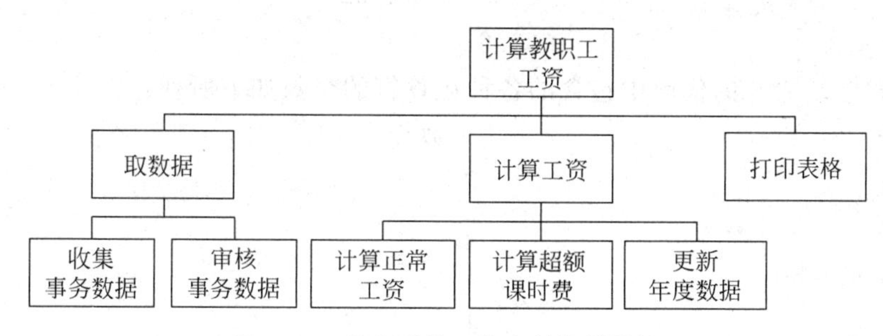

图 3.17　优化后的工资支付软件结构

5. 答：计算环形复杂度的方法主要有下述三种。

(1) 环形复杂度等于流图中的区域数

图 3.3 所示流图共有 5 个区域，因此它的环形复杂度等于 5。图 3.18 用罗马数字标注出该流图中的区域，其中区域Ⅰ为图的外部区域。

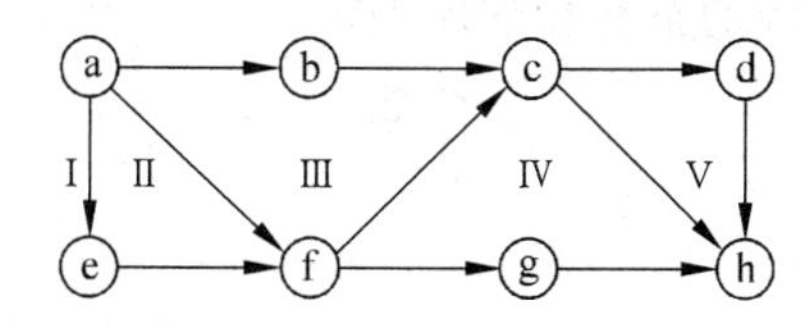

图 3.18　用罗马数字标注出区域

(2) 环形复杂度等于流图中边的条数减去结点数之后再加 2

图 3.3 所示流图共有 11 条边，8 个结点，所以它的环形复杂度为

$$11-8+2=5$$

(3) 环形复杂度等于程序中的判断数加1.

流图中有2条输出弧的结点(例如图3.3中的结点c和f)对应于程序中的1个判断，有$n(n>2)$条输出弧的结点(例如图3.3中的结点a有3条输出弧)对应于程序中的$n-1$个判断。因此,图3.3所示流图的环形复杂度为

$$2\times1+1\times(3-1)+1=5$$

6. 答：Halstead方法根据详细设计中使用的不同运算符的个数n_1和不同操作数的个数n_2来预测程序长度H。通常,把变量和常量作为操作数,把其他符号视为运算符,因此,逗号、分号、圆括号、方括号、算术运算符和逻辑运算符等全都是运算符。

按照惯例,把所有总是成对出现或以三个一组方式出现的符号视为一个运算符。

计算X与Y之积的代码中包含的运算符有下列8种($n_1=8$)：

=、;、while end-while、>、+、-、print、()

操作数有下列5种($n_2=5$)：

Z、0、X、Y、1

按照Halstead方法预测的程序长度为

$$\begin{aligned}H&=n_1\log_2 n_1+n_2\log_2 n_2\\&=8\times\log_2 8+5\times\log_2 5\\&=8\times3+5\times2.32\\&=35.6\end{aligned}$$

计算X与Y之积的代码中包含的各种运算符的个数如下所列：

运算符	个数
=	3
;	5
while end-while	1
>	1
+	1
-	1
print	1
()	1

因此,代码中包含的运算符总个数为$N_1=14$。

代码中包含的各种操作数的个数如下所列：

操作数	个数
Z	4
0	2
X	3
Y	2
1	1

因此,操作数的总个数为$N_2=12$。

程序的实际长度为

$$N = N_1 + N_2$$
$$= 26$$

预测的长度与实际长度相差 9.6，相对误差为

$$\frac{9.6}{26} = 37\%$$

7. 答：分析图 3.4 可以看出，该处理过程由顺序执行的 3 个程序块组成：首先执行处理 a，然后执行一个 DO-UNTIL 型循环，最后执行处理 j。

DO-UNTIL 型循环的循环体是处理 b 和一个 IF-THEN-ELSE 型分支结构，循环结束条件为 x8。其中，IF-THEN-ELSE 型分支结构的分支条件是 x1，THEN 部分是处理 f 和另一个分支条件为 x6 的 IF-THEN-ELSE 型分支结构；ELSE 部分是一个 CASE 型多分支结构……

这样一层一层地分析下去，可以画出如图 3.19 所示的与图 3.4 等价的盒图。

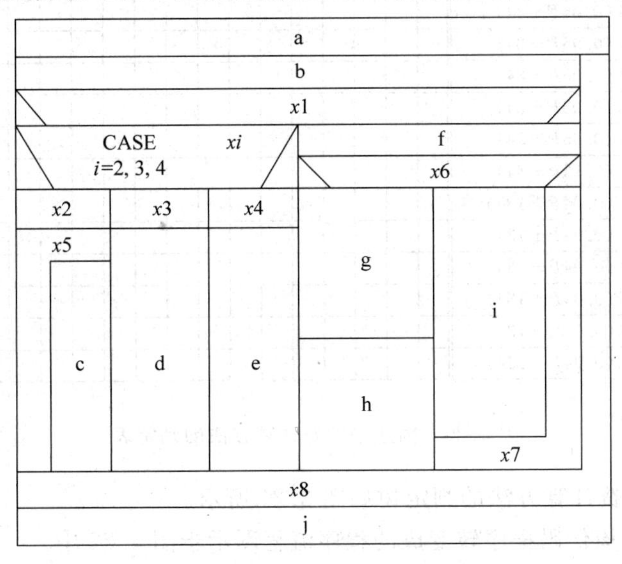

图 3.19　与图 3.4 等价的盒图

8. 答：令 P 代表交易的总金额，Q 代表每股的售价，n 代表交易的股数。

(1) 表示手续费计算方法的判定表如图 3.20 所示。

判定表的每一列是一条计算规则。例如，第 1 列（规则 1）规定，当交易总金额 P 少于 1000 元，且每股售价 Q 低于 14 元，且交易的股数 n 是 100 的倍数时，给经纪人的手续费为

$$(1+0.05)\times 0.084P$$

第 16 列（规则 16）表明，当交易总金额 P 超过 10 000 元，且每股售价 Q 在 14 元到 25 元之间，且交易的股数 n 不是 100 的倍数时，手续费为

$$(1+0.06)\times(0.04P+134)$$

	规则																	
	1	2	3	4	5	6	7	8	9	10	11	12	13	14	15	16	17	18
$P<1000$	T	T	T	T	T	T	F	F	F	F	F	F	F	F	F	F	F	F
$1000\leqslant P\leqslant 10\,000$	F	F	F	F	F	F	T	T	T	T	T	T	F	F	F	F	F	F
$P>10\,000$	F	F	F	F	F	F	F	F	F	F	F	F	T	T	T	T	T	T
$Q<14$	T	T	F	F	F	F	T	T	F	F	F	F	T	T	F	F	F	F
$14\leqslant Q\leqslant 25$	F	F	T	T	F	F	F	F	T	T	F	F	F	F	T	T	F	F
$Q>25$	F	F	F	F	T	T	F	F	F	F	T	T	F	F	F	F	T	T
n 是 100 的倍数	T	F	T	F	T	F	T	F	T	F	T	F	T	F	T	F	T	F
$(1+0.05)\times 0.084P$	×																	
$(1+0.09)\times 0.084P$		×																
$(1+0.02)\times 0.084P$			×															
$(1+0.06)\times 0.084P$				×														
$(1+0.01)\times 0.084P$					×													
$(1+0.04)\times 0.084P$						×												
$(1+0.05)\times(0.05P+34)$							×											
$(1+0.09)\times(0.05P+34)$								×										
$(1+0.02)\times(0.05P+34)$									×									
$(1+0.06)\times(0.05P+34)$										×								
$(1+0.01)\times(0.05P+34)$											×							
$(1+0.04)\times(0.05P+34)$												×						
$(1+0.05)\times(0.04P+134)$													×					
$(1+0.09)\times(0.04P+134)$														×				
$(1+0.02)\times(0.04P+134)$															×			
$(1+0.06)\times(0.04P+134)$																×		
$(1+0.01)\times(0.04P+134)$																	×	
$(1+0.04)\times(0.04P+134)$																		×

图 3.20 描述手续费计算方法的判定表

(2) 表示手续费计算方法的判定树如图 3.21 所示。

9. 答：(1) 从该伪码程序转变成的程序流程图示于图 3.22 中。

(2) 由该伪码转变成的盒图如图 3.23 所示。

10. 答：(1) 通常所说的结构化程序是按照狭义的结构程序的定义衡量，符合定义规定的程序。图 3.5 所示的程序的循环控制结构有两个出口，显然不符合狭义的结构程序的定义，因此是非结构化的程序。

(2) 使用附加的标志变量 flag，至少有两种方法可以把该程序改造为等价的结构化程序，图 3.24 所示盒图描绘了等价的结构化程序。

(3) 不使用 flag 把该程序改造为等价的结构化程序的方法如图 3.25 所示。

11. 答：(1) 根据这个伪码程序画出的程序流程图如图 3.26 所示。

(2) 这个程序是非结构化的。因为在图 3.26 中“印出缓冲区的内容”这个处理框有两个入口；此外，循环结构有两个出口：I≤T 为假和 MATCH＝N 为真时都结束循环。

(3) 仅用三种控制结构的等价的结构化程序的伪码如下：

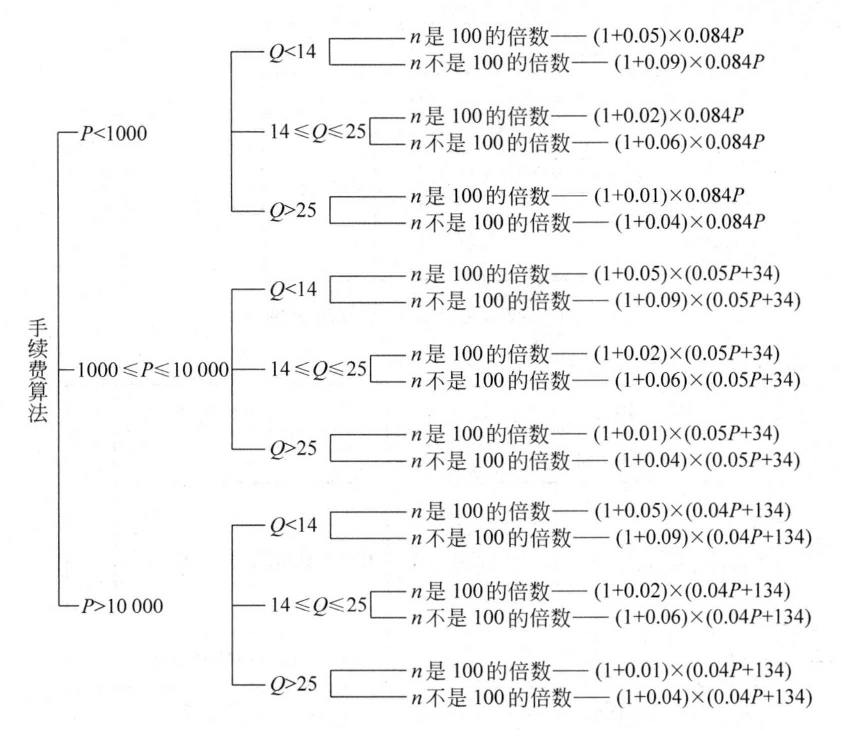

图 3.21　描述手续费计算方法的判定树

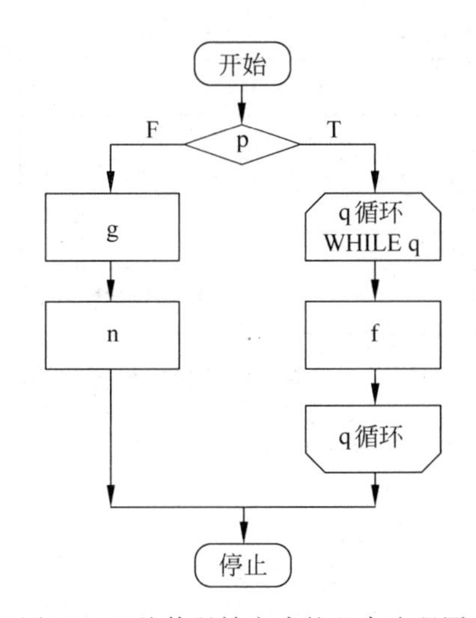

图 3.22　从伪码转变成的程序流程图

```
INPUT N
INPUT KEYWORD(S) FOR TOPIC
I=0
MATCH=0
DO WHILE(I≤T) and (MATCH<N)
    I=I+1
    IF WORD=KEYWORD
```

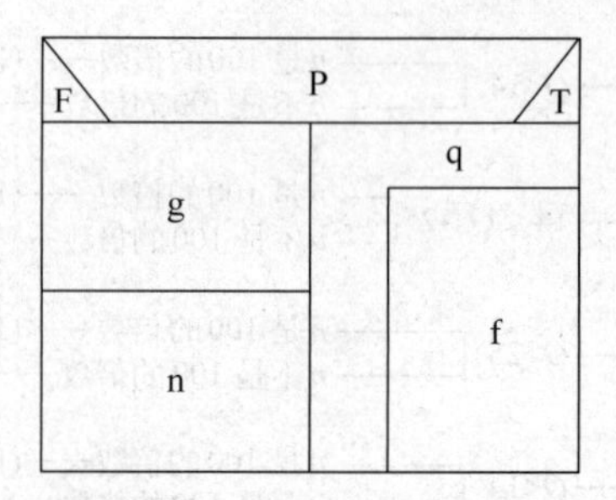

图 3.23 由伪码转变成的盒图

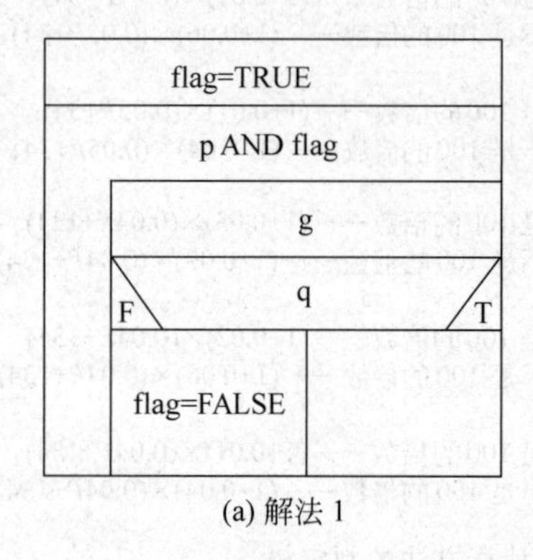

(a) 解法 1

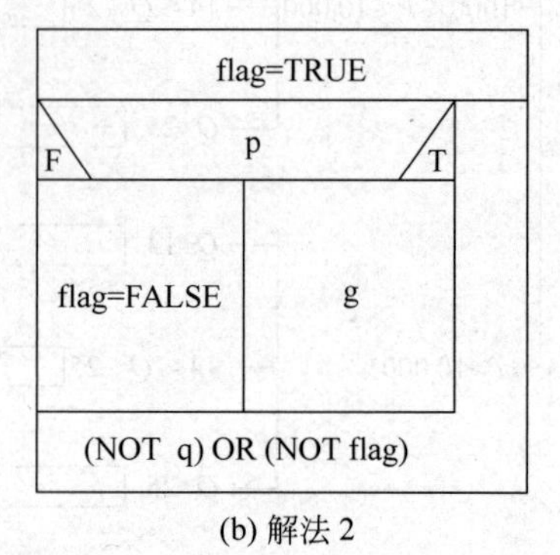

(b) 解法 2

图 3.24 与图 3.5 等价的结构化程序(用 flag)

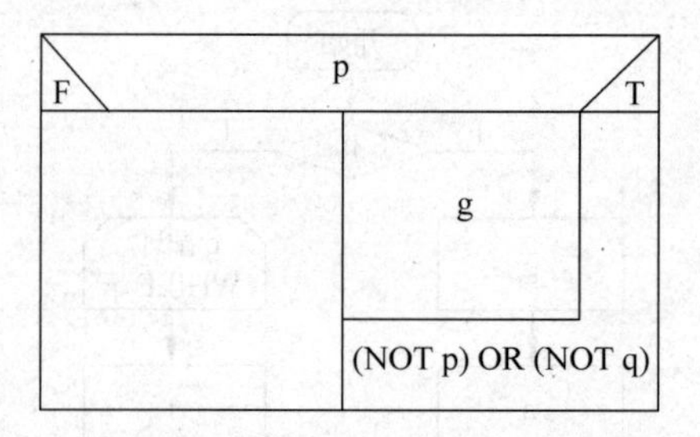

图 3.25 与图 3.5 等价的结构化程序(不用 flag)

```
        THEN MATCH＝MATCH＋1
             STORE IN BUFFER
    END
END
IF N＝0
    THEN PRINT "NO MATCH"
ELSE CALL SUBROUTINE TO PRINT BUFFER
    INFORMATION
END
```

图 3.27 所示盒图描绘了上面给出的结构化程序。

(4) 该程序逻辑中有两个错误。

第一个错误是 WHILE 循环条件 I≤T：根据这个条件，当 I＝T 时应该执行一遍循

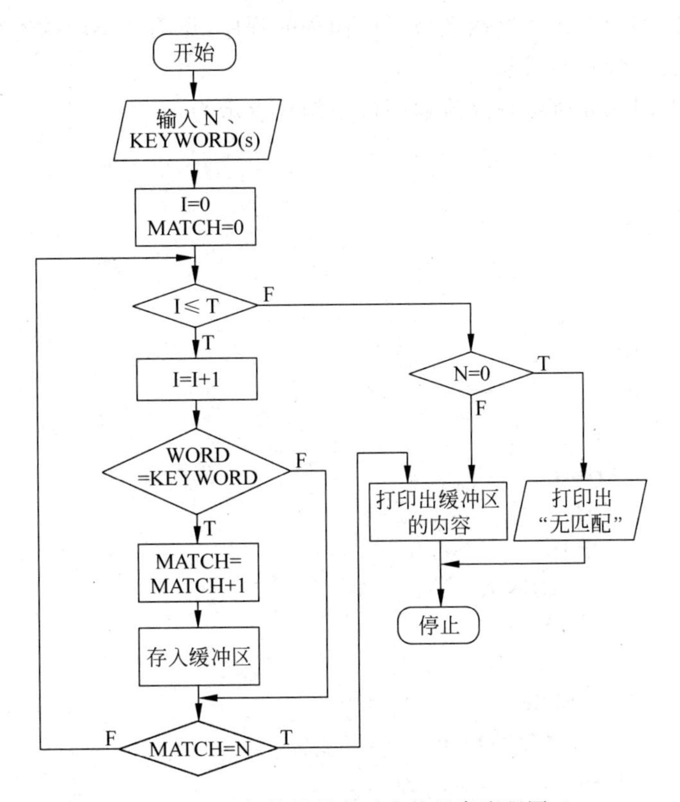

图 3.26　与伪码程序对应的程序流程图

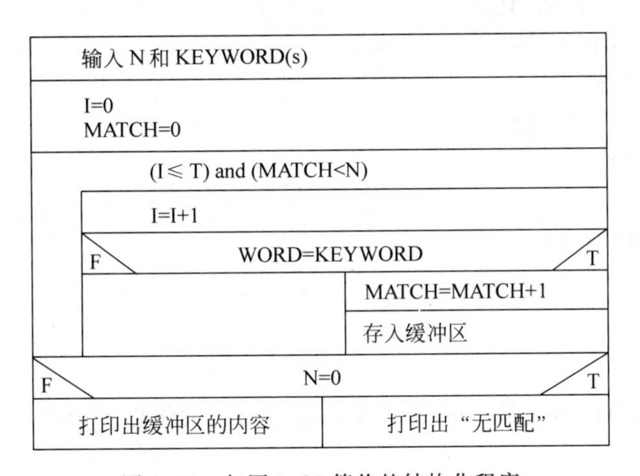

图 3.27　与图 3.26 等价的结构化程序

环体。循环体的第一条语句是 I=I+1，即把 I 的值加 1 使之变成 T+1，但是，该检索系统总共只有 T 个词条(ENTRY)，下标 I 变成 T+1 将出现“越界”错。因此，应该把循环条件改为 I<T。

第二个错误是打印出“无匹配”的条件 N=0：该程序使用变量 MATCH 存放匹配次数，因此，打印出“无匹配”的条件应该是 MATCH=0。

顺便说一句,即使把该程序改造成了结构化的程序(见第3小题的答案),也仍然应该像上述的那样改正这两个错误。

12. 答:(1) 图3.6所示程序流程图可用伪码表示为:

```
START
    Loop: IF P1
        THEN
          S1
          IF P2
            THEN
              S2
              IF P3
                THEN
                  S3
                  IF P4
                    THEN
                      S4
                      GO TO Loop
                    ELSE
                      GO TO Exit
                END
            ELSE
                GO TO Exit
                END
            ELSE
                GO TO Exit
            END
        ELSE
            GO TO Exit
        END
    Exit:
STOP
```

(2) 使用附加的标志变量flag,设计出的等价的结构化程序伪码如下:

```
START
    flag=TRUE
    DO UNTIL(NOT P4) OR (NOT flag)
        IF P1
            THEN S1
            ELSE flag=FALSE
        END
        IF P2 AND flag
```

```
                THEN S2
                ELSE flag=FALSE
            END
            IF P3 AND flag
                THEN S3
                ELSE flag=FALSE
            END
            IF P4 AND flag
                THEN S4
                ELSE flag=FALSE
            END
        END
STOP
```

(3) 不使用附加的标志变量 flag 的等价的结构化程序伪码如下：

```
START
    DO UNTIL (NOT P1) OR (NOT P2) OR (NOT P3) OR (NOT P4)
        IF P1
            THEN S1
                IF P2
                    THEN S2
                        IF P3
                            THEN S3
                                IF P4
                                    THEN S4
                                END
                        END
                END
        END
    END
STOP
```

13. 答：伪码准确地描述了程序的控制流程。由于伪码在描述程序的控制流程时是无二义性的，因此，由伪码转变成的程序流程图是唯一的。

但是，同样的控制流程可以用不同的伪码来描述，因此，由程序流程图转变成的伪码不是唯一的。例如，第12题第(3)小题的答案也可以用下面的伪码来描述：

```
START
    Loop:
        IF P1
            THEN S1
                IF P2
                    THEN S2
```

```
                  IF P3
                      THEN S3
                          IF P4
                              THEN S4
                                  GO TO Loop
                          END
                  END
          END
      END
STOP
```

上列伪码中虽然使用了 GO TO 语句,但它仍然是结构化程序,因为它仍然保持了单入口单出口的控制结构。实际上,它用 GO TO 语句实现了 DO-UNTIL 型循环结构。

14. 答:(1) 从这个例子中看出,Ashcroft-Manna 技术的基本方法是,当待改造的程序含有嵌套的非结构化的 IF 语句时,改造后的程序中增加 DO-CASE 语句和 DO-UNTIL 语句,并增加一个辅助变量 I,I 的初始值为 1。最外层的 IF 语句在 I=1 时执行,执行完这个 IF 语句后把 I 赋值为随后应该执行的内层 IF 语句所对应的 CASE 标号值。DO-CASE 语句的最大分支数(可执行的最大标号值)等于 IF 语句的个数。当执行完最内层的 IF 语句之后,把 I 赋值为可执行的最大标号值加 1,而 DO-UNTIL 循环的结束条件就是 I 等于这个值。

(2) 与图 3.7(b)等价的、进一步简化后的结构化程序的流程图如图 3.28 所示。

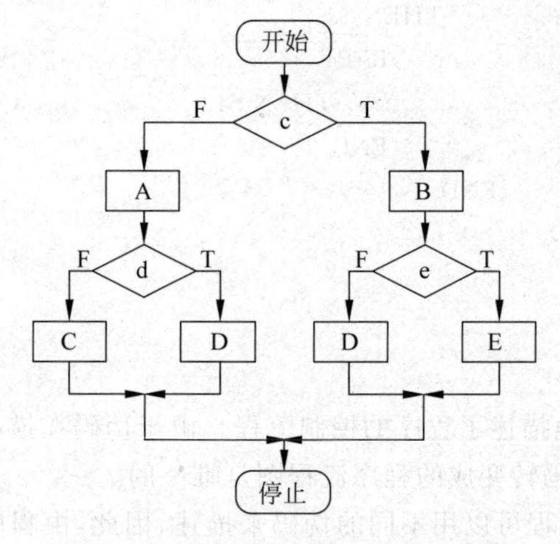

图 3.28 进一步简化后的结构化程序

15. 答:Jackson 图善于描绘复杂事物的组成。用 Jackson 图描绘一列火车的构成的方法至少有两种,一种方法是把火车分为一个车头和两个车头两类,另一种方法是把后车头作为可选的。图 3.29 给出了描绘一列火车的构成的 Jackson 图。

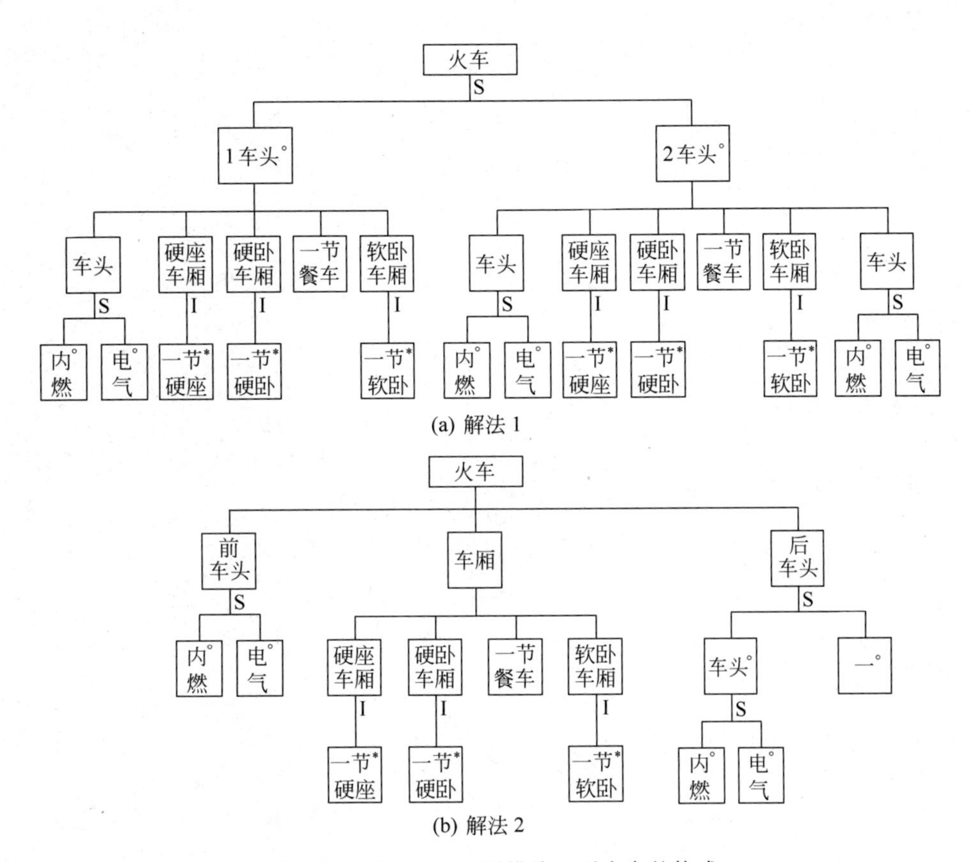

(a) 解法 1

(b) 解法 2

图 3.29　用 Jackson 图描绘一列火车的构成

第4章 结构化实现

CHAPTER

通常把编码和测试统称为实现。

编码就是把软件设计的结果翻译成用某种程序设计语言书写的程序。作为软件工程过程的一个阶段，编码是软件设计的自然结果，因此，程序的质量主要取决于软件设计的质量。但是，所选用的程序设计语言的特点和编程时的风格，也会对程序的可靠性、可读性、可测试性和可维护性产生深远的影响。

正如任何产品在交付使用之前都必须经过严格的检验过程一样，由于软件开发的复杂性和困难性，软件产品在交付使用之前尤其应该经过严格的质量检验过程。通常把对软件的质量检验过程称为测试。目前，软件测试仍然是保证软件质量的主要途径，它是对软件需求规格说明、软件设计和编码的最后复审。

仅就测试而言，它的目标是发现软件中的错误，但是，发现错误并不是最终目的。软件工程的根本目标是开发出高质量的、完全符合用户需要的软件产品。因此，通过测试发现软件错误之后还必须诊断并改正错误，这就是调试（也称为纠错）的任务。调试是测试阶段最困难的工作。

在对测试结果进行收集和评价的时候，软件产品所达到的可靠性也逐渐明朗。软件可靠性模型使用故障率数据预测软件的可靠性。

4.1 编　　码

4.1.1 选择程序设计语言

总的来说，高级语言明显优于汇编语言，因此，除了在很特殊的应用领域，或者大型系统中执行时间非常关键的（或直接依赖于硬件的）一小部分代码需要用汇编语言书写之外，其他程序代码应该一律用高级语言编写。

理想的高级程序设计语言有良好的模块化机制、可读性好的控制结构和数据结构；语言的特点使编译程序能够尽可能多地发现程序代码中的错误；此外，理想的高级语言还有良好的独立编译机制。

但是,在实际选择编程语言时不能仅仅使用理想标准,还必须同时考虑实用方面的种种限制。下面列出主要的实用标准。

- 软件用户的要求。
- 可以使用的编译程序。
- 可以得到的软件工具。
- 工程规模。
- 程序员的知识。
- 软件可移植性要求。
- 软件的应用领域。

4.1.2 编码风格

源程序代码的逻辑简明清晰、易读易懂是好程序的一个重要标准。为了写出好程序,应该遵循下述规则。

(1) 程序内部应该有很好的文档。所谓程序内部的文档,包括恰当的标识符、适当的注解和程序的视觉组织等。

(2) 数据说明应该易于理解和查阅。

(3) 语句构造应该尽可能简单直观。

(4) 输入输出风格遵守人机界面设计准则。

(5) 效率满足用户需求即可。

4.2 软件测试基础

1. 软件测试的目标

软件测试是为了发现程序中的错误而执行程序的过程。

2. 软件测试的准则

- 所有的测试都应该能追溯到用户需求。
- 应该远在测试开始之前就制定出测试计划。
- 应该把 Pareto 原理(测试发现的错误中的80%很可能是由程序中20%的模块造成的)应用到软件测试中。
- 应该从"小规模"测试开始,并逐步过渡到"大规模"测试。
- 穷举测试是不可能的,因此,测试只能证明程序中有错误,而不能证明程序中没有错误。
- 为了达到最佳的测试效果,应该由独立的第三方从事测试工作。

3. 软件测试的方法

测试软件的方法可以分为两大类,分别称为黑盒测试和白盒测试。

对于软件测试而言，黑盒测试是把程序看成一个黑盒子，完全不考虑程序的内部结构和处理过程。也就是说，黑盒测试是在程序接口进行的测试，它只检查程序功能是否能按照规格说明书的规定正常使用，程序是否能适当地接收输入数据产生正确的输出信息，并且保持外部信息(如数据库或文件)的完整性。黑盒测试又称为功能测试。

与黑盒测试相反，白盒测试的前提是可以把程序看成装在一个透明的白盒子里，也就是完全了解程序的结构和处理过程。这种方法按照程序内部的逻辑测试程序，检验程序中的每条通路是否都能按预定要求正确工作。白盒测试又称为结构测试。

4. 软件测试的步骤

除非是测试一个小程序，否则一开始就把整个软件系统作为一个单独的实体来测试是不现实的。根据第 4 条测试准则，测试过程也必须分步骤进行，后一个步骤在逻辑上是前一个步骤的延续。通常，大型软件系统的测试过程基本上由下述几个步骤组成。

(1) 模块测试

模块测试的目的是发现并改正程序模块中的错误，保证每个模块作为一个单元能正确地运行。模块测试又称为单元测试。

(2) 子系统测试

把经过单元测试的模块组装成一个子系统，在组装的过程中同时进行测试。

(3) 系统测试

把经过测试的子系统组装成一个完整的系统并同时进行测试。

不论是子系统测试还是系统测试，都兼有组装和检测两重含义，通常统称为集成测试或组装测试。

(4) 验收测试

把软件系统作为单一的实体进行测试，测试的目的是验证系统确实能够满足用户的需要，因此，主要使用实际数据进行测试。验收测试也称为确认测试。

(5) 平行运行

同时运行新开发出的系统和将被它取代的旧系统，通过比较新旧两个系统的运行结果来测试新系统。

4.3 单元测试

1. 测试重点

在单元测试期间应该着重从下述 5 个方面对模块进行测试。

- 模块接口。
- 局部数据结构。
- 重要的执行通路。
- 出错处理通路。
- 边界条件。

2. 代码审查

人工测试源程序可以由编写者本人非正式地进行，也可以由审查小组正式进行。后者称为代码审查，它是一种非常有效的程序验证技术，对于典型的程序来说，可以查出30%～70%的逻辑设计错误和编码错误。审查小组最好由下述4个人组成。

- 组长，他应该是一个很有能力的程序员，而且没有直接参与这项工程。
- 程序的设计者。
- 程序的编写者。
- 程序的测试者。

审查小组的任务是发现错误而不是改正错误，改正错误的责任由程序的编写者承担。

代码审查比计算机测试优越之处在于：一次审查会上可以发现许多错误；用计算机测试的方法发现错误之后，通常需要先改正这个错误才能继续测试，因此错误是一个一个地发现并改正的。也就是说，采用代码审查的方法可以减少系统验证的总工作量。

实践表明，对于查找某些类型的错误来说，人工测试比计算机测试更有效；对于其他类型的错误来说则刚好相反。因此，人工测试和计算机测试是互相补充、相辅相成的，缺少其中任何一种方法都会使查找错误的效率降低。

3. 计算机测试

模块并不是一个独立的程序，因此必须为每个单元测试开发驱动软件和(或)存根软件。通常驱动程序也就是一个"主程序"，它接收测试数据，把这些数据传送给被测试的模块，并且打印出有关的结果。存根程序代替被测试的模块所调用的模块。因此存根程序也可以称为"虚拟子程序"。它使用被它代替的模块的接口，可能做最少量的数据操作，打印出对入口的检验或操作结果，并且把控制归还给调用它的模块。

模块的内聚程度高可以简化单元测试过程。如果每个模块只完成一个单一完整的功能，则需要的测试方案数目将明显减少，模块中的错误也更容易预测和发现。

4.4 集成测试

集成测试是测试和组装软件的系统化技术，例如，子系统测试就是在把模块按照设计要求组装起来的同时进行测试，主要目标是发现与接口有关的问题，系统测试与此类似。

由模块组装成程序有两种方法。一种方法是先分别测试每个模块，再把所有模块按设计要求放在一起结合成所要的程序，这种方法称为非渐增式测试方法；另一种方法是把下一个要测试的模块同已经测试好的那些模块结合起来进行测试，测试完以后再把下一个应该测试的模块结合进来测试。这种每次增加一个模块的方法称为渐增式测试。

渐增式测试方法把程序划分成小段来组装和测试，在这个过程中比较容易定位和改正错误；对接口可以进行更彻底的测试；可以使用系统化的测试方法。因此，目前在进行集成测试时普遍采用渐增式测试方法。

当使用渐增方式把模块结合到程序中去时，有自顶向下和自底向上两种集成策略。

1. 自顶向下集成

自顶向下的集成(结合)方法是一个日益被人们广泛采用的组装软件的途径。从主控制模块(主程序)开始,沿着软件的控制层次向下移动,从而逐渐把各个模块结合起来。在把附属于(以及最终附属于)主控制模块的那些模块组装到软件结构中去时,或者使用深度优先的策略,或者使用宽度优先的策略。

把模块结合进软件结构的具体过程由下述四个步骤完成。

第 1 步,对主控制模块进行测试,测试时用存根程序代替所有直接附属于主控制模块的模块。

第 2 步,根据选定的结合策略(深度优先或宽度优先),每次用一个实际模块替换一个存根程序(新结合进来的模块往往又需要新的存根程序)。

第 3 步,在结合进一个模块的同时进行测试。

第 4 步,为了保证加入模块且没有引进新的错误,可能需要进行回归测试(即全部或部分地重复以前做过的测试)。

从第 2 步开始不断重复上述过程,直到构造起完整的软件为止。

2. 自底向上集成

自底向上测试从"原子"模块(即在软件结构最低层的模块)开始组装和测试。因为是从底部向上结合模块,总能得到需要的下层模块处理功能,所以不需要存根程序。

用下述步骤可以实现自底向上的结合策略。

第 1 步,把低层模块组合成实现某个特定的软件子功能的族。

第 2 步,写一个驱动程序(用于测试的控制程序),协调测试数据的输入输出。

第 3 步,对由模块组成的子功能族进行测试。

第 4 步,去掉驱动程序,沿软件结构自底向上移动,把子功能族组合起来形成更大的子功能族。

上述第 2 步到第 4 步实质上构成了一个循环。

3. 两种集成测试策略的比较

一般来说,一种集成测试策略的优点正好对应于另一种策略的缺点。自顶向下测试方法的主要优点是不需要测试驱动程序,能够在测试阶段的早期实现并验证系统的主要功能,而且能在早期发现上层模块的接口错误。自顶向下测试方法的主要缺点是需要存根程序,可能遇到与此相联系的测试困难,低层关键模块中的错误发现较晚,而且用这种方法在早期不能充分展开人力。可以看出,自底向上测试方法的优缺点与上述自顶向下测试方法的优缺点刚好相反。

通常,纯粹自顶向下或纯粹自底向上的策略都不实用,人们在实践中创造出许多混合策略。

(1) 改进的自顶向下测试方法。基本上使用自顶向下的测试方法,但是在早期使用自底向上的方法测试软件中的少数关键模块。一般的自顶向下方法所具有的优点在这种方法中也都有,而且能在测试的早期发现关键模块中的错误;但是,它的缺点也比自顶向下方法多一条,即测试关键模块时需要驱动程序。

(2) 混合法。对软件结构中较上层,使用的是自顶向下方法;对软件结构中较下层,使用的是自底向上方法,二者相结合。这种方法兼有两种方法的优点和缺点,当被测试的软件中关键模块比较多时,这种混合法可能是最好的折中方法。

4.5 白盒测试技术

设计测试方案的基本目标是,确定一组最可能发现某个错误或某类错误的测试数据。现有的许多设计测试数据的技术各有优缺点,没有哪一种是最好的,更没有哪一种可以取代其余所有技术;同一种技术在不同的应用场合效果可能相差很大,因此,通常需要联合使用多种设计测试数据的技术。

在使用白盒方法测试软件时,设计测试数据的典型技术主要如下所述。

4.5.1 逻辑覆盖

有选择地执行程序中某些最具有代表性的通路是对穷尽测试的唯一可行的替代办法。所谓逻辑覆盖是对一系列测试过程的总称,这组测试过程逐步进行越来越完整的通路测试。

从覆盖源程序语句的详尽程度分析,测试数据覆盖(即执行)程序逻辑的程度可以划分成语句覆盖、判定覆盖、条件覆盖、判定/条件覆盖和条件组合覆盖5个等级。从对程序路径的覆盖程度分析,主要有点覆盖、边覆盖和路径覆盖3个等级。

1. 语句覆盖

选取足够多的测试数据,使得被测程序中每条语句至少执行一次。

2. 判定覆盖

选取足够多的测试数据,使得不仅每条语句至少执行一次,而且每个判定的每种可能的结果都至少执行一次,也就是说,每个判定的每个分支都至少执行一次。因此,判定覆盖又称为分支覆盖。

3. 条件覆盖

选取足够多的测试数据,使得不仅每个语句至少执行一次,而且判定表达式中的每个条件都取到各种可能的结果。

4. 判定/条件覆盖

同时满足判定覆盖和条件覆盖的标准,也就是说,选取足够多的测试数据,使得判定表达式中的每个条件都取到各种可能的值,而且每个判定表达式也都取到各种可能的结果。

5. 条件组合覆盖

选取足够多的测试数据，使得每个判定表达式中条件的各种可能组合都至少出现一次。

6. 点覆盖

选取足够多的测试数据，使得程序执行路径至少经过流图中的每个结点一次。由于流图中的每个结点与一条或多条语句相对应，显然，点覆盖标准和语句覆盖标准是相同的。

7. 边覆盖

选取足够多的测试数据，使得程序执行路径至少经过流图中每条边一次。通常，边覆盖和判定覆盖是一致的。

8. 路径覆盖

选取足够多测试数据，使得程序的每条可能路径都至少执行一次（如果流图中有环，则要求每个环至少经过一次）。

4.5.2　控制结构测试

1. 基本路径测试

使用基本路径测试技术设计测试用例的步骤如下。

第 1 步，根据过程设计的结果画出流图。

第 2 步，计算流图的环形复杂度。

第 3 步，确定线性独立路径的基本集合。程序的环形复杂度等于程序中独立路径的数量，而且这个数值是确保程序中所有语句至少被执行一次所需的测试数量的上界。

第 4 步，设计可强制执行基本集合中每条路径的测试用例。

2. 条件测试

通常，BRO 测试是条件测试的一种比较有效的策略。如果在条件中所有布尔变量和关系算符都只出现一次而且没有公共变量，则 BRO 测试保证能发现该条件中的分支错和关系算符错。

BRO 测试利用条件 C 的条件约束来设计测试用例。包含 n 个简单条件的条件 C 的条件约束定义为(D_1，D_2，…，D_n)，其中 D_i($0<i\leqslant n$)表示条件 C 中第 i 个简单条件的输出约束。如果在条件 C 的一次执行过程中，C 中每个简单条件的输出都满足 D 中对应的约束，则称 C 的这次执行覆盖了 C 的条件约束 D。

3. 循环测试

(1) 简单循环

应该使用下列测试集来测试简单循环，其中 n 是允许通过循环的最大次数。

- 跳过循环。
- 只通过循环一次。
- 通过循环两次。
- 通过循环 m 次,其中 $m<n-1$。
- 通过循环 $n-1,n,n+1$ 次。

(2) 嵌套循环

一种能够减少嵌套循环测试次数的方法如下所述。

- 从最内层循环开始测试,把所有其他循环都设置为最小值。
- 对最内层循环使用简单循环测试方法,而使外层循环的迭代参数(例如循环计数器)取最小值,并为越界值或非法值增加一些额外的测试。
- 由内向外对下一个循环进行测试,但保持所有其他外层循环为最小值,其他嵌套循环为"典型"值。
- 继续进行下去,直到测试完所有循环。

(3) 串接循环

如果串接循环的各个循环都彼此独立,则可以使用测试简单循环的方法来测试串接循环。但是,如果两个循环串接,而且第一个循环的循环计数器值是第二个循环的初始值,则这两个循环并不是独立的。当循环不独立时,建议使用测试嵌套循环的方法来测试串接循环。

4.6 黑盒测试技术

黑盒测试着重测试软件的功能需求,也就是说,黑盒测试让软件工程师设计出能充分检查程序所有功能需求的输入条件集。黑盒测试并不能取代白盒测试技术,它是与白盒测试互补的方法,它可以发现白盒测试不易发现的其他不同类型的错误。

黑盒测试力图发现下述类型的错误:①功能不正确或遗漏的功能;②界面错误;③数据结构错误或外部数据库访问错误;④性能错误;⑤初始化和终止错误。

白盒测试在测试过程的早期阶段进行,而黑盒测试主要用于测试过程的后期。

4.6.1 等价划分

等价划分是一种黑盒测试技术,这种方法首先把程序的输入域划分成若干个数据类,然后根据划分出的输入数据种类设计测试用例。一个理想的测试用例能够独自发现一类错误(例如,对所有字符数据的处理都不正确)。如果把所有可能的输入数据(既包括有效的输入数据也包括无效的输入数据)划分成若干个等价类,则可以合理地作出下述假定:每类数据中的一个典型值在测试中的作用与这一类中所有其他值的作用相同。因此,可以从每个等价类中只取一组数值作为测试数据。这样选取的测试数据最有代表性,最可能发现程序中的错误。事实上,等价划分法力图设计出一个能发现若干类错误的测试用例,从而减少必须设计的测试用例的数目。

使用等价划分法设计测试方案首先需要划分输入数据的等价类，为此需要研究程序的功能说明，从而确定输入数据的有效等价类和无效等价类。在确定输入数据的等价类时常常还需要分析输出数据的等价类，以便根据输出数据的等价类导出对应的输入数据等价类。

划分等价类需要经验，下述几条启发式规则可能有助于等价类的划分。

- 如果规定了输入值的范围，则可划分出一个有效的等价类（输入值在此范围内），两个无效的等价类（输入值小于最小值或大于最大值）。
- 如果规定了输入数据的个数，则类似地也可以划分出一个有效的等价类和两个无效的等价类。
- 如果规定了输入数据的一组值，而且程序对不同输入值做不同处理，则每个允许的输入值是一个有效的等价类，此外还有一个无效的等价类（任一个不允许的输入值）。
- 如果规定了输入数据必须遵循的规则，则可以划分出一个有效的等价类（符合规则）和若干个无效的等价类（从各种不同角度违反规则）。
- 如果规定了输入数据为整型，则可以划分出正整数、零和负整数 3 个有效类。
- 如果程序的处理对象是表格，则应该使用空表以及含一项或多项的表。

此外，在划分无效的等价类时还必须考虑编译程序的检错功能。一般来说，不需要设计测试数据，用来暴露编译程序肯定能发现的错误。最后说明一点，上面列出的启发式规则虽然都是针对输入数据说的，但是其中绝大部分也同样适用于输出数据。

划分出等价类以后，根据等价类设计测试方案时主要使用下面两个步骤。

第 1 步，设计一个新的测试方案，以尽可能多地覆盖尚未被覆盖的有效等价类，重复这一步骤直到所有有效等价类都被覆盖为止。

第 2 步，设计一个新的测试方案，使它覆盖一个而且只覆盖一个尚未被覆盖的无效等价类，重复这一步骤直到所有无效等价类都被覆盖为止。

注意：通常程序发现一类错误后就不再检查是否还有其他错误，因此，应该使每个测试方案只覆盖一个无效的等价类。

4.6.2　边界值分析

经验表明，程序最容易在处理边界情况时发生错误。例如，许多程序错误出现在下标、纯量（即枚举类型的量）、数据结构和循环等边界附近。因此，设计使程序运行在边界情况附近的测试方案，暴露出程序错误的可能性就更大一些。

使用边界值分析方法设计测试方案首先应该确定边界情况，这需要经验和创造性，通常输入等价类和输出等价类的边界就是应该着重测试程序边界的情况。选取的测试数据应该刚好等于、刚刚小于和刚刚大于边界值。也就是说，按照边界值分析法，应该选取刚好等于、稍小于和稍大于等价类边界值的数据作为测试数据，而不是选取每个等价类内的典型值或任意值作为测试数据。

通常设计测试方案时总是联合使用等价划分和边界值分析两种技术。

4.6.3 错误推测

错误推测法在很大程度上靠直觉和经验进行。它的基本做法是列举出程序中可能有的错误和容易发生错误的特殊情况,并且根据它们选择测试方案。例如,输入数据为零或输出数据为零往往容易发生错误;如果输入或输出的数目允许变化(例如,被检索的或生成的表的项数),则输入或输出的数目为0和1的情况(例如,表为空或只有一项)是容易出错的情况。还应该仔细分析程序规格说明书,注意找出其中遗漏或省略的部分,以便设计相应的测试方案,检测程序员对这些部分的处理是否正确。

此外,经验还告诉我们,在一段程序中已经发现的错误数目往往和尚未发现的错误数成正比。因此,在进一步测试时应该着重测试那些已经发现了较多错误的程序段。

4.7 调　　试

调试(也称为纠错)作为成功的测试的后果而出现,也就是说,调试是在测试发现错误之后排除错误的过程。虽然调试可以而且应该是一个有序的过程,但是在很大程度上它仍然是一项技巧。软件工程师在评估测试结果时,往往仅面对着软件问题的症状,也就是说,错误的外部表现和它的内在原因之间可能并没有明显的联系。调试就是把症状和原因联系起来的尚未被人很好理解的智力过程。

4.7.1 调试过程

调试过程从执行测试用例开始,评估测试结果,如果实际结果与预期的结果不一致,则这种不一致就是一个症状,它表明在软件中存在着隐藏的问题。调试过程试图找出产生症状的确切原因,以便改正错误。

调试过程总会有以下两种结果之一:①找出问题的原因并把问题改正和排除掉;②没找出问题的原因。在后一种情况下,调试人员可以猜想一个原因,并设计测试用例来验证这个假设,重复此过程直至找到原因并改正错误。

4.7.2 调试途径

比较有效的调试途径有两种方法:回溯法和原因排除法。在使用任何一种方法进行调试之前,必须首先进行周密的思考,应该目的明确,尽量减少无关信息的数量。

1. 回溯法

回溯是一种常用的调试方法,当调试小程序时这种方法是有效的。这种方法的具体做法是,从发现症状的地方开始,人工沿程序的控制流往回追踪源程序代码,直到找出错误原因为止。但是,随着程序规模扩大,应该回溯的路径数目也变得越来越多,以至彻底回溯变成完全不可能了。

2. 原因排除法

原因排除法是调试的第二种方法，采用对分查找法或归纳法或演绎法完成调试工作。

对分查找法的基本思路是：如果已经知道每个变量在程序内若干个关键点的正确值，则可以用赋值语句（或输入语句）在程序中点附近“注入”这些变量的正确值，然后运行程序并检查程序的输出。如果输出结果是正确的，则错误原因在程序的前半部分；反之，错误原因在程序的后半部分。对错误原因所在的那部分再重复使用这个方法，直到把出错范围缩小到容易诊断的程度为止。

归纳法是从个别现象推断出一般性结论的思维方法。采用这种方法调试程序时，首先把和错误有关的数据组织起来进行分析，以便发现可能的错误原因。然后导出对错误原因的一个或多个假设，并利用已有的数据来证明或排除这些假设。当然，如果已有的数据尚不足以证明或排除这些假设，则需设计并执行一些新的测试用例，以获得更多的数据。

演绎法从一般原理或前提出发，经过排除和精化的过程推导出结论。采用这种方法调试程序时，首先设想出所有可能的出错原因，然后试图用测试来排除每一个假设的原因，如果测试表明某个假设的原因可能是真的原因，则对数据进行细化，以精确定位错误。

4.8 软件可靠性

4.8.1 基本概念

1. 软件可靠性的定义

对于软件可靠性有许多不同的定义，其中多数人承认的一个定义是：软件可靠性是程序在给定的时间间隔内，按照规格说明书的规定成功地运行的概率。

在上述定义中包含的随机变量是时间间隔。显然，随着运行时间的增加，运行时遇到程序错误的概率也将增加，即可靠性随着给定的时间间隔的加大而减少。

2. 软件的可用性

通常用户也很关注软件系统可以使用的程度。一般来说，对于任何其故障是可以修复的系统，都应该同时使用可靠性和可用性来衡量它的优劣程度。

软件可用性的一个定义是：软件可用性是程序在给定的时间点，按照规格说明书的规定成功地运行的概率。

如果在一段时间内，软件系统故障停机时间分别为 t_{d1}，t_{d2}…，正常运行时间分别为 t_{u1}，t_{u2}…，则系统的稳态可用性为：

$$A_{ss} = \frac{T_{up}}{T_{up} + T_{down}} \tag{4.1}$$

其中

$$T_{up} = \sum t_{ui}, \quad T_{down} = \sum t_{di}$$

如果引入系统平均无故障时间 MTTF 和平均维修时间 MTTR 的概念,则式(4.1)可以变成

$$A_{ss}=\frac{\text{MTTF}}{\text{MTTF}+\text{MTTR}} \tag{4.2}$$

平均维修时间 MTTR 是修复一个故障平均需要用的时间,它取决于维护人员的技术水平和对系统的熟悉程度,也和系统的可维护性有重要关系。平均无故障时间 MTTF 是系统按规格说明书规定成功地运行的平均时间,它主要取决于系统中潜伏错误的数目,因此和测试的关系十分密切。

4.8.2 估算平均无故障时间的方法

软件的平均无故障时间 MTTF 是一个重要的质量指标,往往作为对软件的一项要求,由用户提出来。为了估算 MTTF,首先引入一些有关的量。

1. 符号

在估算 MTTF 的过程中使用下述符号表示有关的数量:

E_T——测试之前程序中错误总数;

I_T——程序长度(机器指令总数);

τ——测试(包括调试)时间;

$E_d(\tau)$——在 $0\sim\tau$ 期间发现的错误数;

$E_c(\tau)$——在 $0\sim\tau$ 期间改正的错误数。

2. 基本假定

根据经验数据,可以作出下述假定:

(1) 在类似的程序中,单位长度里的错误数 E_T/I_T 近似为常数。美国的一些统计数字表明,通常

$$0.5\times10^{-2}\leqslant E_T/I_T\leqslant 2\times10^{-2}$$

也就是说,在测试之前每1000条指令中有5～20个错误。

(2) 失效率正比于软件中剩余的(潜藏的)错误数,而平均无故障时间 MTTF 与剩余的错误数成反比。

此外,为了简化讨论,假设发现的每一个错误都立即正确地改正了(即调试过程没有引入新的错误)。因此

$$E_c(\tau)=E_d(\tau)$$

剩余的错误数为

$$E_r(\tau)=E_T-E_c(\tau) \tag{4.3}$$

单位长度程序中剩余的错误数为

$$\varepsilon_r(\tau)=E_T/I_T-E_c(\tau)/I_T \tag{4.4}$$

3. 估算平均无故障时间

经验表明,平均无故障时间与单位长度程序中剩余的错误数成反比,即

$$\text{MTTF} = \frac{1}{K(E_T/I_T - E_c(\tau)/I_T)} \tag{4.5}$$

式中 K 为常数，它的值应该根据经验选取。美国的一些统计数字表明，K 的典型值是200。

估算平均无故障时间的公式，可以评价软件测试的进展情况。此外，由式(4.5)可得

$$E_c = E_T - \frac{I_T}{K \times \text{MTTF}} \tag{4.6}$$

因此，也可以根据对软件平均无故障时间的要求，估计需要改正多少个错误之后，测试工作才能结束。

4. 估计错误总数的方法

程序中潜藏错误的数目是一个十分重要的量，它既直接标志软件的可靠程度，又是计算软件平均无故障时间的重要参数。显然，程序中的错误总数 E_T 与程序规模、类型、开发环境、开发方法论、开发人员的技术水平和管理水平等都有密切关系。下面介绍估计 E_T 的两个方法。

(1) 植入错误法

使用这种估计方法，在测试之前由专人在程序中随机地植入一些错误，测试之后，根据测试小组发现的错误中原有的和植入的两种错误的比例来估计程序中原有错误的总数 E_T。

假设人为植入的错误数为 N_s，经过一段时间的测试之后发现 n_s 个植入的错误，此外还发现了 n 个原有的错误。如果可以认为测试方案发现植入错误和发现原有错误的能力相同，则能够估计出程序中原有错误的总数为

$$\hat{N} = \frac{n}{n_s} N_s \tag{4.7}$$

其中 $\hat{N}$ 即是错误总数 E_T 的估计值。

(2) 分别测试法

植入错误法的基本假定是所用的测试方案发现植入错误和发现原有错误的概率相同。但是，人为植入的错误和程序中原有的错误可能性质很不相同，发现它们的难易程度自然也不相同，因此，上述基本假定可能有时和事实不完全一致。

如果有办法随机地把程序中一部分原有的错误加上标记，然后根据测试过程中发现的有标记错误和无标记错误的比例，估计程序中的错误总数，则这样得出的结果比用植入错误法得到的结果更可信一些。

为了随机地给一部分错误加标记，分别测试法使用两个测试员(或测试小组)彼此独立地测试同一个程序的两个副本，把其中一个测试员发现的错误作为有标记的错误。具体做法是：在测试过程的早期阶段，由测试员甲和测试员乙分别测试同一个程序的两个副本，由另一名分析员分析他们的测试结果。用 τ 表示测试时间，假设

$\tau=0$ 时错误总数为 B_0；

$\tau=\tau_1$ 时测试员甲发现的错误数为 B_1；

$\tau=\tau_1$ 时测试员乙发现的错误数为 B_2；

$\tau=\tau_1$ 时两个测试员发现的相同错误数为 b_c。

如果认为测试员甲发现的错误是有标记的，即程序中有标记的错误总数为 B_1，则测试员乙发现的 B_2 个错误中有 b_c 个是有标记的。假定测试员乙发现有标记错误和发现无标记错误的概率相同，则可以估计出测试前程序中的错误总数为

$$\hat{B}_0=\frac{B_2}{b_c}B_1 \tag{4.8}$$

习　题

1. 编程时使用的程序设计语言对软件的开发与维护有何影响？

2. 如果一个程序有两个输入数据，每个输入都是一个32位的二进制整数，那么这个程序有多少种可能的输入？如果每微秒可进行一次测试，那么对所有可能的输入进行测试需要多长时间？

3. 假设有一个由5000行FORTRAN语句构成的程序(经编译后大约有25 000条机器指令)，估计在对它进行测试期间将发现多少个错误？为什么？

4. 设计下列伪码程序的语句覆盖和路径覆盖测试用例：

```
START
INPUT(A,B,C)
IF A>5
    THEN X=10
    ELSE X=1
END IF
IF B>10
    THEN Y=20
    ELSE Y=2
END IF
IF C>15
    THEN Z=30
    ELSE Z=3
END IF
PRINT(X,Y,Z)
STOP
```

5. 设计下列伪码程序的分支覆盖和条件组合覆盖测试用例：

```
START
INPUT(A,B,C,D)
IF(A>0)AND (B>0)
    THEN X=A+B
    ELSE X=A-B
END
```

```
IF (C>A) OR (D<B)
    THEN Y=C-D
    ELSE Y=C+D
END
PRINT (X,Y)
STOP
```

6. 使用基本路径测试方法，设计测试下面列出的伪码程序的测试用例：

```
1:    START
          INPUT(A,B,C,D)
2:    IF(A>0)
3:        AND(B>0)
4:    THEN X=A+B
5:    ELSE X=A-B
6:    END
7:    IF (C>A)
8:        OR(D<B)
9:    THEN Y=C-D
10:   ELSE Y=C+D
11:   END
12:   PRINT(X,Y)
      STOP
```

7. 设计测试下列函数的测试方案：

函数 SEARCH(somearray,size,value)的功能是在一个整数数组 somearray 中搜索一个值为 value 的整数，如果数组中有这个数，则函数值等于该数的下标，否则函数值等于－1。数组的长度由参数 size 指定。假定数组第一个元素的下标为 1。

8. 一个折半查找程序可搜索按字母顺序排列的名字列表，如果查找的名字在列表中则返回真，否则返回假。为了对它进行功能测试，应该使用哪些测试用例？

9. 某图书馆有一个使用 CRT 终端的信息检索系统，该系统有下列四个基本检索命令，如表 4.1 所示。

表 4.1　检索命令

名　称	语　法	操　　作
BROWSE（浏览）	b(关键字)	系统搜索给出的关键字，找出字母排列与此关键字最相近的字。然后在屏幕上显示约 20 个加了行号的字，与给出的关键字完全相同的字约在中央
SELECT（选取）	s(屏幕上的行号)	系统创建一个文件保存含有由行号指定的关键字的全部图书的索引，这些索引都有编号(第一个索引的编号为 1，第二个为 2，依此类推)
DISPLAY（显示）	d(索引导)	系统在屏幕上显示与给定的索引号有关的信息，这些信息与通常在图书馆的目录卡片上给出的信息相同。这条命令接在 BROWSE/SELECT 或 FIND 命令后面用，以显示文件中的索引信息
FIND（查找）	f(作者姓名)	系统搜索指定的作者姓名，并在屏幕上显示该作者的著作的索引号，同时把这些索引存入文件

要求：

(1) 设计测试数据以全面测试系统的正常操作。

(2) 设计测试数据以测试系统的非正常操作。

10. 航空公司A向软件公司B订购了一个规划飞行路线的程序。假设你是软件公司C的软件工程师。A公司已雇用你所在的公司对上述程序进行验收测试。你的任务是，根据下述事实设计验收测试的输入数据。

领航员向程序输入出发地点和目的地，以及根据天气和飞机型号而初步确定的飞行高度。程序读入途中的风向风力等数据，并且制定出三套飞行计划(高度、速度、方向及途中的五个位置校核点)。所制定的飞行计划应该做到燃料消耗和飞行时间都最少。

11. 对一个包含10 000条机器指令的程序进行一个月集成测试后，总共改正了15个错误，此时MTTF=10h；经过两个月测试后，总共改正了25个错误(第二个月改正了10个错误)，MTTF=15h。

要求：

(1) 根据上述数据确定MTTF与测试时间之间的函数关系，画出MTTF与测试时间τ的关系曲线。在画这条曲线时你做了什么假设？

(2) 为做到MTTF=100h，必须进行多长时间的集成测试？当集成测试结束时总共改正了多少个错误？还有多少个错误潜伏在程序中？

12. 在测试一个长度为48 000条指令的程序时，第一个月由甲、乙两名测试员各自独立测试这个程序。经一个月测试后，甲发现并改正20个错误，使MTTF达到8h。与此同时，乙发现24个错误，其中的6个错误甲也发现了。以后由甲一个人继续测试这个程序。问：

(1) 刚开始测试时程序中总共有多少个潜藏的错误？

(2) 为使MTTF达到240h，必须再改正多少个错误？

习题解答

1. 答：程序设计语言是人们用计算机解决问题的基本工具，因此，它将影响软件开发人员的思维方式和解题方式。

程序设计语言是表达具体的解题方法的工具，它的语法是否清晰易懂，阅读程序时是否容易产生二义性，都对程序的可读性和可理解性有较大影响。

程序设计语言所提供的模块化机制是否完善，编译程序查错能力的强弱等，都对程序的可靠性有明显影响。

程序设计语言实现设计结果的难易程度，是否提供了良好的独立编译机制，可利用的软件开发工具是否丰富而且有效等，都对软件的开发效率有影响。

编译程序优化能力的强弱，程序设计语言直接操纵硬件设施的能力等，都将明显地影响程序的运行效率。

程序设计语言的标准化程度，所提供的模块封装机制，源程序的可读性和可理解性等，都将影响软件的可维护性。

2. 答：每个32位的二进制整数具有2^{32}个可能的值，因此，具有两个整数输入的程序

应该具有 2^{64} 个可能的输入。

每微秒可进行一次测试，即每秒可进行 10^6 个测试，因此，每天可进行的测试数为

$$60\times60\times24\times10^6=8.64\times10^{10}$$

这等于每年大约可进行 3.139×10^{13} 个测试。

因为 $2^{10}=1024\approx10^3$，所以 $2^{64}=(2^{10})^{6.4}\approx10^{19.2}$。

$\frac{10^{19.2}}{3.139\times10^{13}}>10^5$，所以做完全部测试将至少需要 10^5 年(即10万年)。

3. 答：经验表明，在类似的程序中，单位长度里的错误数 E_T/I_T 近似为常数。美国的一些统计数字告诉我们，通常

$$0.5\times10^{-2}\leqslant E_T/I_T\leqslant2\times10^{-2}$$

也就是说，在测试之前每1000条指令中有5～20个错误。

假设在该程序的每1000条指令中有10个错误，则估计在对它进行测试期间将发现的错误数为

$$25\,000\times\frac{10}{1000}=250$$

4. 答：(1) 语句覆盖的测试用例

因为每个判定表达式为真或为假时均有赋值语句，为了使每个语句都至少执行一次，总共需要两组测试数据，以便使得每个判定表达式取值为真或为假各一次。下面是实现语句覆盖的典型测试用例：

① 使3个判定表达式之值全为假

输入：A=1,B=1,C=1

预期的输出：X=1,Y=2,Z=3

② 使3个判定表达式之值全为真

输入：A=20,B=40,C=60

预期的输出：X=10,Y=20,Z=30

(2) 路径覆盖的测试用例

本程序共有8条可能的执行通路，为做到路径覆盖总共需要8组测试数据。下面是实现路径覆盖的典型测试用例：

① 3个判定表达式之值全为假

输入：A=1,B=1,C=1

预期的输出：X=1,Y=2,Z=3

② 3个判定表达式依次为假、假、真

输入：A=1,B=1,C=60

预期的输出：X=1,Y=2,Z=30

③ 3个判定表达式依次为假、真、假

输入：A=1,B=40,C=1

预期的输出：X=1,Y=20,Z=3

④ 3个判定表达式依次为假、真、真

输入：A＝1,B＝40,C＝60

预期的输出：X＝1,Y＝20,Z＝30

⑤ 3个判定表达式依次为真、假、假

输入：A＝20,B＝1,C＝1

预期的输出：X＝10,Y＝2,Z＝3

⑥ 3个判定表达式依次为真、假、真

输入：A＝20,B＝1,C＝60

预期的输出：X＝10,Y＝2,Z＝30

⑦ 3个判定表达式依次为真、真、假

输入：A＝20,B＝40,C＝1

预期的输出：X＝10,Y＝20,Z＝3

⑧ 3个判定表达式全为真

输入：A＝20,B＝40,C＝60

预期的输出：X＝10,Y＝20,Z＝30

5. 答：(1) 分支覆盖(即判定覆盖)标准为，不仅使每个语句至少执行一次，而且使每个判定表达式的每个分支都至少执行一次。

为做到分支覆盖，至少需要两组测试数据，以使每个判定表达式之值为真或为假各一次。下面是典型的测试用例：

① 使两个判定表达式之值全为假

输入：A＝－1,B＝－2,C＝－3,D＝1

预期的输出：X＝1,Y＝－2

② 使两个判定表达式之值全为真

输入：A＝1,B＝2,C＝3,D＝1

预期的输出：X＝3,Y＝2

(2) 条件组合覆盖标准为，使得每个判定表达式中条件的各种可能组合都至少出现一次。

本题程序中共有两个判定表达式，每个判定表达式中有两个简单条件，因此，总共有8种可能的条件组合，它们是：

① A＞0,B＞0

② A＞0,B≤0

③ A≤0,B＞0

④ A≤0,B≤0

⑤ C＞A,D＜B

⑥ C＞A,D≥B

⑦ C≤A,D＜B

⑧ C≤A,D≥B

下面的4个测试用例，可以使上面列出的8种条件组合每种至少出现一次：

① 实现①,⑤两种条件组合

输入：A=1,B=1,C=2,D=0

预期的输出：X=2,Y=2

② 实现②,⑥两种条件组合

输入：A=1,B=0,C=2,D=1

预期的输出：X=1,Y=1

③ 实现③,⑦两种条件组合

输入：A=0,B=1,C=−1,D=0

预期的输出：X=−1,Y=−1

④ 实现④,⑧两种条件组合

输入：A=0,B=0,C=−1,D=1

预期的输出：X=0,Y=0

6. 答：用基本路径测试方法设计测试用例的过程,有下述 4 个步骤。

(1) 根据过程设计的结果画出流图

与本题给出的伪码程序相对应的流图如图 4.1 所示。

(2) 计算流图的环形复杂度

使用下述三种方法中的任一种都可以算出图 4.1 所示流图的环形复杂度为 5。

① 该流图共有 15 条边,12 个结点,所以环形复杂度为

$$15-12+2=5$$

② 该流图共有 5 个区域,因此环形复杂度为 5。

③ 该流图中共有 4 个判定结点,因此环形复杂度为

$$4+1=5$$

(3) 确定线性独立路径的基本集合

所谓线性独立路径是指至少引入程序的一个新语句集合或一个新条件的路径,用流图术语来描述,独立路径至少包含一条在定义该路径之前不曾用过的边。

使用基本路径测试法设计测试用例时,程序的环形复杂度决定了程序中独立路径的数量,而且这个数值是确保程序中所有语句至少被执行一次所需的测试数量的上界。

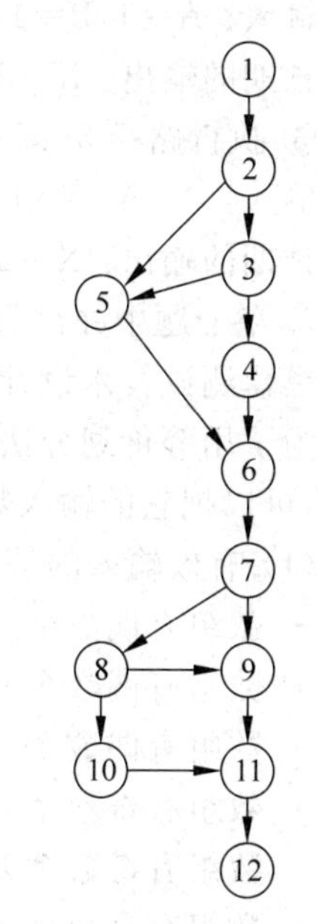

图 4.1 与第 6 题伪码程序对应的流图

对于图 4.1 所示流图来说,由于它的环形复杂度为 5,因此共有 5 条独立路径。下面列出了 5 条独立路径：

路径 1：1—2—3—4—6—7—9—11—12

路径 2：1—2—5—6—7—9—11—12

路径 3：1—2—3—5—6—7—9—11—12

路径 4：1—2—3—4—6—7—8—9—11—12

路径 5：1—2—3—4—6—7—8—10—11—12

(4) 设计可强制执行基本路径集合中每条路径的测试用例

① 执行路径1(两个判定表达式全为真)

输入：A=1,B=1,C=2,D=2(任意)

预期的输出：X=2,Y=0

② 执行路径2(第一个判定表达式为假,第二个判定表达式为真)

输入：A=0,B=1(任意),C=2,D=0(任意)

预期的输出：X=-1,Y=2

③ 执行路径3(第一个判定表达式为假,第二个判定表达式为真)

输入：A=1,B=0,C=2,D=0(任意)

预期的输出：X=1,Y=2

④ 执行路径4(两个判定表达式全为真)

输入：A=1,B=1,C=0,D=-1

预期的输出：X=2,Y=1

⑤ 执行路径5(第一个判定表达式为真,第二个判定表达式为假)

输入：A=1,B=1,C=0,D=2

预期的输出：X=2,Y=2

7. 答：题中并没有给出实现函数SEARCH的算法,仅仅描述了它的功能,因此,只能用黑盒测试技术设计测试它的测试方案。

为了用等价划分法设计测试方案,首先需要划分输入数据的等价类。根据该函数的功能,可以把它的输入数据划分成以下等价类。

(1) 有效输入的等价类

- 数组有偶数个元素,第1个元素是所要找的数。
- 数组有偶数个元素,最后一个元素是所要找的数。
- 数组有偶数个元素,数组中没有所要找的数。
- 数组有奇数个元素,第1个元素是所要找的数。
- 数组有奇数个元素,最后一个元素是所要找的数。
- 数组有奇数个元素,数组中没有所要找的数。
- 数组有多个元素,其中一个正整数是所要找的数。
- 数组有多个元素,其中一个负整数是所要找的数。
- 数组有多个元素,其中一个0是所要找的数。

(2) 无效输入的等价类

数组实际长度不等于变元size的值。

为了使用边界值分析法设计测试方案,应该再考虑下述几种边界情况：

- 数组长度为1,其元素是所要找的数。
- 数组长度为1,其元素不是所要找的数。
- 数组为空(长度为0)。

根据上面划分出的等价类及边界情况,可以设计出下述测试方案：

① 数组长度为1,其正整数元素是所要找的数

输入：somearray={6},size=1,value=6

预期的输出：1

② 数组长度为 1，其负整数元素是所要找的数

输入：somearray＝{－20}，size＝1，value＝－20

预期的输出：1

③ 数组长度为 1，其元素 0 是所要找的数

输入：somearray＝{0}，size＝1，value＝0

预期的输出：1

④ 数组长度为 1，其元素不是所要找的数

输入：somearray＝{6}，size＝1，value＝8

预期的输出：－1

⑤ 数组为空

输入：somearray＝{}，size＝0，value＝6

预期的输出：－1

⑥ 数组有偶数个元素，第 1 个元素是正整数且是所要找的数

输入：somearray＝{1，2，3，4}，size＝4，value＝1

预期的输出：1

⑦ 数组有偶数个元素，最后一个元素是负整数且是所要找的数

输入：somearray＝{1，2，3，－4}，size＝4，value＝－4

预期的输出：4

⑧ 数组有偶数个元素，其中一个元素 0 是所要找的数

输入：somearray＝{1，2，0，3}，size＝4，value＝0

预期的输出：3

⑨ 数组有偶数个元素，元素中没有所要找的数

输入：somearray＝{1，2，3，4}，size＝4，value＝5

预期的输入：－1

⑩ 数组有奇数个元素，第 1 个元素是 0 且是要找的数

输入：somearray＝{0，1，2}，size＝3，value＝0

预期的输出：1

⑪ 数组有奇数个元素，最后一个元素是负整数且是所要找的数

输入：somearray＝{1，2，－3}，size＝3，value＝－3

预期的输入：3

⑫ 数组有奇数个元素，没有要找的数

输入：somearray＝{1，2，3}，size＝3，value＝－3

预期的输出：－1

⑬ 数组实际长度不等于 size

输入：somearray＝{1，2，3}，size＝2，value＝1

预期的输出："无效的 size 值"

8．答：为了对这个折半查找程序进行功能测试，应该使用下述测试用例：

① 查找列表中第一个名字

预期的输出：TRUE

② 查找列表中最后一个名字

预期的输出：TRUE

③ 查找第一个名字后的名字

预期的输出：TRUE

④ 查找最后一个名字前的名字

预期的输出：TRUE

⑤ 查找位于列表中间的一个名字

预期的输出：TRUE

⑥ 查找不在列表中但按字母顺序恰好在第一个名字后的名字

预期的输出：FALSE

⑦ 查找不在列表中但按字母顺序恰好在最后一个名字前的名字

预期的输出：FALSE

9. 答：(1) 测试系统正常操作的测试数据

① 顺序执行下列三个命令：

```
b(KEYWORD)
s(L)
d(N)
```

其中，KEYWORD是正确的关键字；L是执行命令b后在屏幕上显示的约20个行号中的一个(至少应该使L分别为第一个、最后一个和中央一个行号)；N是执行命令s后列出的索引号中的一个(至少应该使N分别为第一个、最后一个和中央一个索引号)。

针对若干个不同的KEYWORD重复执行上述命令序列。

② 顺序执行下列两个命令：

```
f(NAME)
d(N)
```

其中，NAME是已知的作者姓名；N是执行命令f后列出的索引号中的一个(至少应该使N分别为第一个、最后一个和中央一个索引号)。

针对若干个不同的NAME重复执行上述命令序列。

(2) 测试系统非正常操作的测试数据

① 用过长的关键字作为命令b的参数，例如，b(reliability software and hardware combined)

预期的输出：系统截短过长的关键字，例如，上列命令中的关键字可能被截短为reliability software

② 用不正确的关键字作为命令b的参数，例如，b(AARDVARK)

预期的输出：显示出最接近的匹配结果，例如，执行上列命令后可能显示

1. AARON,JULES(book)

③ 用比执行命令 b 后列出的最大行号大 1 的数作为命令 s 的参数

预期的输出:“命令 s 的参数不在行号列表中”

④ 用数字和标点符号作为命令 b 和命令 f 的参数

预期的输出:“参数类型错”

⑤ 用字母字符作为命令 s 和命令 d 的参数

预期的输出:“参数类型错”

⑥ 用 0 和负数作为命令 s 和命令 d 的参数

预期的输出:“参数数值错”

⑦ 命令顺序错,例如,没执行命令 b 就执行命令 s,或没执行命令 s 就执行命令 d

预期的输出:“命令顺序错”

⑧ 命令语法错,例如,遗漏命令名 b、s、d 或 f;或命令参数没用圆括号括起来

预期的输出:“命令语法错”

⑨ 命令参数空,例如,b( )、s( )、d( )或 f( )

预期的输出:系统提供默认参数或给出出错信息

⑩ 使用拼错了的作者姓名作为命令 f 的参数

预期的输出:“找不到这位作者的著作”

10. 答:应该分别使用正常的输入数据和异常的输入数据作为验收测试数据。

(1) 用正常的输入数据作为测试数据

① 输入常规的出发点、目的地、5 个位置校核点、高度、速度及飞机型号。

② 针对 5 对不同的出发点和目的地,重复执行测试①。

③ 固定出发点、目的地、位置校核点、高度和速度,分别输入 3～5 种不同的飞机型号,重复执行测试①。

④ 固定出发点、目的地、位置校核点、高度和飞机型号,分别输入 3～5 个不同的速度,重复执行测试①。

⑤ 固定出发点、目的地、位置校核点、速度和飞机型号,分别输入 3～5 个不同的高度,重复执行测试①。

⑥ 固定出发点、目的地、高度、速度和飞机型号,分别输入 3～5 组不同的位置校核点,重复执行测试①。

⑦ 固定出发点、位置校核点、高度、速度和飞机型号,分别输入 3～5 个不同的目的地,重复执行测试①。

⑧ 固定目的地、位置校核点、高度、速度和飞机型号,分别输入 3～5 个不同的出发点,重复执行测试①。

⑨ 同时改变一对参数的值,其他参数的值固定,重复执行测试①。

⑩ 同时改变三个参数的值,其他参数的值固定,重复执行测试①。

⑪ 以适当的方式改变描述天气状况的数据,重复执行测试①。

(2) 用边界数据值作为测试数据

① 分别使用距离非常近和距离非常远的两个地点作为出发点和目的地。

② 输入位置校核点的非常规组合。

③ 分别输入非常高和非常低的高度值。

④ 分别输入非常高和非常低的速度值。

⑤ 输入极其少见的飞机型号。

(3) 用无效的数据作为测试数

① 用由字母数字字符和控制字符混合在一起组成的字符串作为出发点或目的地。

② 用数字0作为所有参数的值。

③ 用负数作为高度和速度的值。

11. 答：(1) 假设在程序的平均无故障时间 MTTF 和测试时间 τ 之间存在线性关系，即

$$\text{MTTF}=a+b\tau$$

根据题意可知，当 $\tau=1$ 时 MTTF=10，当 $\tau=2$ 时 MTTF=15，把这些已知的数据代入上列方程后得到下列的联立方程式

$$\begin{cases}a+b=10\\a+2b=15\end{cases}$$

解上列联立方程得出 $a=5,b=5$。

因此，MTTF 与 τ 之间有下列关系

$$\text{MTTF}=5+5\tau$$

根据上列方程式画出平均无故障时间 MTTF 与测试时间 τ 的关系曲线，如图 4.2 所示。

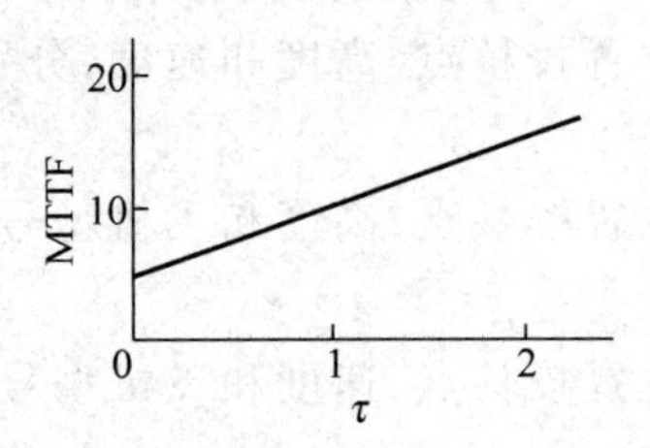

图 4.2 平均无故障时间 MTTF 与测试时间 τ 的关系

(2) 为使 MTTF=100h，需要的测试时间可由下面的方程式得出

$$100=5+5\tau$$

解上列方程式得

$$\tau=19$$

即，需要进行19个月的集成测试。

已知平均无故障时间与单位长度程序中剩余的错误数成反比，具体到本题程序即有

$$\text{MTTF}=\frac{10\,000}{K(E_{\text{T}}-E_{\text{c}}(\tau))}$$

根据题意可知，改正了15个错误后 MTTF=10，改正了25个错误后 MTTF=15，把这些已知的数据代入上列方程之后，得到下列的联立方程式

$$\begin{cases} 10=\dfrac{10\,000}{K(E_T-15)} \\ 15=\dfrac{10\,000}{K(E_T-25)} \end{cases}$$

解上列联立方程式得到 $E_T=45$，$K=33.33$。

已知当集成测试结束时 MTTF=100h，即

$$100=\frac{10\,000}{33.33(45-E_c(19))}$$

所以

$$E_c(19)=42$$

也就是说，当集成测试结束时总共改正了 42 个错误，还有 45－42＝3 个错误潜伏在程序中。

12. 答：(1) 本题中采用了分别测试法，因此，可以估算出刚开始测试时程序中错误总数为

$$E_T=\frac{24}{6}\times 20=80$$

(2) 因为

$$8=\frac{48\,000}{K(E_T-20)}=\frac{48\,000}{K\times 60}$$

所以

$$K=100$$

因为

$$240=\frac{48\,000}{100(80-E_c)}$$

所以

$$E_c=78$$

为了使平均无故障时间达到 240h，总共需要改正 78 个错误，测试员甲和乙分别测试时已经改正了 20 个错误，因此，还需再改正 58 个错误。

第 5 章 CHAPTER

维　　护

在软件产品被开发出来并交付用户使用之后，就进入了软件的运行维护阶段。这个阶段是软件生命周期的最后一个阶段，其基本任务是保证软件在一个相当长的时期内能够正常运行，可以持久地满足用户的需求。

软件维护需要的工作量非常大，平均说来，大型软件的维护成本高达开发成本的 4 倍左右。目前国外许多软件开发组织把 60%以上的人力用于维护已有的软件，而且随着软件产品数量增多和使用寿命延长，这个百分比还在持续上升。

软件工程的主要目标就是提高软件的可维护性，减少软件维护所需要的工作量，降低软件系统的总成本。

5.1　软件维护的定义

概括地说，软件维护就是在软件已经交付用户使用之后，为了改正软件中的错误或使软件满足新的需求而修改软件的过程。更具体地说，软件维护包括下述 4 项活动。

1. 改正性维护

诊断和改正用户使用软件时所发现的软件错误的过程。

2. 适应性维护

为了使软件和变化了的环境适当地配合而进行的修改软件的活动。

3. 完善性维护

用户在使用软件的过程中，往往提出增加新功能或改变某些已有功能的要求，还可能要求进一步提高程序的性能。为了满足这类要求而修改软件的活动称为完善性维护。

4. 预防性维护

为了提高未来的可维护性或可靠性而主动地修改软件的活动。

目前,完善性维护占全部维护活动的一多半,预防性维护占的比例很小。

5.2 软件维护的特点

1. 结构化维护与非结构化维护差别巨大

非结构化维护的代价很高(浪费精力并且遭受挫折),这种维护方式是没有使用软件工程方法学开发出来的软件的必然结果。

以完整的软件配置为基础的结构化维护,是在软件开发过程中应用软件工程方法学的结果。虽然有了软件的完整配置,但并不能保证维护时没有问题,但是确实能减少精力的浪费并,提高维护的总体质量。

2. 维护的代价高昂

在过去的几十年中,软件维护的费用持续上升。目前,软件维护费用已占软件总预算的绝大部分。

维护费用只不过是软件维护的最明显的代价,其他一些现在还不明显的代价将来可能更为人们所关注。

因为可用的资源必须供维护任务使用,以致耽误甚至丧失了开发新软件的良机,这是软件维护的一个无形的代价。其他无形的代价还有:

- 当看来合理的有关改错或修改的要求不能及时满足时将引起用户不满。
- 由于维护时的改动,在软件中引入了潜伏的错误,从而降低了软件的质量。
- 当必须把软件工程师调去从事维护工作时,将在开发过程中造成混乱。

软件维护的最后一个代价是生产率的大幅度下降,这种情况在维护旧程序时常常遇到。

用于维护工作的劳动可以分成生产性活动(例如,分析评价、修改设计和编写程序代码等)和非生产性活动(例如,理解程序代码的功能、解释数据结构、接口特点和性能限度等)。下述表达式给出维护工作量的一个模型:

$$M = P + K \times \exp(c - d)$$

其中:M是维护用的总工作量;P是生产性工作量;K是经验常数;c是复杂程度(非结构化设计和缺少文档都会增加软件的复杂程度);d是维护人员对软件的熟悉程度。

上面的模型表明,如果软件的开发途径不好(即,没有使用软件工程方法学),而且原来的开发人员不能参加维护工作,那么维护工作量(和费用)将指数地增加。

3. 维护的问题很多

与软件维护有关的绝大多数问题都可归因于软件定义和软件开发的方法有缺点。在软件生命周期的头两个时期没有严格而又科学的管理和规划，几乎必然会导致在最后阶段出现问题。下面列出和软件维护有关的部分问题。

- 理解别人写的程序通常非常困难，而且困难程度随着软件配置成分的减少而迅速增加。如果仅有程序代码没有说明文档，则会出现严重的问题。
- 需要维护的软件往往没有合格的文档，或者文档资料显著不足。认识到软件必须有文档仅仅是第一步，容易理解的并且和程序代码完全一致的文档才真正有价值。
- 当要求对软件进行维护时，不能指望开发人员给我们仔细说明软件。由于维护阶段持续的时间很长，因此，当需要解释软件时，往往原来写程序的人已经不在附近了。
- 绝大多数软件在设计时没有考虑将来的修改。除非使用强调模块独立原理的设计方法学，否则修改软件既困难又容易发生差错。
- 软件维护不是一项吸引人的工作。形成这种观念很大程度上是因为维护工作经常遭受挫折。

上述种种问题在现有的没有采用软件工程思想开发出来的软件中，都或多或少地存在着。

5.3 软件维护过程

软件维护过程本质上是修改和压缩了的软件定义和开发过程。事实上，远在提出一项维护要求之前，与维护有关的工作已经开始了。首先应该建立维护组织，然后应该确定报告和评价的过程，而且应该为每个维护要求规定一个标准化的事件序列。此外，还应该建立一个适用于维护活动的记录保管过程，并且规定复审标准。

1. 维护组织

通常并不需要建立正式的维护组织，但是，非正式地委托责任是绝对必要的，这样做可以显著减少维护过程中可能出现的混乱。

每个维护要求都通过维护管理员转交给相应的系统管理员去评价。系统管理员对维护任务作出评价之后，由变化授权人决定应该进行的活动。

2. 维护报告

要求一项维护活动的用户应该填写“维护要求表”(也称为软件问题报告表)。

由维护管理员和系统管理员评价用户提交的维护要求表，然后由系统管理员书写“软件修改报告”，并把此报告提交给变化授权人审查批准。

3. 维护的事件流

首先，确定要求进行的维护的类型。

对一项改正性维护要求的处理过程，从估量错误的严重程度开始。如果是严重的错误,则在系统管理员的指导下分配人员,并且立即开始分析问题,然后由分配的人员完成所要求的维护工作,最后进行复审。如果错误并不严重,则改正性的维护和其他要求软件开发资源的任务一起统筹安排。

对适应性维护要求和完善性维护要求的处理过程相同。首先确定维护要求的优先次序,并且根据优先次序安排工作时间,就好像它是另一个开发任务一样。如果一项维护要求的优先次序非常高,就要立即开始维护工作。

不论是何种类型的维护,都需要完成同样的技术工作:修改软件设计、复查、修改程序代码、单元测试和集成测试(包括使用以前测试方案的回归测试)、验收测试和复审。

4. 保存维护记录

在处理每项维护要求的过程中,应该收集和保存与维护工作有关的数据。

5. 评价维护活动

利用已经保存的维护记录,可以对维护工作做一些定量度量和评价。

5.4 软件的可维护性

可以把软件的可维护性定性定义为:维护人员理解、改正、改动或改进这个软件的难易程度。

5.4.1 决定软件可维护性的因素

1. 可理解性

软件可理解性表现为外来读者理解软件的结构、接口、功能和内部过程的难易程度。模块化和模块独立、与源程序完全一致的完整正确详细的文档、结构化设计或面向对象设计、源程序内部的文档和良好的程序设计语言等,都对提高软件的可理解性有重要贡献。

2. 可测试性

诊断和测试的难易程度主要取决于软件容易理解的程度。良好的文档对诊断和测试是至关重要的。此外,软件结构、可用的测试工具和调试工具,以及以前设计的测试过程也都是非常重要的。维护人员应该能够得到在开发阶段用过的测试方案,以便进行回归测试。在设计阶段应该尽力把软件设计成容易测试和容易诊断的。

3. 可修改性

软件容易修改的程度和设计时遵守设计原理与启发规则的程度直接有关。模块化、耦合、内聚、信息隐藏等都对软件的可修改性有较大影响。

4. 可移植性

把程序从一种运行环境转移到另一种运行环境时,需要的工作量的多少即是软件的可移植性。显然，软件的可移植性直接决定了适应性维护的难易程度，对完善性维护的难易程度也有一定影响。

5. 可重用性

软件的可重用性是指同一个软件（或软件成分）不做修改或稍加改动，就可以在不同环境中多次重复使用。使用可重用的软件构件来开发软件，能够从下述两个方面提高软件的可维护性。

(1) 可重用的软件构件在开发时通常都经过很严格的测试，可靠性比较高，而且在每次重用的过程中都会发现并改正一些错误，随着重用次数增加，这样的构件将变成无错误的。因此，软件中使用的可重用构件越多，软件的可靠性越高，改正性维护需求也就越少。

(2) 很容易修改可重用的软件构件使之再次应用在新环境中，因此，软件中使用的可重用构件越多，适应性和完善性维护也就越容易。

5.4.2 文档

文档是影响软件可维护性的决定因素。由于大型软件系统在使用过程中会经受多次修改，所以文档比程序代码更重要。

软件系统的文档可以分为用户文档和系统文档两类。用户文档主要描述系统功能和使用方法，并不关心这些功能是怎样实现的；系统文档描述系统设计、实现和测试等各方面的内容。

总的说来，软件文档应该满足下述要求。

(1) 必须描述如何使用这个系统，没有这种描述即使是最简单的系统也无法使用。

(2) 必须描述怎样安装和管理这个系统。

(3) 必须描述系统需求和设计。

(4) 必须描述系统的实现和测试，以便使系统成为可维护的。

5.4.3 可维护性复审

可维护性是所有软件都应该具备的基本特点，在软件工程过程的每个阶段都应该十分关注并努力提高软件的可维护性，在每个阶段进行的技术审查和管理复审中，应该着重对可维护性进行复审。

在测试结束时进行最正式的可维护性复审（称为配置复审）。配置复审的目的是保证软件配置的所有成分是完整、一致和可理解的，而且为了便于修改和管理已经编目归档了。

维护应该针对整个软件配置，不应该只修改源程序代码。如果对源程序代码的修改没有反映在设计文档或用户手册中，则会产生严重的后果。

5.5 预防性维护

所谓预防性维护，就是为了提高未来的可维护性或可靠性，而主动地修改软件。可以把预防性维护定义为：把今天的方法学应用到昨天的软件系统上，以支持明天的需求。

初看起来，在一个正在工作的程序版本已经存在的情况下，重新开发这个大型程序似乎是一种浪费，但是，考虑到下述事实预防性维护实际上是可行的。

(1) 维护一行源代码的成本可能是该行代码初始开发成本的20～40倍。

(2) 使用现代设计概念重新设计软件体系结构(程序结构和数据结构)，对未来的维护工作将有很大帮助。

(3) 由于软件原型(即现在正在工作的程序)已经存在，软件开发生产率将远远高于平均水平。

(4) 现在用户已经有较丰富的使用该软件的经验，因此，很容易确定新的需求和变更方向。

(5) 利用软件再工程工具可以自动完成部分工作。

(6) 在完成预防性维护的过程中，可以建立起完整的软件配置(文档、程序和数据)。

5.6 软件再工程过程

预防性维护也称为软件再工程。典型的软件再工程过程模型如图5.1所示，它定义了6类活动。在某些情况下，这些活动按照图中所示次序以线性顺序进行，但也并非总是如此，例如，可能在文档重构之前需要先进行逆向工程，以理解程序的工作原理。

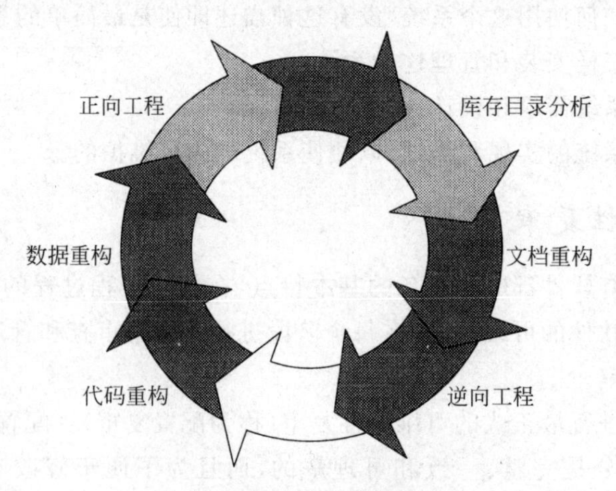

图5.1 软件再工程过程模型

图5.1所示的软件再工程范型是一个循环模型，这意味着作为该范型组成部分的每个活动都可能重复进行，而且对于某个特定的循环来说，过程可以在完成任意一个活动之后终止。

1. 库存目录分析

对软件组织拥有的每个应用系统都进行预防性维护是不现实的，也是不必要的。一般说来，下述3类程序有可能成为预防性维护的对象。

(1) 该程序将在今后数年内继续使用。

(2) 当前正在成功地使用着该程序。

(3) 可能在最近的将来要对该程序做较大程度的修改或扩充。

应该仔细分析库存目录，按照业务重要程度、寿命、当前可维护性、预期的修改次数等标准将库中的应用系统排序，从中选出再工程的候选者，然后合理地分配再工程所需要的资源。

2. 文档重构

老程序固有的特点是缺乏文档，根据具体情况可采用下述三种方法之一来处理这个问题。

(1) 如果一个程序是相对稳定的，正在走向生命的终点，而且可能不会再修改它，则不必为它建立文档。

(2) 为了便于今后的维护，必须更新文档，但是由于资源有限，应该采用“使用时建文档”的方法，也就是说，不是一下子把某应用系统的文档全部都重建立起来，而是只建立系统中当前正在修改的那些部分的完整文档。

(3) 如果某应用系统是用户完成业务工作的关键，而且必须重构全部文档，则仍然应该尽量把文档工作减少到必需的最小量。

3. 逆向工程

软件的逆向工程是，分析程序以便在比源代码更高的抽象层次上创建出程序的某种描述的过程。也就是说，逆向工程是一个恢复设计结果的过程。

4. 代码重构

某些老程序的体系结构比较合理，但是，一些模块的编码方式难于理解、测试和维护。在这种情况下，可以重构这些模块的代码。

通常，代码重构并不修改程序的体系结构，它只关注个体模块的设计细节以及在模块中定义的局部数据结构。如果重构扩展到模块边界之外并涉及软件体系结构，则重构变成了正向工程。

5. 数据重构

对数据体系结构差的程序很难进行适应性和完善性维护，因此，数据体系结构比源代码对程序的长期生存力有更大的影响。

数据重构是一种全范围的再工程活动。由于数据结构对程序体系结构及程序中的算法有很大影响,对数据的修改必然会导致程序体系结构或代码层的改变。

6. 正向工程

正向工程也称为更新或再造。正向工程过程应用现代软件工程的概念、原理、技术和方法,重新开发现有的某个应用系统。在大多数情况下,经过正向工程过程后得出的软件不仅重新实现了现有系统的功能,而且增加了新功能,提高了软件整体性能。

习 题

1. 某些软件工程师不同意“目前国外许多软件开发组织把60%以上的人力用于维护已有的软件”的说法,他们争论说:“我并没有花费我的60%的时间去改正我所开发的程序中的错误。”

请问,你对上述争论有何看法?

2. 为什么大型软件的维护成本高达开发成本的4倍左右?

3. 某软件公司拟采取下述措施提高他们开发出的软件产品的可维护性。请判断哪些措施是正确的?哪些措施不正确?

(1) 在分析用户需求时同时考虑维护问题。

(2) 测试完程序后,删去程序中的注解以缩短源程序长度。

(3) 在软件开发过程中尽量保证各阶段文档的正确性。

(4) 编码时尽量多用全局变量。

(5) 选用时间效率和空间效率尽可能高的算法。

(6) 尽可能利用硬件特点以提高程序效率。

(7) 尽可能使用高级语言编写程序。

(8) 进行总体设计时加强模块间的联系。

(9) 尽量减少程序模块的规模。

(10) 用数据库系统代替文件系统来存储需要长期保存的信息。

(11) 用CASE环境或程序自动生成工具来自动生成一部分程序。

(12) 尽量用可重用的软件构件来组装程序。

(13) 使用先进的软件开发技术。

(14) 采用防错程序设计技术,在程序中引入自检能力。

(15) 把与硬件及操作系统有关的代码放到某些特定的程序模块中。

4. 假设你的任务是对一个已有的软件做重大修改,而且只允许你从下述文档中选取两份:(1)程序的规格说明;(2)程序的详细设计结果(自然语言描述加上某种设计工具表示)；(3)源程序清单(其中有适当数量的注解)。

你将选取哪两份文档？为什么这样选取？

5. 当一个十几年前开发出的程序还在为其用户完成关键的业务工作时，是否有必要对它进行再工程？如果对它进行再工程，经济上是否划算？

6. 代码重构与正向工程有何相同之处？有何不同之处？

习题解答

1. 答：首先，软件维护并非仅仅是改正程序中的错误，它还包括为了使软件适应变化了的环境而修改软件的活动，以及为了满足用户在使用软件的过程中提出的扩充或完善软件的新需求而修改软件的活动，甚至包括为了提高软件未来的可维护性或可靠性而主动地修改软件的活动。实际上，为了消除程序中潜藏的错误而进行的改正性维护，仅占全部维护活动的1/5左右。

其次，"目前国外许多软件开发组织把60%以上的人力用于维护已有的软件"，指的是软件开发组织内人力分配的整体状况。至于具体到软件组织内的每位软件工程师，则分工各不相同。有些人专职负责软件维护工作，他们的全部工作时间都花费在维护已有软件产品的工作上；另一些人专职负责软件开发工作，他们并不花费时间去维护已有的软件产品；还有一些人可能既要从事软件开发工作又要兼管软件维护工作。

最后，软件维护人员并非只负责维护自己开发的程序，通常，一名维护人员参与多个软件产品的维护工作。

2. 答：软件维护不像一般产品维修那样仅限于排除用户在使用产品的过程中遇到的故障。事实上，当用户在使用软件产品的过程中遇到了故障时，软件维护人员必须进行改正性维护活动，以诊断并改正软件中潜藏的错误；当运行软件的环境改变了的时候，软件维护人员必须适当地修改软件(即进行适应性维护)，以使软件适应新的运行环境；当用户在使用软件的过程中提出增加软件功能或提高软件性能的要求时，软件维护人员必须对软件进行完善性维护，以满足用户的新需求。此外，在资源允许的情况下，对某些关键的老程序还可能主动地进行预防性维护。由于软件维护涵盖的范围很广(与一般产品维修有点类似的改正性维护仅占全部维护活动的20%左右)，软件维护的工作量和成本自然就很高。

一般产品的维修比较简单，用好部件替换被用坏了的部件就可以了。软件维护比一般产品维修要困难得多，实际上，不论是哪种类型的维护，都必须修改原来的设计和程序代码。修改之前必须深入理解待修改的软件产品，修改之后还应该进行必要的测试，以保证所做的修改是正确的，并且没有副作用。如果是改正性维护，还必须预先进行调试，以确定错误的准确位置。从上面的叙述可知，软件维护远比一般产品维修要艰巨复杂得多。由于在真正动手修改软件设计和程序代码之前必须进行许多准备工作(非生产性活动)，在修改之后还要进行必要的测试(包括回归测试)。因此，软件维护的一个显著特点就是生产率大幅度下降。这种情况在维护没有用软件工程方法学指导而开发出来的老程序时更严重。上述事实进一步增加了软件维护的工作量和成本。

3. 答：(1) 正确。在分析用户需求的同时考虑维护问题，列出将来可能变更或增加的需求，就可以在设计时为将来可能做的修改预先做一些准备，使得在用户确实提出这些维护要求时，实现起来比较容易一些。

(2) 不正确。程序中的注解是提高程序可理解性的关键的内部文档，删去程序中的注解必然会降低程序的可读性和可理解性，从而降低软件的可维护性。

(3) 正确。完整准确的文档对提高软件的可理解性有重要作用，保证文档的正确性是提高软件可维护性的关键。

(4) 不正确。程序中使用的全局变量多，不仅违背局部化原理，而且会使得具有公共环境耦合的模块数量增多，从而降低程序的可理解性、可修改性和可测试性，因此，这样的软件可维护性较差。

(5) 不正确。一般说来，效率高的算法的可理解性较差，选用效率尽可能高的算法将降低软件的可维护性。事实上，程序的效率能够满足用户的需求就可以了，没有必要盲目追求尽可能高的效率。

(6) 不正确。程序对硬件特点依赖越多，运行程序的硬件变更时适应性维护的工作量也就越大。

(7) 正确。用高级语言编程时，用户可以给程序变量和程序模块赋予含义鲜明的名字，通过名字能够比较容易地把程序对象和它们所代表的实体联系起来。此外，高级语言使用的概念和符号更符合人的习惯。上述事实都使得用高级语言编写的程序更容易阅读，因此也就更容易维护。

(8) 不正确。模块间耦合越紧密，程序就越难理解和修改，修改后测试也比较困难。因此，加强模块间的联系将降低软件的可维护性。

(9) 不正确。程序模块的规模很小，就会使程序中包含的模块很多，这将使模块间的接口数量大大增加，从而增加了理解、修改和测试程序的难度，降低了软件的可维护性。

(10) 正确。数据库系统比文件系统使用起来更方便、更安全，用数据库系统代替文件系统来存储需要长期保存的信息，可减少差错，降低改正性维护需求的数量。此外，使用数据库系统的程序比使用文件系统的程序更容易修改。上述事实表明，用数据库系统代替文件系统来存储需要长期保存的信息，将提高软件的可维护性。

(11) 正确。自动生成的程序段没有差错，对软件的改正性维护需求自然将减少。当因用户的需求变更而需要修改程序时，可以先修改相应部分的规格说明，然后用CASE环境或程序自动生成工具生成需改动的程序，显然，这样做可以降低维护的工作量。

(12) 正确。可重用的软件构件基本上没有错误，用这样的构件组装成的程序可靠性高，改正性维护需求自然就比较少。此外，可重用的软件构件适应性强，应用范围广，容易使它适应新需求，因此，用这样的构件组装成的程序也较容易实现适应性或完善性维护。

(13) 正确。用先进的软件技术开发出来的软件容易理解、容易修改、容易重用，因此，可维护性较好。

(14) 正确。在程序中引入自检能力可显著提高软件的可靠性，因此将明显减少改正性维护需求的数量。

(15) 正确。把和硬件及操作系统有关的代码放到某些特定的程序模块中,可以把因环境变化而必须修改的程序代码局限在少数模块内,从而更容易修改和测试。

4. 答:通常,"对一个已有的软件做重大修改"意味着对软件功能做较大变更或增加较多新功能,这往往需要修改软件的体系结构。因此,了解原有软件的总体情况是很重要的。程序的规格说明书准确地描述了对软件系统的数据要求、功能需求、性能需求、可靠性和可用性要求、出错处理需求、接口需求、约束、逆向需求及将来可能提出的需求,对了解已有软件的总体情况有很大帮助。在对已有软件做重大修改之前仔细阅读、认真研究这份文档,可以避免许多修改错误。因此,应该选取这份文档。

有经验的软件工程师通过阅读含有适当数量注解的源程序,不难搞清程序的实现算法,没有描述详细设计结果的文档并不会给维护工作带来太大困难。此外,为了修改程序代码,原有程序的清单是必不可少的。因此,为了对这个软件做重大修改,应该选取的第二份文档是源程序清单。

5. 答:既然这个老程序目前还在为其用户完成关键的业务工作,可见它的业务重要程度相当高。但是,在十几年前软件工程还不像现在这样深入人心,软件过程管理还不成熟,那时开发出的软件往往可维护性较差。一般说来,用户的业务工作将持续相当长时间,也就是说,这个程序很可能还要继续服役若干年,在这么长的时间里它肯定还会经历若干次修改。与其每次花费很多人力物力来维护这个老程序,还不如在现代软件工程方法学指导下再造这个程序(即对它进行再工程)。

粗看起来,在这个老程序还能正常完成用户的业务工作时重新开发它,在经济上似乎很不划算,其实不然。理由如下:

- 老程序的可维护性差,每次维护它将花费很高的代价。
- 在现代软件工程指导下开发出的软件的可维护性较好。此外,在再工程过程中可以建立起完整准确的文档,这进一步提高了软件的可维护性。因此,再工程之后每次维护它的代价将比再工程之前低很多,也就是说,可以节省很多人力物力。
- 正在工作的老程序相当于一个原型,软件工程师从它那里可学到很多知识,从而大大提高了开发效率。
- 用户拥有长期使用该程序的丰富经验,容易提出对它的改进意见。通过再工程过程实现了用户的这些新需求之后,往往在相当长的一段时间内不需要再维护。
- 现有的软件再工程工具可以自动完成一部分再工程工作。

6. 答:代码重构和正向工程都需要重新设计数据结构和算法,并且需要重新编写程序代码,这些是代码重构和正向工程相同的地方。

通常,代码重构并不修改程序的体系结构,它只修改某些模块的设计细节和模块中使用的局部数据结构,并重新编写这些模块的代码。如果修改的范围扩展到模块边界之外并涉及程序的体系结构,则代码重构变成了正向工程。

第6章 面向对象方法学引论

CHAPTER

传统的软件工程方法学曾经给计算机软件产业带来了巨大的进步，使用结构化范型开发的许多中、小规模的软件项目获得了成功，从而部分地缓解了软件危机。但是，当把结构化范型应用于大型软件产品的开发时，似乎很少取得成功。此外，使用传统的软件工程方法学开发软件时，生产率提高的幅度远远不能满足社会对计算机软件日益增长的需要，软件重用的程度还很低，所开发出的软件产品仍然很难维护。正如软件工程第七条基本原理所指出的那样，必须承认不断改进软件工程实践的必要性。软件工程作为一门新兴学科，尤其需要不断的发展和完善。

面向对象的软件开发方法在20世纪60年代后期首次提出，经过将近20年的发展，这种技术逐渐得到广泛应用。到20世纪90年代，面向对象的软件工程方法学已经成为人们在开发软件时首选的方法学。目前看来，面向对象技术似乎是迄今为止人们所知道的最好的软件开发技术。

6.1 面向对象方法学概述

6.1.1 面向对象方法学的要点

面向对象方法学的出发点和基本原则，是尽可能模拟人类习惯的思维方式，使开发软件的方法与过程尽可能接近人类认识世界、解决问题的方法与过程，从而使得实现解法的解空间(也称为求解域)与描述问题的问题空间(也称为问题域)在结构上尽可能一致。

面向对象方法是一种新的思维解题方法，它不是把程序看做是工作在数据上的完成特定子功能的过程或函数的集合，而是把程序看做是相互协作而又彼此独立的对象的集合。每个对象就像一个微型程序，有自己的数据、操作、功能和目的。这样做就向着减少语义断层的方向迈进一大步，在许多软件中解空间对象都可以直接模拟问题空间的对象，解空间与问题空间的结构十分一致，因此，这样的软件容易理解和维护。

概括地说,面向对象方法有下述4个要点。

(1) 认为客观世界是由各种对象组成的,任何事物都是对象,复杂的对象由比较简单的对象以某种方式组合而成。因此,面向对象的软件系统是由对象组成的,软件中的任何元素都是对象,复杂的软件对象由比较简单的软件对象组合而成。由此可知,面向对象方法用对象分解取代了传统方法的功能分解。

(2) 把所有对象都划分成各种对象类(简称为类),每个类都定义了一组数据和一组方法。数据用于表示对象的静态属性,是对象的状态信息。类中定义的方法是允许施加于该类对象上的操作,用于实现对象的动态行为。

(3) 按照子类(或称为派生类)与父类(或称为基类)的关系,把若干个类组成一个层次结构的系统(也称为类等级)。在类等级中,下层的派生类自动具有上层基类的特性(包括数据和方法),这种现象称为继承。

(4) 对象彼此之间仅能通过传递消息互相联系。对象与传统的数据有本质区别,它不是被动地等待外界对它施加操作,相反,它是进行处理的主体,必须发消息请求它执行它的某个操作,处理它的私有数据,而不能从外界直接对它的私有数据进行操作。也就是说,一切局部于该对象的私有信息都被封装在该对象内,就好像装在一个黑盒子中一样,在外界是看不见的,更不能直接使用,这就是封装性。

6.1.2 面向对象方法学的优点

1. 与人类习惯的思维方法一致

面向对象的软件技术以对象为核心,用这种技术开发出的软件系统由对象组成。对象是对现实世界实体的正确抽象。对象之间通过传递消息互相联系,以模拟现实世界中不同事物彼此之间的联系。

面向对象方法的基本原理是,使用现实世界的概念抽象地思考问题,从而自然地解决问题。它强调模拟现实世界中的概念而不强调算法,它要求软件工程师在软件开发的绝大部分过程中都用应用领域的概念去思考。面向对象的软件开发过程从始至终都围绕着建立问题领域的对象模型来进行。

面向对象的软件系统中广泛使用的对象是对客观世界中实体的抽象。对象实际上是抽象数据类型的实例,提供了比较理想的数据抽象机制,同时又具有良好的过程抽象机制。类是对一组相似对象的抽象,在类等级中,上层的类是对下层类的抽象。因此,面向对象的环境提供了强有力的抽象机制,便于用户在使用计算机软件系统解决复杂问题时使用习惯的抽象思维工具。此外,面向对象方法学中普遍进行的对象分类过程,支持从特殊到一般的归纳思维过程;通过建立类等级而获得的继承特性,支持从一般到特殊的演绎思维过程。

面向对象的软件技术为开发者提供了随着对应用系统的认识逐步深入和具体化的过程,而逐步设计和实现该系统的机制。这样的开发过程符合人类认识客观世界、解决复杂问题时逐步深化的渐进过程。

2. 面向对象软件稳定性好

面向对象的软件系统的结构是根据问题领域的模型建立起来的，而不是基于对系统应该完成的功能的分解，因此，当对系统的功能需求变化时并不会引起软件结构的整体变化，通常仅需要做一些局部性的修改。事实上，由于现实世界中的实体是相对稳定的，因此，以对象为中心构造起来的软件系统也比较稳定。

3. 面向对象软件可重用性好

重用是提高软件生产率和软件质量的最有效方法。

在面向对象方法所使用的对象中，数据和操作是作为平等伙伴出现的。事实上，对象是由描述该对象属性的数据以及可以对这些数据施加的所有操作封装在一起构成的独立单元，因此，对象具有很强的自含性。此外，对象固有的封装性和信息隐藏机制，使得对象的内部实现与外界隔离，因此，对象具有较强的独立性。由此可见，对象是比较理想的程序模块和可重用的软件成分。

面向对象的软件技术在利用可重用的软件成分构造新的软件系统时有很大的灵活性。有两种方法可以重复使用一个对象类：一种方法是创建该类的实例，从而直接使用它；另一种方法是从它派生出一个满足当前需要的新类。继承性机制使得子类不仅可以重用其父类的数据结构和程序代码，而且可以在父类代码的基础上方便地修改和扩充，这种修改并不影响对原有类的使用。由于可以像使用集成电路(IC)构造计算机硬件那样，比较方便地重用对象类来构造软件系统，因此，有人把对象类称为"软件 IC"。

面向对象的软件技术所实现的可重用性是自然的和准确的，在软件重用技术中，它是最成功的一个。

4. 较易开发大型软件产品

当开发大型软件产品时，组织开发人员的方法不恰当往往是出现问题的主要原因。用面向对象范型开发软件时，可以把一个大型产品看做是一系列本质上相互独立的小产品来处理，这样不仅降低了开发的技术难度，而且也使得对开发工作的管理变得容易多了。这就是为什么对于大型软件产品来说，面向对象范型优于结构化范型的原因之一。许多软件开发公司的经验都表明，当把面向对象技术用于大型软件开发时，软件成本明显地降低了，软件的整体质量也提高了。

5. 可维护性好

用传统方法和面向过程语言开发出来的软件很难维护，是长期困扰人们的一个严重问题，是软件危机的突出表现。

由于下述因素的存在，使得用面向对象方法所开发的软件可维护性好。

(1) 面向对象的软件稳定性比较好。

(2) 面向对象的软件比较容易修改。

类是理想的模块机制，它的独立性和自含性都比较好，修改一个类通常很少会涉及其他类。继承机制使得软件的修改和扩充变得更容易，通常只需从已有类派生出一些新类，无须修改软件的原有成分。

(3) 面向对象的软件比较容易理解。

面向对象的软件技术符合人们习惯的思维方式,用这种方法所建立的软件系统的结构与问题空间的结构基本一致。因此,面向对象的软件系统比较容易理解。

对面向对象软件系统所做的修改和扩充,通常通过在原有类的基础上派生出一些新类来实现。由于对象类有很强的独立性,当派生新类的时候一般不需要详细了解基类中操作的实现算法。因此,了解原有系统的工作量可以大幅度下降。

(4) 易于测试和调试。

对面向对象的软件进行维护,主要通过从已有类派生出一些新类来实现。因此,维护后的测试和调试工作也主要围绕这些新派生出来的类进行。类是独立性很强的模块,向类的实例发消息即可运行它,观察它是否能正确地完成要求它做的工作,对类的测试通常比较容易实现,如果发现错误也往往集中在类的内部,比较容易调试。

6.1.3 面向对象的软件过程

不论采用哪种方法学开发软件,都必须完成一系列性质各异的工作。这些必须完成的工作要素是:确定"作什么",确定"怎样作","实现"和"完善"。使用不同方法学开发软件的时候,完成这些工作要素的顺序、工作要素的名称和相对重要性有可能也不相同,但是不能遗漏其中任何一个工作要素。

一般说来,使用面向对象方法学开发软件时,工作重点应该放在生命周期中的分析阶段。这种方法在开发的早期阶段定义了一系列面向问题的对象,并且在整个开发过程中不断充实和扩充这些对象。由于在整个开发过程中都使用统一的软件概念——对象,所有其他概念(例如功能、关系、事件等)都是围绕对象组成的,目的是保证分析工作中得到的信息不会丢失或改变,因此,对生命周期各阶段的区分自然就不重要、不明显了。分析阶段得到的对象模型也适用于设计阶段和实现阶段。由于各阶段都使用统一的概念和表示符号,因此,整个开发过程都是吻合一致的,或者说是"无缝"连接的,这自然就很容易实现各个开发步骤的多次反复迭代,达到认识的逐步深化。每次反复都会增加或明确一些目标系统的性质,但不是对先前工作结果的本质性改动,这样就减少了不一致性,降低了出错的可能性。

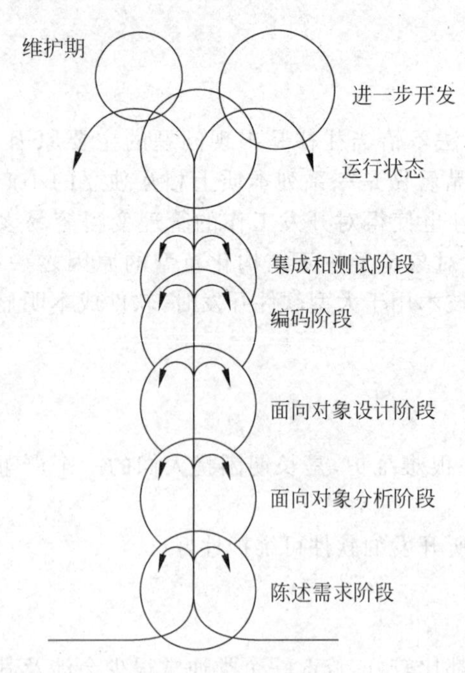

图 6.1 喷泉模型

迭代是软件开发过程中普遍存在的一种内在属性。经验表明,软件过程各个阶段之间的迭代或一个阶段内各个工作步骤之间的迭代,在面向对象范型中比在结构化范型中更常见,也更容易实现。图 6.1 所示的喷泉模型是典型的面向对象生命周期模型。

“喷泉”这个词形象地表明了面向对象软件开发过程迭代和无缝的特性。图中代表生命周期不同阶段的圆圈相互重叠，这明确地表示两个阶段的活动之间存在交迭；而面向对象方法学在概念和表示方法上的一致性，保证了在各项开发活动之间的无缝过渡。事实上，用面向对象方法学开发软件时，在分析、设计和编码等项开发活动之间并不存在明显的边界。图中在一个圆圈内的向下箭头代表该阶段内的迭代或求精。图中用较小的圆圈代表维护，这形象地表示采用了面向对象方法学之后维护时间缩短了。

为避免使用喷泉模型开发软件时开发过程过分无序，应该把一个线性过程(例如，快速原型模型或图6.1的中心垂线)作为总目标。但是，同时也应该记住，面向对象范型本身要求经常对软件开发活动进行迭代或求精。

6.2 面向对象的概念

6.2.1 对象

在应用领域中有意义的、与所要解决的问题密切相关的任何事物都可以作为对象，它既可以是对具体的物理实体的抽象，也可以代表人为的概念或任何有明确边界和意义的东西。对象是由描述该对象属性的数据以及可以对这些数据施加的全部操作封装在一起构成的统一体。通常把对象的操作称为服务或方法。

从面向对象程序设计的角度可以把对象定义为：对象是具有相同状态的一组操作的集合。

从信息模拟的角度可以把对象定义为：对象是对问题域中某个东西的抽象，这种抽象反映了系统保存有关这个东西的信息或与它交互的能力。也就是说，对象是对属性值和操作的封装。

对象的形式化定义如下所述：

对象∷=〈ID,MS,DS,MI〉

其中，ID是对象的标识或名字；

MS是对象中的操作集合；

DS是对象的数据结构；

MI是对象受理的消息名集合(即对外接口)。

对象具有下述的一些基本特点。

- 以数据为中心。
- 对象是主动的，是数据处理的主体。
- 实现了数据封装。
- 本质上具有并行性。
- 模块独立性好。

6.2.2 其他概念

1. 类

在面向对象的软件技术中,“类”就是对具有相同数据和相同操作的一组相似对象的定义,也就是说,类是对具有相同属性和行为的一个或多个对象的描述,通常在这种描述中也包括对怎样创建该类的新对象的说明。

2. 实例

实例是以某个特定的类为样板而建立的一个具体的对象。

3. 消息

消息就是要求某个对象执行在定义它的那个类中所定义的某个操作的规格说明。通常,一个消息由下述三部分组成。

- 接收消息的对象。
- 消息选择符(也称为消息名)。
- 零个或多个变元。

4. 方法

方法就是对象所能执行的操作,也就是类中所定义的服务。

5. 属性

属性就是类中定义的数据,它是对客观世界实体所具有性质的抽象。类的每个实例都有自己特有的属性值。

6. 封装

从字面上理解,所谓封装就是把某个事物包起来,使外界不知道该事物的具体内容。

在面向对象的程序中,把数据和实现操作的代码集中起来放在对象内部。一个对象好像是一个黑盒子,表示对象状态的数据和实现各个操作代码与局部数据,都被封装在黑盒子里面,从外面是看不见的,更不能从外面直接访问或修改这些数据及代码。

使用一个对象的时候,只需知道它向外界提供的接口形式,而无须知道它的数据结构细节和实现操作的算法。

封装也就是信息隐藏,通过封装对外界隐藏了对象的实现细节。

7. 继承

广义地说,继承是指能够直接获得已有的性质和特征,而不必重复定义它们。在面向对象的软件技术中,继承是子类自动地共享基类中定义的数据和方法的机制。

继承具有传递性,如果类C继承类B,类B继承类A,则类C继承类A。因此,一个类实际上继承了它所在的类等级中在它上层的全部基类的所有描述，也就是说，属于某类的对象除了具有该类所描述的性质外，还具有类等级中该类上层全部基类描述的一切性质。

当一个类只允许有一个父类时，也就是说，当类等级为树形结构时，类的继承是单继承；当允许一个类有多个父类时，类的继承是多重继承。多重继承的类可以组合多个父类的性质构成所需要的性质，因此，功能更强，使用更方便。但是，使用多重继承时要注意避免二义性。

8. 多态性

在面向对象的软件技术中，多态性是指子类对象可以像父类对象那样使用，同样的消息既可以发送给父类对象也可以发送给子类对象。也就是说，在类等级的不同层次中可以共享（公用）一个行为（方法）的名字，然而不同层次中的每个类却各自按自己的需要来实现这个行为。当对象接收到发送给它的消息时，根据该对象所属于的类动态选用在该类中定义的实现算法。

9. 重载

重载有函数重载和运算符重载。函数重载是指在同一作用域内的若干个参数特征不同的函数可以使用相同的函数名字。运算符重载是指同一个运算符可以施加于不同类型的操作数。当然，当参数特征不同或被操作数的类型不同时，实现函数的算法或运算符的语义是不相同的。

6.3　面向对象建模

1. 概念

为了更好地理解问题，人们常常采用建立问题模型的方法。所谓模型，就是为了理解事物而对事物作出的一种抽象，是对事物的一种无歧义的书面描述。通常，模型由一组图示符号和组织这些符号的规则组成，利用它们来定义和描述问题域中的术语和概念。更进一步讲，模型是一种思考工具，利用这种工具可以把知识规范地表示出来。

2. 三种模型

为了开发复杂的软件系统，系统分析员应该从不同角度抽象出目标系统的特性，使用精确的表示方法构造系统的模型，验证模型是否满足用户对目标系统的需求，并在设计过程中逐渐把和实现有关的细节加进模型中，直至最终用程序实现模型。

用面向对象方法开发软件，通常需要建立三种形式的模型，它们分别是描述系统数据结构的对象模型、描述系统控制结构的动态模型和描述系统功能的功能模型。这三种模型都涉及数据、控制和操作等共同的概念，只不过每种模型描述的侧重点不同。这三种模型从三个不同但又密切相关的角度模拟目标系统，它们各自从不同侧面反映了系统的实质性内容，综合起来则全面地表达了对目标系统的需求。一个典型的软件系统组合了上述三方面的内容：它使用数据结构(对象模型)，执行操作(动态模型)，并且完成数据值的变化(功能模型)。

为了全面地理解问题域，对任何大系统来说，上述三种模型都是必不可少的。当然，在不同的应用问题中，这三种模型的相对重要程度会有所不同，但是，用面向对象方法开发软件，在任何情况下，对象模型始终都是最重要、最基本、最核心的。在整个开发过程中，三种模型一直都在发展和完善。在面向对象分析过程中，构造出完全独立于实现的应用域模型；在面向对象设计过程中，把求解域的结构逐渐加入到模型中；在实现阶段，把应用域和求解域的结构都编成程序代码并进行严格的测试验证。

6.4 对象模型

对象模型表示静态的、结构化的系统的“数据”性质。它是对模拟客观世界实体的对象以及对象彼此间的关系的映射，描述了系统的静态结构。正如6.1节所述，面向对象方法强调围绕对象而不是围绕功能来构造系统。对象模型为建立动态模型和功能模型提供了实质性的框架。

在建立对象模型时，人们的目标是从客观世界中提炼出对具体应用有价值的概念。

通常，使用统一建模语言UML提供的类图来建立对象模型。在UML中，术语“类”的实际含义是“一个类及属于该类的对象”。

6.4.1 类图的基本符号

类图描述类及类与类之间的静态关系。类图是一种静态模型，它是创建其他UML图的基础。一个系统可以由多张类图来描述，同一个类也可以出现在几张类图中。

1. 定义类

类图中用长方形代表类，用两条横线把长方形分成上、中、下三个区域(下面两个区域是可选的)，这三个区域分别放类的名字、属性和服务。

类名是一类对象的名字，命名是否恰当对系统的可理解性影响相当大，因此，为类命名时应该遵守以下几条准则。

- 使用标准术语，不随意创造名字。
- 使用有确切含义的名词作为类的名字。
- 必要时用名词短语作为类的名字。

2. 定义属性

UML描述属性的语法格式如下：

可见性　属性名:类型名=初值{性质串}

3. 定义服务

UML描述操作的语法格式如下：

可见性　操作名(参数表):返回值类型{性质串}

参数表是用逗号分隔的形式参数的序列,描述一个形式参数的语法为:

参数名:类型名=默认值

6.4.2　表示关系的符号

类与类之间通常有关联、泛化(即继承)、依赖和聚集4种关系,其中关联和泛化是最常见的关系。

1. 关联关系

关联关系表示两类对象之间存在着某种语义上的联系,也就是对象之间有相互作用、相互依靠的关系。

通常把两类对象之间的关联关系再细分为一对一(1∶1)、一对多(1∶M)和多对多(M∶N)三种基本类型,类型的划分依据参与关联的对象的数目。

表示关联关系的图示符号是连接两个类的一条直线。常见的关联都是双向的关系,可在一个方向上为关联起一个名字,在另一个方向上为关联起另一个名字(也可不起名字)。在名字前面(或后面)加一个表示关联方向的黑三角。

在表示关联的直线两端可以写上重数,它表示该类有多少个对象与对方的一个对象连接。重数的表示方法通常有:

0..1　表示0至1个对象。

0..*或*　表示0至多个对象。

1..*或1+　表示1至多个对象。

1..15　表示1至15个对象。

8　表示8个对象。

如果图中未写出重数,则默认重数是1。

一个受限的关联由两类对象及一个限定词组成。使用限定词能有效地减少关联的重数。在类图中把限定词放在关联关系末端的一个小方框内。

为了说明关联的性质,可能需要提供一些附加信息。可以引入一个关联类来记录这些附加信息。关联中的每个连接与关联类的一个对象相联系。在类图中关联类通过一条虚线与关联连接。通常把关联类的属性称为链属性。

2. 聚集关系

聚集也称为聚合,是关联的特例。聚集表示一类对象与另一类对象之间的关系,是整体与部分的关系。除了一般聚集之外,还有两种特殊的聚集关系,分别是共享聚集和组合聚集。

如果在聚集关系中处于部分方的对象可以同时参与多个处于整体方对象的构成,则该聚集称为共享聚集。一般聚集和共享聚集的图示符号都是在表示关联关系的直线末端紧挨着整体类的地方画一个空心菱形。

如果部分类对象完全隶属于整体类对象，部分类对象与整体类对象共存，整体类对象不存在了部分类对象也将随之消失(或失去存在价值了)，则该聚集称为组合聚集(简称为组成)。组成关系的图示符号是在表示关联关系的直线末端紧挨着整体类的地方画一个实心菱形。

3. 泛化关系

泛化关系就是通常所说的继承关系，它是通用类和具体类之间的关系。具体类完全拥有通用类的数据和操作，并且还可以补充一些数据或操作。

在UML中，用一端为空心三角形的连线表示泛化关系，三角形的顶角紧挨着通用类。

注意：泛化针对类而不针对实例，一个类可以继承另一个类，但是一个对象不能继承另一个对象。实际上，泛化关系指出在类与类之间存在“一般—特殊”关系。

6.5 动态模型

动态模型表示瞬时的、行为化的系统的“控制”性质，它规定了对象模型中对象的合法变化序列。

一旦建立起对象模型之后，就需要考察对象的动态行为。所有对象都具有自己的生命周期(或称为运行周期)。对一个对象来说，生命周期由许多阶段组成，在每个特定阶段中，都有适合该对象的一组运行规律和行为规则，用以规范该对象的行为。生命周期中的阶段也就是对象的状态。所谓状态是对对象属性值的一种抽象。当然，在定义状态时应该忽略那些不影响对象行为的属性。各对象之间相互触发(即作用)就形成了一系列的状态变化。通常把一个触发行为称作一个事件。对象对事件的响应取决于接受该触发的对象当时所处的状态，响应包括改变自己的状态或者又形成一个新的触发行为。

状态有持续性，它占用一段时间间隔。状态与事件密不可分，一个事件分开两个状态，一个状态隔开两个事件。事件表示时刻，状态代表时间间隔。

通常，用状态图来描绘对象的状态、触发状态转换的事件以及对象的行为(对事件的响应)。

每个类的动态行为用一张状态图来描绘，各个类的状态图通过共享事件合并起来，从而构成系统的动态模型。也就是说，动态模型是基于事件共享而互相关联的一组状态图的集合。

6.6 功能模型

功能模型表示软件系统的“功能”性质，它指明了系统应该“做什么”，因此更直接地反映了用户对目标系统的需求。

通常，功能模型由一组数据流图组成。一般说来，与对象模型和动态模型比较起来，数据流图并没有增加新的信息，但是，建立功能模型有助于软件工程师更深入地理解用户的需求，改进和完善自己的设计，因此，不能忽视功能模型的作用。

UML提供的用例图也是进行需求分析和建立功能模型的强有力的工具。在UML中把用用例图建立起来的系统模型称为用例模型。

用例模型描述的是外部行为者所理解的系统功能。用例模型的建立是系统开发者和用户反复讨论的结果，它描述了开发者和用户对软件需求规格所达成的共识。

6.6.1　用例图

一幅用例图包括的模型元素有系统、行为者、用例以及用例之间的关系。

1. 系统

系统被看做是一个提供用例的黑盒子，它内部如何工作、用例如何实现，这些对于建立用例模型来说都不重要。

在用例图中用矩形框代表系统。方框的边线表示系统的边界，用于划定系统的功能范围，定义了系统所具有的功能。描述该系统功能的用例置于方框内，代表外部实体的行为者置于方框外。

2. 用例

一个用例是可以被行为者感受到的、系统的一个完整的功能。在UML中把用例定义成系统完成的一系列动作，动作的结果能被特定的行为者察觉到。这些动作除了完成系统内部的计算和工作外，还包括与一些行为者的通信。用例通过关联与行为者连接，关联指出一个用例与哪些行为者交互，这种交互是双向的。

用例具有下述特征。

- 用例代表用户可见的功能，实现一个具体的用户目标。
- 用例是被行为者启动的，并向行为者提供确切的值。
- 用例可大可小，但必须是相对完整的。

注意：用例是一个类，它代表一类功能而不是使用该类功能的某个具体实例。用例的实例是系统的一种实际使用方法，通常把用例的实例称为脚本。

在用例图中用椭圆代表用例。

3. 行为者

行为者是与系统交互的人或其他系统，它代表系统外部的实体。

行为者代表一种角色而不是某个具体的人或物。事实上，一个具体的人或物可以充当多种不同的角色。

在用例图中用线条人代表行为者，连接行为者和用例的直线表示两者之间交换信息，称为通信联系。行为者触发(激活)用例，并与用例交换信息。单个行为者可与多个用例联系；反之，一个用例也可与多个行为者联系。

实践表明，行为者对于确定系统用例是非常有用的。在需求分析过程中，可以先列出系统的行为者清单，再针对每个行为者列出它的用例。这样做可以比较容易地建立起用例模型。

4. 用例之间的关系

用例之间主要有扩展和使用这样两种关系,它们是泛化关系的两种不同形式。

(1) 扩展关系

向一个用例中添加一些动作后构成了另一个用例,这两个用例之间的关系就是扩展关系,后者继承前者的一些行为,通常把后者称为扩展用例。

在用例图中,把用例之间的扩展关系图示为带版类《扩展》的泛化关系。

(2) 使用关系

当一个用例使用另一个用例时,这两个用例之间就构成了使用关系。一般说来,如果在若干个用例中有某些相同的动作,则可以把这些相同的动作提取出来单独构成一个用例(称为抽象用例)。这样,当某个用例使用该抽象用例时,就好像这个用例包含了抽象用例中的所有动作。

在用例图中,用例之间的使用关系用带版类《使用》的泛化关系表示。

请注意扩展与使用之间的异同:这两种关系都意味着从几个用例中抽取那些公共的行为并放入一个单独的用例中,而这个用例被其他用例使用或扩展,但是,使用和扩展的目的是不同的。通常,在描述一般行为的变化时采用扩展关系;当在若干个用例中出现重复描述又想避免这种重复时,可以采用使用关系。

6.6.2 用例建模

一个用例模型由若干幅用例图组成。创建用例模型的工作包括:定义系统,寻找行为者和用例,描述用例,定义用例之间的关系,确认用例模型。其中,寻找行为者和用例是关键。获取用例是需求分析阶段的主要工作之一,而且是首先要做的工作。每个用例都是对目标系统的一个潜在的需求。

1. 寻找行为者

为获取用例首先要找出系统的行为者,可以通过请系统的用户回答一些问题的办法来发现行为者。下述问题有助于发现行为者:

- 谁将使用系统的主要功能?
- 谁需要借助于系统完成日常工作?
- 谁来维护和管理系统?
- 系统控制哪些硬件设备?
- 系统需要与哪些其他系统交互?
- 哪些人或物对系统产生的结果感兴趣?

2. 寻找用例

一旦找到了行为者,就可以通过请每个行为者回答下述问题来获取用例:

- 行为者需要系统提供哪些功能?

- 行为者是否需要读取、创建、删除、修改或存储系统中的某类信息？
- 系统中发生的事件需要通知行为者吗？行为者需要给系统输入某些信息吗？
- 行为者的日常工作是否因为有了系统的新功能而被简化或提高了效率？

下述针对整个系统的问题，也能帮助建模者发现用例：

- 系统需要哪些输入输出？输入来自何处？输出到哪里去？
- 当前使用的系统的主要问题是什么？

6.7 三种模型之间的关系

三种模型分别从三个侧面描述了所要开发的系统，它们相互补充、互相配合，使我们对系统的认识更全面：功能模型指明了系统必须“做什么”；动态模型规定了什么时候做；对象模型定义了做事情的实体。

在面向对象方法学中，对象模型是最重要最基本的，依靠对象模型完成三种模型的集成。具体说来，三种模型之间的关系如下：

- 动态模型描述了类实例的生命周期或运行周期。
- 状态转换驱使行为发生，这些行为在数据流图中被映射成处理，在用例图中被映射成用例，它们同时与类图中的服务相对应。
- 功能模型中的处理（或用例）对应于对象模型中的类所提供的服务。有时一个处理（或用例）对应多个服务，也可能一个服务对应多个处理（或用例）。
- 数据流图中的数据存储以及数据的源点/终点通常是对象模型中的对象。
- 数据流图中的数据流往往是对象模型中对象的属性值，也可能是整个对象。
- 用例图中的行为者可能是对象模型中的对象或数据流图中的数据源点/终点。
- 功能模型中的处理（或用例）可能产生动态模型中的事件。
- 对象模型描述了数据流图中数据流、数据存储以及数据源点/终点的结构。

习 题

1. 用面向对象范型开发软件时与用结构化范型开发软件时相比较，软件的生命周期有何不同？这种差异带来了什么后果？
2. 为什么在开发大型软件时，采用面向对象范型比采用结构化范型较易取得成功？
3. 为什么说夏利牌汽车是小汽车类的特化，而发动机不是小汽车类的特化？
4. 对象和属性之间有何区别？
5. 什么是对象？它与传统的数据有何异同？
6. 什么是模型？开发软件时为什么要建立模型？
7. 试用面向对象方法分析设计下述程序：

在显示器屏幕上圆心坐标为(100,100)的位置画一个半径为40的圆，在圆心坐标为(200,300)的位置画一个半径为20的圆，在圆心坐标为(400,150)的位置画一条弧，弧的起始角度为30度，结束角度为120度，半径为50。

8. 用面向对象方法解决下述问题时需要哪些对象类？类与类之间有何关系？

在显示器屏幕上圆心坐标为(250,100)的位置画一个半径为25的小圆，圆内显示字符串“you”；在圆心坐标为(250,150)的位置画一个半径为100的中圆，圆内显示字符串“world”；再在圆心坐标为(250,250)的位置画一个半径为225的大圆，圆内显示字符串“Universe”。

9. 试建立下述订货系统的用例模型。

假设一家工厂的采购部每天需要一张订货报表，报表按零件编号排序，表中列出所有需要再次订货的零件。对于每个需要再次订货的零件应该列出下述数据：零件编号，零件名称，订货数量，目前价格，主要供应者，次要供应者。零件入库或出库称为事务，通过放在仓库中的终端把事务报告给订货系统。当某种零件的库存数量少于库存量临界值时就应该再次订货。

10. 为什么说面向对象方法与人类习惯的思维解题方法比较一致？

习 题 解 答

1. 答：用结构化范型开发软件时，软件的生命周期如下：

(1) 陈述需求阶段。

(2) 规格说明(分析)阶段。

(3) 设计阶段。

(4) 实现阶段。

(5) 维护阶段。

用面向对象范型开发软件时，软件的生命周期为：

(1) 陈述需求阶段。

(2) 面向对象分析阶段。

(3) 面向对象设计阶段。

(4) 面向对象实现阶段。

(5) 维护阶段。

粗看起来，用这两种不同的范型开发软件时，软件生命周期基本相同。但是，仔细分析起来就会发现两者之间有本质差别。

用结构化范型开发软件时，规格说明(分析)阶段的主要任务是确定软件产品应该“作什么”；而设计阶段通常划分成结构设计(即概要设计)和详细设计这样两个子阶段。在结构设计子阶段，软件工程师把产品分解成若干个模块，在详细设计子阶段再依次设计每个模块的数据结构和实现算法。

如果使用面向对象范型开发软件，则面向对象分析阶段的主要工作是确定对象。因为对象就是面向对象软件的模块，因此，在面向对象分析阶段就开始了结构设计的工作。由此可见，面向对象分析阶段比它在结构化范型中的对应阶段(规格说明(分析)阶段)走得更远，工作更深入。

这两种范型的上述差异带来了重要的结果。使用结构化范型开发软件时，在分析阶段和设计阶段之间有一个很大的转变：分析阶段的目的是确定产品应该“作什么”，而设计阶段的目的是确定“怎样作”，这两个阶段的工作性质明显不同。相反，使用面向对象范型开发软件时，“对象”从一开始就进入了软件生命周期，软件工程师在分析阶段把对象提取出来，在设计阶段对其进行设计，在实现阶段对其进行编码和测试。由此可见，使用面向对象范型开发软件时，在整个开发过程中都使用统一的概念——对象，围绕对象进行工作，因此，阶段与阶段之间的转变比较平缓，从而减少了在开发软件过程中所犯的错误。

2. 答：结构化技术要么面向处理(例如面向数据流的设计方法)，要么面向数据(例如面向数据结构的设计方法)，但没有既面向处理又面向数据的结构化技术。用结构化技术开发出的软件产品的基本成分是产品的行为(即处理)和这些行为所操作的数据。由于数据和对数据的处理是分离的，尽管开发者把程序划分成了许多模块，但是这些模块之间的联系是比较紧密的，因此，使用结构化范型开发出的软件产品本质上是一个完整的单元。由此带来的后果是软件规模越大，用结构化范型开发软件的技术难度和管理难度就越大。

与结构化技术相反，面向对象技术是一种以数据为主线，把数据和处理相结合的方法。面向对象范型把对象作为由数据及可以施加在这些数据上的操作所构成的统一体。用面向对象范型开发软件时，构成软件系统的每个对象就好像一个微型程序，有自己的数据、操作、功能和用途，因此，可以把一个大型软件产品分解成一系列本质上相互独立的小产品来处理，不仅降低了软件开发的技术难度，而且也使得对软件开发工作的管理变得相对容易了。

3. 答：夏利牌汽车具有小汽车的全部属性和行为，它只不过是一种特定品牌的小汽车，因此，夏利牌汽车可以从基类(小汽车)派生出来，也就是说，夏利牌汽车是小汽车类的特化。

发动机是组成小汽车的一种零件。小汽车还有车身、车灯、轮子等许多种其他零件，小汽车所具有的许多属性和行为发动机都不具有，因此，发动机不能从小汽车类派生出来，它不是小汽车类的特化。

4. 答：对象是对客观世界实体的抽象，它是描述实体静态属性的数据和代表实体动态行为的操作结合在一起所构成的统一体。属性只不过是对象的一种特性，它是组成对象的一种成分。

5. 答：对象是用面向对象方法学开发软件时对客观世界实体的抽象，它是由描述实体属性的数据及可以对这些数据施加的所有操作封装在一起构成的统一体。传统的数据是用传统方法学开发软件时对客观世界实体的抽象，但是，这种抽象是不全面的：数据只能描述实体的静态属性，不能描述实体的动态行为。必须从外界对数据施加操作，才能改变数据实现实体应有的行为。

对象与传统数据有本质区别，它不是被动地等待外界对它施加操作，相反，它是进行处理的主体。必须发消息请求对象主动地执行它的某些操作，处理它的私有数据，而不能直接从外界对它的私有数据进行操作。

6. 答：所谓模型，就是为了理解事物而对事物作出的一种抽象，是对事物的一种无歧义的书面描述。通常，模型由一组图示符号和组织这些符号的规则组成，利用它们来定义和描述问题域中的术语和概念。更进一步讲,模型是一种思维工具,利用这种工具可以把知识规范地表示出来。

众所周知,在解决问题之前必须首先理解所要解决的问题。对问题理解得越透彻,就越容易解决它。在开发软件的过程中,为了更好地理解客户要求解决的问题,往往需要建立问题域的模型。

为了开发复杂的软件系统,系统分析员应该从不同角度抽象出目标系统的特性,使用精确的表示方法构造系统的模型,验证模型是否满足客户对目标系统的需求,并在设计过程中逐渐把和实现有关的细节加进模型中,直至最终用程序实现这个模型。对于那些因过分复杂而不能直接理解的系统,特别需要建立模型,建模的目的主要是为了降低复杂性。人的头脑每次只能处理少量信息,模型通过把系统的重要部分分解成人的头脑一次能处理的若干个子部分,从而减少了系统的复杂程度。

7. 答:面向对象方法模仿人类习惯的思维解题方法,用对象分解取代了功能分解,也就是把程序分解成一系列对象,每个对象都既有自己的数据,又有处理这些数据的方法。不同对象之间通过发送消息向对方提出服务要求,接受消息的对象主动完成指定功能提供所需要的服务。程序中所有对象分工协作,共同完成整个程序的功能。

从本题中给出的对这个简单图形程序的需求可以看出,这个程序中只涉及两类实体(即对象)——圆和弧。

从需求陈述中不难看出,圆的基本属性是圆心坐标和半径,弧的基本属性是圆心坐标、半径、起始角度和结束角度。但是,通常不可能在需求陈述中找到所有属性,还必须借助于领域知识和常识,才能分析得出所需要的全部属性。众所周知,一个图形既可以在屏幕上显示出来,也可以不显示出来。也就是说,一个图形可以处于两种可能的状态之一(可见或不可见)。因此,本问题中的圆和弧都应该再增加一个属性——可见性。

分析需求得知,圆和弧都应该提供在屏幕上"画自己"的服务。所谓画自己,就是用当前的前景颜色在屏幕上显示自己的形状。这个程序很简单,在需求陈述中只提出了这一项最基本的功能需求。但是,根据常识,一个图形既可以在屏幕上显示出来,也可以隐藏起来(实际上是用背景颜色显示)。既然已经设置了"可见性"这个属性来表明图形当前是否处于可见状态,自然也应该再提供"隐藏自己"这样一个服务。

此外,为了便于使用,通常对象的每个属性都是可以访问的。当然,可以访问并不是可以从对象外面随意读/写对象的属性,那样做将违反信息隐藏原理,也违背由对象主动提供服务而不是被动地接受处理的面向对象设计准则。所谓可以访问是指提供了读/写对象属性的服务。

综合上面的分析结果,可以用图6.2所示的类图形象地描绘程序中的两类对象。

从图6.2可以看出,圆和弧的许多属性和服务都是公共的。如果分别定义圆类和弧类,则这些公共的属性和服务需要在每个类中重复定义,这样做势必形成许多冗余信息。反之,如果让圆作为父类,弧作为从圆派生出来的子类,则在圆类中定义了圆心坐标、半径和可见性等属性之后,弧类就可以直接继承这些属性而无须再次重复定义它们,因此,在弧类中仅需定义本类特有的属性(起始角度和结束角度)。类似地,在圆类中定义了读/写

圆
圆心坐标 半径 可见性
读/写圆心坐标 读/写半径 读/写可见性 显示 隐藏

弧
圆心坐标 半径 起始角度 结束角度 可见性
读/写圆心坐标 读/写半径 读/写起始角度 读/写结束角度 读/写可见性 显示 隐藏

图 6.2　圆类和弧类

圆心坐标、读/写半径和读/写可见性等服务之后，在弧类中只需定义读/写起始角度和读/写结束角度等弧类特有的服务。需要注意的是，虽然在图 6.2 中圆类和弧类都有名字相同的服务“显示”和“隐藏”，但是它们的具体功能是不同的(显示或隐藏的图形形状不同)。因此，在把弧类作为圆类的子类之后，仍然需要在这两个类中分别定义“显示”和“隐藏”服务。

在这个简单程序中仅涉及圆和弧两类图形，当开发更复杂的图形程序时，将涉及更多的图形种类。但是，任何一种图形都有“坐标”和“可见性”等基本属性。当然，针对不同的图形，坐标的物理含义可能不同。例如，对圆来说指圆心坐标，对矩形来说指某个顶点的坐标。坐标和可见性实质上是屏幕上“点”的属性，如果把这两个基本属性抽取出来，放在点类中定义，并把点类作为各种图形类的公共父类，则不仅可进一步减少冗余信息，还能提高程序的可扩充性。相应地，读/写坐标和读/写可见性等服务也应该放在点类中定义。当然，点类中还应该定义它专用的显示和隐藏服务。

进一步分析“点”的属性可以看出，它们属于两类不同的基本信息：一类信息描述了点在哪里(坐标)；另一类信息描述了点的状态(可见性)。在上述两类信息中，坐标是更基本的信息。因此，可以定义一个更基本的基类“位置”，它仅仅拥有坐标信息，代表一个几何意义上的点。从位置类派生出屏幕上的点类，它继承了位置类中定义的每样东西(属性和服务)，并且加进了该类特有的新内容。

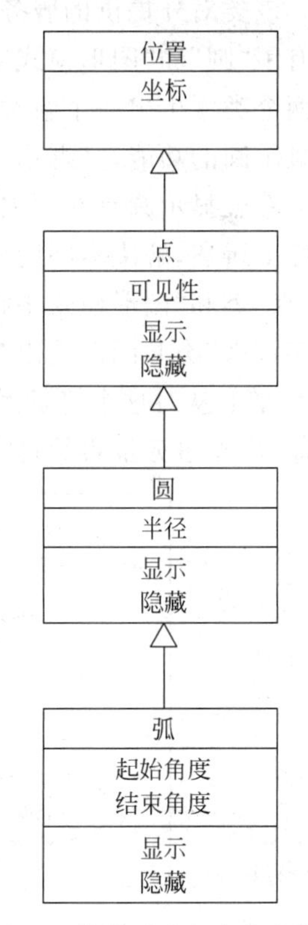

图 6.3　简单图形程序的类等级

图 6.3 所示类图描绘了通过上述分析、设计过程得出的类等级。为简明起见，图中没有列出读/写属性值的

常规服务。实际上,位置类提供读/写坐标服务,点类提供读/写可见性服务,圆类提供读/写半径服务,弧类提供读/写起始角度和读/写结束角度服务。

8. 答:解决这个问题的一个可能的方案是,在"圆"类中增加一个字符串类型的属性,并给"圆"类的服务"显示"加一段代码,使它不仅能在屏幕上显示圆,而且能在圆内显示字符串。虽然用面向对象的程序设计语言实现这个方案并不困难,但它不是一个理想的方案:字符串和圆是截然不同的两类实体,当考虑字符串时,想到的是字符串内容、字体、字号(字符大小)、对齐方式及其他一些可能的属性,它们中没有哪一个是与圆有关的。把两类不同实体的属性放在同一个类中,这样定义出的"综合"模块的独立性显然比较差。

当处理性质完全不同的功能时,更理想的方案是,首先建立一些"基础性"的基类,然后把若干个基础性基类的适当特征组合起来,利用多重继承机制派生出一个特定的派生类,使这个派生类具有所需要的综合功能。

在解答上一题时已经定义了圆类,它定义了圆的属性,并能提供在屏幕上显示圆的服务,可以认为圆类是关于图形圆的一个基础性的类。现在还需要再定义一个关于字符串的基础性的类,这个类的基本功能是:在图形模式下从指定的坐标开始,在屏幕上以指定的字体显示一个给定内容的字符串,字符的大小由字符串在屏幕上占用的长度决定。分析上述需求可知,"图形模式字符串"类的基本属性如下:位置(即坐标),字符串内容,显示字符串时的字体,显示字符串时占用的屏幕长度。在解答上一题时曾经定义了位置类,图形模式字符串的基本属性中又包含位置属性,显然应该从位置类派生出图形模式字符串类。该类对外提供的服务为,在屏幕的指定位置指定字体显示给定的字符串。

有了"圆"和"图形模式字符串"这样两个基础性的类之后,就可以利用多重继承机制从这两个类派生出一个新类,给这个派生类起名字为"圆内字符串",它既继承了圆类在屏幕上显示圆的功能,又继承了图形模式字符串类在图形模式下显示字符串的功能,从而具有在屏幕上显示圆且在圆内显示字符串的综合功能。

综上所述,解决本问题所用到的对象类及类之间的层次关系是:从"位置"类分别派生出"点"类和"图形模式字符串"类,然后由"点"类派生出"圆"类,最后由"圆"类和"图形模式字符串"类共同派生出"圆内字符串"类。

9. 答:从对这个订货系统的需求可以知道,仓库管理员通过放在仓库中的终端把零件入库/出库事务报告给订货系统,系统接收到事务信息之后应该处理事务;采购员需要使用订货系统提供的产生报表功能,以获取订货报表。综上所述,可以画出图6.4所示的用例图。

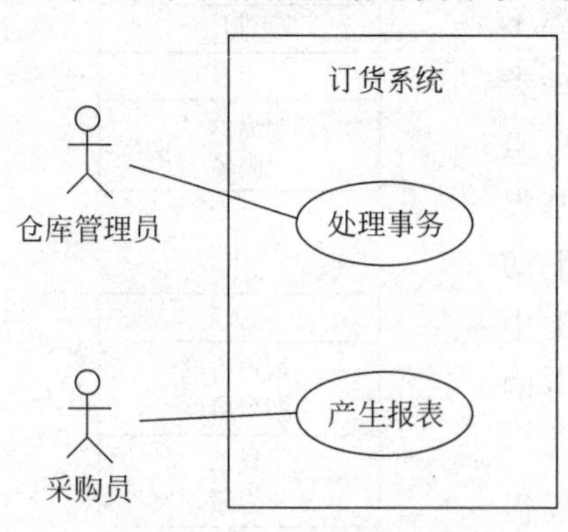

图6.4 订货系统用例图

10. 答:人类认识客观世界、解决现实问题的过程是一个渐进的过程。人的认识需要在继承以前的有关知识的基础上,经过多次反复才能逐步深化。在人的认识深化过程中,既包括从一般到特殊的演绎思维过程,也包括从特殊到一般的归纳思维过程。人在认识和解决复杂问题时使用的最强有力的思维工具是抽象,也就是在处理复杂对象时,为了达到某个分析目的而集中研究对象的与此目的有关的实质特性，暂时忽略对象的那些与此目的无关的特性。

面向对象方法学的出发点和基本原则就是分析、设计和实现一个软件系统的方法和过程，尽可能接近人们认识世界、解决问题的方法和过程，也就是使描述问题的问题空间和描述解法的解空间在结构上尽可能一致。也可以说，面向对象方法学的基本原则是按照人们习惯的思维方式建立问题域的模型，开发出尽可能直观、自然地表现求解方法的软件系统。面向对象的软件系统中广泛使用的对象是对客观世界中实体的抽象，对象实际上是抽象数据类型的实例，提供了理想的数据抽象机制，同时又具有良好的过程抽象机制(通过发消息使用公有成员函数)。对象类是对一组相似对象的抽象，类等级中上层的类是对下层类的抽象。因此，面向对象的环境提供了强有力的抽象机制，便于人们在利用计算机软件系统解决复杂问题时使用习惯的抽象思维工具。此外，面向对象方法学中普遍进行的对象分类过程支持从特殊到一般的归纳思维过程；面向对象方法学中通过建立类等级而获得的继承特性支持从一般到特殊的演绎思维过程。

面向对象的软件技术为开发者提供了随着对某个应用系统的认识逐步深入和具体化的过程，而逐步设计和实现该系统的可能性。因为可以先设计出由抽象类构成的系统框架，随着认识深入和具体化再逐步派生出更具体的派生类。这样的开发过程符合人们认识客观世界、解决复杂问题时逐步深化的渐进过程。

第 7 章　CHAPTER

面向对象分析

不论采用哪种方法学开发软件，分析过程都是提取系统需求的过程。分析工作主要包括下述三项内容：理解、表达和验证。首先，分析员通过与用户及领域专家的充分交流，力求充分理解用户需求和该应用领域的关键性背景知识。接下来用某种无二义性的方式把这种理解表达成文档资料。分析过程得出的最重要的文档资料是软件需求规格说明。面向对象分析的关键是识别出问题域内的类与对象，分析确定它们之间的关系，最终建立起问题域的对象模型、动态模型和功能模型，它们是软件需求规格的重要组成部分。

由于问题复杂，而且人与人之间的交流带有随意性和非形式化的特点，上述理解过程通常不能一次就达到理想的效果。因此，还必须进一步验证软件需求规格说明的正确性、完整性和有效性，如果发现了问题则进行修正。显然，需求分析过程是系统分析员与用户及领域专家反复交流和多次修正的过程。也就是说，理解和验证的过程通常交替进行，反复迭代，而且往往需要利用原型系统作为辅助工具。

7.1　面向对象分析的基本过程

7.1.1　概述

面向对象分析，就是抽取和整理用户需求并建立问题域精确模型的过程。

通常，面向对象分析过程从分析陈述用户需求的文件开始。需求陈述往往是不完整、不准确的。通过分析应该改正原始陈述中的二义性和不一致性，补充遗漏的内容。在分析需求陈述的过程中，分析员需要反复多次地与用户协商、讨论、交流信息，还应该了解现有的类似系统。快速建立起一个能在计算机上运行的原型系统，非常有助于分析员与用户之间的沟通，从而能更正确地提取出用户的需求。

接下来，分析员应该在深入理解用户需求的基础上，抽象出目标系统的本质属性,并用模型精确地表示出来。通过建立模型能够纠正在分析早期对问题域的误解。

在面向对象建模的过程中,分析员必须认真向领域专家学习。此外,还应该仔细研究以前针对相同的或类似的问题域进行面向对象分析得到的结果,这些结果在当前项目中往往有许多是可以重用的。

7.1.2 3个子模型与5个层次

面向对象建立起来的模型包含系统的3个要素,即静态结构(对象模型)、交互次序(动态模型)和数据变换(功能模型)。解决的问题不同,这3个子模型的重要程度也不同。几乎解决任何一个问题,都需要从客观世界实体及实体间相互关系抽象出极有价值的对象模型;当问题涉及交互作用和时序时,动态模型是重要的;解决运算量很大的问题,则涉及重要的功能模型。动态模型和功能模型中都包含了对象模型中的操作(即服务)。

复杂问题的对象模型通常由下述5个层次组成:主题层、类与对象层、结构层、属性层和服务层。它们一层比一层显现出对象模型的更多细节。

上述5个层次对应着在面向对象分析过程中建立对象模型的5项主要活动:找出类与对象、识别结构、识别主题、定义属性和定义服务。这5项工作完全没有必要顺序完成,也无须彻底完成一项工作以后再开始另外一项工作。

在概念上可以认为,面向对象分析大体上按照下列顺序进行:寻找类与对象,识别结构,识别主题,定义属性,建立动态模型,建立功能模型,定义服务。但是,分析工作不可能严格地按照预定顺序进行,大型复杂系统的模型需要反复构造多遍才能建成。通常,先构造出模型的子集,然后再逐渐扩充,直到充分地理解了整个问题,才能最终把完整的模型建立起来。

7.2 需求陈述

通常,需求陈述的内容包括问题范围、功能需求、性能需求、应用环境及假设条件等。总之,需求陈述应该阐明“作什么”而不是“怎样作”。它应该描述用户的需求而不是提出解决问题的方法。应该指出哪些是系统必要的性质,哪些是任选的性质。应该避免对设计策略施加过多的约束,也不要描述系统的内部结构,因为这样做将限制实现的灵活性。对系统性能及系统与外界环境交互协议的描述是合适的需求。此外,对采用的软件工程标准、模块构造准则、将来可能做的扩充以及可维护性要求等方面的描述也都是适当的需求。

书写需求陈述时,要尽力做到语法正确,而且应该慎重选用名词、动词、形容词和同义词。

系统分析员必须与用户及领域专家密切配合协同工作,共同提炼和整理用户需求。在这个过程中,很可能需要快速建立起原型系统,以便与用户更有效地交流。

7.3　建立对象模型

面向对象分析首要的工作是建立问题域的对象模型。这个模型描述了现实世界中的“类与对象”以及它们之间的关系，表示了目标系统的静态数据结构。静态数据结构对应用细节依赖较少，比较容易确定。当用户的需求变化时，静态数据结构相对来说比较稳定。因此，用面向对象方法开发绝大多数软件时，都首先建立对象模型，然后再建立另外两个子模型。

需求陈述、应用领域的专业知识以及关于客观世界的常识是建立对象模型时的主要信息来源。

7.3.1　确定类与对象

1. 找出候选的类与对象

对象是对问题域中有意义的事物的抽象，它们既可能是物理实体，也可能是抽象概念。具体地说，大多数客观事物可分为下述5类：

- 可感知的物理实体。
- 人或组织的角色。
- 应该记忆的事件。
- 两个或多个对象的相互作用，通常具有交易或接触的含义。
- 需要说明的概念。

在分析所要解决的问题时，可以参照上述5类常见事物，找出当前问题域内的候选对象。

另一种更简单的分析方法是所谓的非正式分析。这种分析方法以用自然语言书写的需求陈述为依据，把陈述中的名词作为对象的候选者，用形容词作为确定属性的线索，把动词作为服务(操作)的候选者。

2. 筛选出正确的类与对象

筛选时主要依据下列标准删除不正确的或不必要的对象。

(1) 冗余。如果两个名词(或名词短语)代表同样的事物，则应该仅保留在此问题域中最富于描述力的名称。

(2) 无关。现实世界中存在许多对象，不能把它们都纳入到系统中去，仅需要把与本问题密切相关的对象放在目标系统中。

(3) 笼统。在陈述需求时往往使用一些笼统的、泛指的名词，虽然在初步分析时把它们作为候选的对象列出来了，但是，要么系统无须记忆有关它们的信息，要么在需求陈述中有更明确、更具体的名词对应它们所暗示的事物，因此，通常把这些笼统的或模糊的对象去掉。

(4) 属性。在需求陈述中有些名词实际上描述的是其他对象的属性，应该把这些名词从候选对象中去掉。当然,如果某个性质具有很强的独立性,则应该把它作为对象而不是作为属性。

(5) 操作。在需求陈述中,有时可能使用一些既可作为名词,又可作为动词的词,应该慎重考虑它们在本问题中的含义,以便正确地决定把它们作为对象还是作为对象的操作。一般来说,本身具有属性需要独立存在的操作应该作为对象;反之,则应该作为对象的操作。

(6) 实现。在分析阶段不应该过早地考虑怎样实现目标系统。因此,应该去掉仅和实现有关的候选对象。

7.3.2 确定关联

两个或多个对象之间相互作用、相互依赖的关系就是关联。在分析确定关联的过程中,不必花过多精力去区分关联和聚集。

1. 初步确定关联

在需求陈述中使用的描述性动词或动词词组通常表示关联关系。因此,在初步确定关联时,大多数关联可以通过直接提取需求陈述中的动词词组而得出。通过分析需求陈述还能发现一些在陈述中隐含的关联。最后,分析员还应该与用户及领域专家讨论问题域实体间的相互依赖、相互作用关系,根据领域知识再进一步补充一些关联。

2. 筛选

经初步分析得出的关联只能作为候选的关联,还需经过进一步筛选,以去掉不正确的或不必要的关联。筛选时主要根据下述标准删除候选的关联。

(1) 已删除的对象之间的关联。如果在分析确定对象的过程中已经删掉了某个候选对象,则与这个对象有关的关联也应该删除,或用其他对象重新表达这个关联。

(2) 与问题无关的或应在实现阶段考虑的关联。应该把处在本问题域之外的关联或与实现密切相关的关联删除。

(3) 瞬时事件。关联应该描述问题域的静态结构,而不应该描述一个瞬时事件。

(4) 三元关联。三个或三个以上对象之间的关联,大多可以分解为二元关联。

(5) 派生关联。应该删掉那些可以用其他关联定义的冗余关联。

3. 改进

通常从下述几个方面改进经筛选后余下的关联。

(1) 正名。应该仔细选择含义更明确的名字作为关联名。

(2) 分解。为了能适用于不同的关联,必要时应该分解以前确定的类与对象。

(3) 补充。发现了遗漏的关联就应该及时补上。

(4) 标明重数。应该初步判定各个关联的类型,并粗略地确定关联的重数。

7.3.3　划分主题

在开发很小的系统时，可能根本无须引入主题层；对于含有较多对象的系统，则往往先识别出类与对象和关联，然后划分主题，并用它作为指导开发者和用户观察整个模型的一种机制；对于规模极大的系统，则首先由高级分析员粗略地识别对象和关联，然后初步划分主题，经进一步分析，对系统结构有更深入的了解之后，再进一步修改和精炼主题。

应该按问题领域而不是用功能分解方法来确定主题。此外，应该按照使不同主题内的对象相互间依赖和交互最少的原则来确定主题。

7.3.4　确定属性

1. 分析

通常，在需求陈述中用名词词组表示属性（例如，汽车的颜色），用形容词表示可枚举的具体属性。但是，不可能在需求陈述中找出全部属性，分析员还必须借助于领域知识和常识才能分析得出需要的属性。

属性的确定既与问题域有关，也和目标系统的任务有关。应该仅考虑与具体应用密切相关的属性，不要考虑那些超出所要解决的问题范围的属性。

2. 选择

认真考察经初步分析而确定下来的那些属性，从中删掉不正确的或不必要的属性。通常有以下几种常见情况。

(1) 误把对象当作属性。如果某个实体的独立存在比它的值更重要，则应把它作为一个对象而不是对象的属性。在具体应用领域中具有自身性质的实体必然是对象。

(2) 误把关联类的属性当作一般对象的属性。如果某个性质依赖于某个关联链的存在，则该性质是关联类的属性。

(3) 把限定误当成属性。如果把某个属性值固定下来以后能减少关联的重数，则应该把这个属性重新表述成一个限定词。

(4) 误把内部状态当成了属性。如果某个性质是对象的非公开的内部状态，则应该从对象模型中删掉这个属性。

(5) 过于细化。在分析阶段应该忽略那些对大多数操作都没有影响的属性。

(6) 存在不一致的属性。类应该是简单而且一致的。如果得出一些看起来与其他属性毫不相关的属性，则应该考虑把该类分解成两个不同的类。

7.3.5　识别继承关系

确定了类中应有的属性之后，就可以利用继承机制共享公共性质并对系统中众多的类加以组织。继承关系的建立实质上是知识抽取过程，它应该反映出一定深度的领域知识，因此必须有领域专家密切配合才能完成。

可以使用下述两种方法建立继承关系。

(1) 自底向上。抽象出现有类的公共属性泛化出父类，这个过程实质上模拟了人类的归纳思维过程。

(2) 把现有类细化成更具体的子类，这模拟了人类的演绎思维过程。

使用多重继承机制时，通常应该指定一个主要父类，从它继承大部分属性和行为，次要父类再补充一些属性和行为。

7.3.6 反复修改

仅仅经过一次建模过程很难得到完全正确的对象模型。事实上，软件开发过程就是一个多次反复修改、逐步完善的过程。在建模的任何一个步骤中，如果发现了模型的缺陷都必须返回到前期阶段进行修改。由于面向对象的概念和符号在整个开发过程中都是一致的，因此远比使用结构化分析和设计技术更容易实现反复修改及逐步完善的过程。

实际上，有些细化工作(例如，定义服务)是在建立了动态模型和功能模型之后才进行的。

7.4 建立动态模型

建立动态模型的第一步是编写典型交互行为的脚本。虽然脚本中不可能包括每个偶然事件，但是，至少必须保证不遗漏常见的交互行为。第二步是从脚本中提取出事件，确定触发每个事件的动作对象以及接受事件的目标对象。第三步是排列事件发生的次序，确定每个对象可能有的状态及状态间的转换关系，并用状态图描绘它们。第四步是比较各个对象的状态图，检查它们之间的一致性，确保事件之间的匹配。

7.4.1 编写脚本

所谓"脚本"，原意是指"表演戏曲、话剧、拍摄电影、电视剧等所依据的本子，里面记载台词、故事情节等"。在建立动态模型的过程中，脚本是指系统在某一执行期间内出现的一系列事件。脚本描述用户(或其他外部设备)与目标系统之间的一个或多个典型的交互过程，以便对目标系统的行为有更具体的认识。编写脚本的目的是保证不遗漏重要的交互步骤，它有助于确保整个交互过程的正确性和清晰性。

脚本描写的范围并不是固定的，既可以包括系统中发生的全部事件，也可以只包括由某些特定对象触发的事件。脚本描写的范围主要由编写脚本的具体目的决定。

即使在需求陈述中已经描写了完整的交互过程，也还需要花很大精力构思交互的形式。编写脚本的过程实质上就是分析确定用户对系统交互行为的要求的过程。在编写脚本的过程中，应该与用户充分交换意见，编写后还需要经过用户审查与修改。

编写脚本时，首先编写正常情况的脚本。然后，考虑特殊情况，例如输入或输出的数据为最大值(或最小值)。最后，考虑出错情况，例如，输入的值为非法值或响应失败。

脚本描述事件序列。每当系统中的对象与用户(或其他外部设备)交换信息时，就发生一个事件。所交换的信息值就是该事件的参数(例如，"输入密码"事件的参数是所输入的密码)。也有许多事件是无参数的,这样的事件仅传递一个信息——该事件已经发生了。

对于每个事件,都应该指明触发该事件的动作对象(例如,系统、用户或其他外部事物)、接受事件的目标对象以及该事件的参数。

7.4.2　画事件跟踪图

完整、正确的脚本为建立动态模型奠定了必要的基础。但是,用自然语言书写的脚本往往不够简明,而且有时在阅读时会有二义性。为了有助于建立动态模型,通常在画状态图之前先画出事件跟踪图。为此首先需要进一步明确事件及事件与对象的关系。

1. 确定事件

应该仔细分析每个脚本,以便从中提取出所有外部事件。事件包括系统与用户(或外部设备)交互的所有信号、输入、输出、中断和动作等。从脚本中容易找出正常事件,但是,应该小心仔细,不要遗漏了异常事件和出错条件。

传递信息的对象的动作也是事件。对象相互之间的交互行为多数都对应着事件。

应该把对控制流产生相同效果的那些事件组合在一起作为一类事件,并给它们取一个唯一的名字。但是,必须把对控制流有不同影响的那些事件区分开来,不要误把它们组合在一起。

经过分析,应该区分出每类事件的发送对象和接受对象。一类事件相对它的发送对象来说是输出事件,但是相对它的接受对象来说则是输入事件。有时一个对象把事件发送给自己,在这种情况下,该事件既是输出事件又是输入事件。

2. 画出事件跟踪图

从脚本中提取出各类事件并确定了每类事件的发送对象和接受对象之后,就可以用事件跟踪图把事件序列以及事件与对象的关系形象、清晰地表示出来。事件跟踪图实质上是扩充的脚本,也可以认为它是 UML 顺序图的简化形式。

在事件跟踪图中,一条竖线代表一个对象,每个事件用一条水平的箭头线表示,箭头方向从事件的发送对象指向接受对象。时间从上向下递增,也就是说,画在最上面的水平箭头线代表最先发生的事件,画在最下面的水平箭头线所代表的事件最后发生。箭头线之间的间距并没有具体含义,图中仅用箭头线在垂直方向上的相对位置表示事件发生的先后,并不表示两个事件之间的精确时间差。

7.4.3　画状态图

状态图描绘事件与对象状态的关系。当对象接受了一个事件以后,它的下个状态取决于当前状态及所接受的事件。由事件引起的状态改变称为"转换"。如果一个事件并不引起当前状态发生转换,则可忽略这个事件。

通常,用一张状态图描绘一类对象的行为,它指明了由事件序列引出的状态序列。但是,并非任何一类对象都需要一张状态图描绘它的行为。很多对象仅响应与过去历史无关的那些输入事件,对于这类对象来说,状态图是不必要的。

从一张事件跟踪图出发画状态图时,应该集中精力仅考虑影响一类对象的事件,也就是说,仅考虑事件跟踪图中指向某条竖线的那些箭头线。把这些事件作为状态图中的有向边(即箭头线),在有向边上标上事件名。两个事件之间的间隔就是一个状态。一般来说,如果同一个对象对相同事件的响应不同,则这个对象处于不同状态。应该给每个状态取一个有意义的名字。通常,从事件跟踪图中当前考虑的竖线射出的箭头线,是这条竖线代表的对象到达某个状态时的行为(往往是导致另一类对象状态转换的事件)。

根据一张事件跟踪图画出状态图之后,再把其他脚本的事件跟踪图合并到已画出的状态图中。为此需要在状态图中找出以前考虑过的分支点,然后把其他脚本中的事件序列插入到已有的状态图中,作为一条可选的路径。

考虑完正常事件之后再考虑边界情况和特殊情况,其中包括在不适当时候发生的事件(例如,系统正在处理某个事务时,用户要求取消该事务)。有时用户(或外部设备)不能作出快速响应,然而某些资源又必须及时收回,于是在一定间隔后就产生了"超时"事件。对用户出错情况往往需要花费很多精力处理,并且会使原来清晰、紧凑的程序结构变得复杂、烦琐,但是,出错处理是不能省略的。

当状态图覆盖了所有脚本,包含了影响某类对象状态的全部事件时,该类的状态图就构造出来了。

7.4.4 审查动态模型

各个类的状态图通过共享事件合并起来,构成了系统的动态模型。在完成了每个具有重要交互行为的类的状态图之后,应该检查系统级的完整性和一致性。一般来说,每个事件都应该既有发送对象又有接受对象,当然,有时发送者和接收者是同一个对象。对于没有前驱或没有后继的状态应该着重审查,如果这个状态既不是交互序列的起点也不是终点,则发现了一个错误。

应该审查每个事件,跟踪它对系统中各个对象所产生的效果,以保证它们与每个脚本都匹配。

7.5 建立功能模型

功能模型描述软件系统的数据处理功能,最直接地反映了用户对系统的需求。通常,功能模型由一组数据流图或一组用例图组成,其中的数据处理功能可以用IPO图(表)、PDL语言等多种方式进一步描述。

一般来说,应该在建立了对象模型和动态模型之后再建立功能模型。

7.6 定义服务

为建立完整的对象模型,既要确定类中应该定义的属性,又要确定类中应该定义的服务。通常需要等到建立了动态模型和功能模型之后才能最终确定类中应有的服务,因为这两个子模型更明确地指出了每个类应该提供哪些服务。事实上，在确定类中应有的服务时，既要考虑该类实体的常规行为，又要考虑在本系统中特殊需要的服务。

1. 常规操作

在分析阶段可以认为，类中定义的每个属性都是可以访问的，也就是说，假设在每个类中都定义了读/写该类每个属性的操作。但是，通常无须在类图中显式表示这些常规操作。

2. 从事件导出的操作

状态图中发往对象的事件也就是该对象接收到的消息，因此该对象必须提供由消息选择符指定的操作，这个操作修改对象状态（即属性值）并启动相应的服务。所启动的服务通常就是接受事件的对象在相应状态的行为。

3. 与处理或用例对应的操作

数据流图中的每个处理或用例图中的每个用例都与一个对象（也可能是若干个对象）所提供的操作相对应。应该把数据流图或用例图与状态图仔细对照，以便更正确地确定对象应该提供的服务。

4. 利用继承减少冗余操作

应该尽量利用继承机制以减少所需定义的服务数目。只要不违背领域知识和常识，就尽量抽取出相似类的公共属性和操作，以建立这些类的新父类，并在类等级的不同层次中正确地定义各个服务。

习　题

1. 应该依据什么准则来评价用例图？
2. 应该依据什么准则来评价脚本？
3. 应该依据什么准则来评价状态图？
4. 用非正式分析法分析确定下述杂货店问题中的对象。

一家杂货店想使其库存管理自动化。这家杂货店拥有能够记录顾客购买的所有商品的名称和数量的销售终端。顾客服务台也有类似的终端，以处理顾客的退货。它在码头有另一个终端处理供应商发货。肉食部和农产品部有终端用于输入由于损耗导致的损失和折扣。

5. 确定第4题所述杂货店问题中对象类之间可能有的继承关系。
6. 建立下述牙科诊所管理系统的对象模型。

王大夫在小镇上开了一家牙科诊所。他有一个牙科助手、一个牙科保健员和一个接待员。王大夫需要一个软件系统来管理预约。

当病人打电话预约时，接待员将查阅预约登记表，如果病人申请的就诊时间与已定下的预约时间冲突,则接待员建议一个就诊时间以安排病人尽早得到诊治。如果病人同意建议的就诊时间,接待员将输入约定时间和病人的名字。系统将核实病人的名字并提供记录的病人数据,数据包括病人的病历号等。在每次治疗或清洗后,助手或保健员将标记相应的预约诊治已经完成,如果必要的话会安排病人下一次再来。

系统能够按病人姓名和按日期进行查询,能够显示记录的病人数据和预约信息。接待员可以取消预约,可以打印出前两天预约尚未接诊的病人清单。系统可以从病人记录中获知病人的电话号码。接待员还可以打印出关于所有病人的每天和每周的工作安排。

7. 建立第 6 题所述牙科诊所管理系统的用例模型。

8. 用数据流图建立第 6 题所述牙科诊所管理系统的功能模型。

9. 写出第 6 题所述牙科诊所管理系统的脚本。

10. 画出第 6 题所述牙科诊所管理系统的状态图。

习题解答

1. 答:用例图是从用户的观点来描述系统的功能,因此,必须包含用户关心的所有关键功能。

2. 答:脚本必须从用户的观点来描述每个重要的功能序列,因此,脚本应该能够说明系统的一类重要功能或具体的使用方法。

3. 答:状态图应该描绘所有可能的状态转换。图中每条弧都要有一个引起状态转换的事件。从开始结点(初态)到每个结点(中间状态)以及从每个结点到最终结点(终态)都必须有一条路径。

4. 答:非正式分析也称为词法分析,这种方法把用自然语言书写的需求陈述中的名词作为候选的对象。

从对杂货店问题的描述中可以找出下列名词作为对象的候选者:

杂货店,库存,顾客,商品,名称,数量,销售终端,服务台,终端,退货,码头,供应商,发货,肉食部,农产品部,损耗,损失,折扣。其中,“退货”粗看起来是动词,好像应该作为操作的候选者,但是,经仔细分析可知,退货包含货物名称、数量、价格等属性,实际上是一类对象。类似地,“发货”也应该作为一类对象。

词法分析仅仅帮助我们找到一些候选的对象,接下来应该严格考察每个候选对象,从中删除不正确的或不必要的,只保留确实应该记录其信息或需要其提供服务的那些对象。

具体说到杂货店问题,“名称”和“数量”实际上是顾客所购买商品的属性,不是独立存在的对象;“销售终端”和“终端”是同样的硬件设备,使用统一的名字“终端”就可以了;“服务台”和“码头”是放置某些终端的地点,它们与本软件关系不大,应该删掉;“肉食部”和“农产品部”是杂货店的两个部门,本软件并不处理杂货店的组织管理问题,因此,它们不是本问题域中的对象,但是,从这两个部门可以想到,杂货店有“肉食品”和“农产品”这样两类特殊的商品,应该把这两类商品作为问题域中的两类对象。“损耗”是导致损失和折扣的原因,不是独立的对象。

综上所述,杂货店问题域中的对象有:

杂货店，库存，顾客，商品，终端，退货，供应商，发货，肉食品，农产品，损失，折扣。

5. 答：继承关系是“A_KIND_OF”(“是一种”)关系，也就是说，基类是公共的对象类，派生类是一种特殊的基类。

通常，有两种常用的方法可以确定问题域中对象类之间可能存在的继承关系。

(1) 自顶向下方法通过研究已知的对象类在问题域中的行为和作用，找出在某些情况下需要特殊处理并且具有特殊属性的对象，从而把现有的对象类细化成更具体的子类。

(2) 自底向上方法与自顶向下方法相反，这种方法对类似的对象类进行分组，然后寻找它们之间的共性，所有相似的类的交集构成基类。也就是说，自底向上方法抽象出某些相似的类的共同特性(属性和操作)，泛化出父类。

具体到杂货店问题，自顶向下方法有助于使人们认识到销售肉食品和销售农产品的方法并不相同，它们是两类不同的商品。因此，应该把商品作为父类，把肉食品和农产品作为由它派生出的子类。如果询问杂货店经理，还能知道更多的商品种类，也就是说，可以确定商品类的更多派生类。

使用自底向上方法可以发现，“损失”、“折扣”、“退货”、“商品”等对象类有共同性质(例如名称、数量、金额)，因此，应该设立一个基类“交易”，从它派生出具体的交易类。

图 7.1 描绘了杂货店问题域中类之间的继承关系。

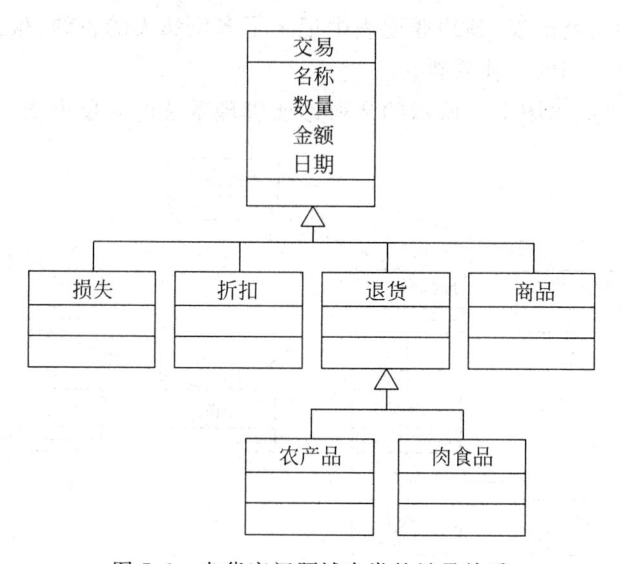

图 7.1 杂货店问题域中类的继承关系

在图 7.1 中仅画出了存在继承关系的那些类，没有画出没有继承关系的类。

6. 答：从对牙科诊所问题的陈述中，可以找出下列名词作为对象的候选者：

王大夫，小镇，牙科诊所，牙科助手，牙科保健员，接待员，软件系统，预约，病人，预约登记表，就诊时间，预约时间，约定时间，系统，名字，记录的病人数据，病历号，姓名，日期，预约信息，病人清单，病人记录，电话号码，每天工作安排，每周工作安排。

通常，通过词法分析找到的候选对象中有许多并不是问题域中真正有意义的对象，因此，必须对这些候选对象进行严格的筛选，从中删除不正确的或不必要的，只保留确实应该记录其信息或需要其提供服务的那些对象。

具体说到牙科诊所问题,“王大夫”只不过是牙医的一个实例,实际上,本软件系统的主要功能是管理病人的预约,并不关心诊所内每名工作人员的分工,因此,牙医、牙科助手、牙科保健员和接待员都不是问题域中的对象;“小镇”是牙科诊所的地址属性,不是独立的对象;“软件系统”和“系统”是同义词,指的是将要开发的软件产品,不是问题域中的对象;“就诊时间”、“预约时间”和“约定时间”在本问题陈述中的含义相同,指的都是预约的就诊时间,实际上,预约的就诊时间既包括日期又包括时间,但是,它们是预约登记表包含的属性,不是问题域中独立的对象;“名字”和“姓名”是同义词,应该作为病人和预约登记表的属性;“记录的病人数据”实际上就是“病人记录”,可以统一使用“病人记录”作为对象名;“病历号”和“电话号码”是病人记录的属性,不是独立的对象;从问题陈述可知,“病人清单”是已预约但尚未就诊的病人名单,应该包含病人姓名、预约的就诊时间等内容,它和“预约信息”包含的内容基本相同,可以只保留“病人清单”作为问题域中的对象。

接下来分析确定问题域中对象彼此之间的关系。“每天工作安排”和“每周工作安排”有许多共同点,可以从它们泛化出一个父类“工作安排”。此外,问题域的对象之间还有下述关联关系:牙科诊所诊治多名病人;一位病人有一份病人记录;一位病人可能预约多次也可能一次也没预约;牙科诊所在一段时间内将打印出多份病人清单;牙科诊所开业以来已经建立了多份预约登记表;预约登记表中记录了多位病人的预约;根据预约登记表在不同时间可以制定出不同的工作安排。

综上所述,可以画出图7.2所示的牙科诊所管理系统的对象模型。

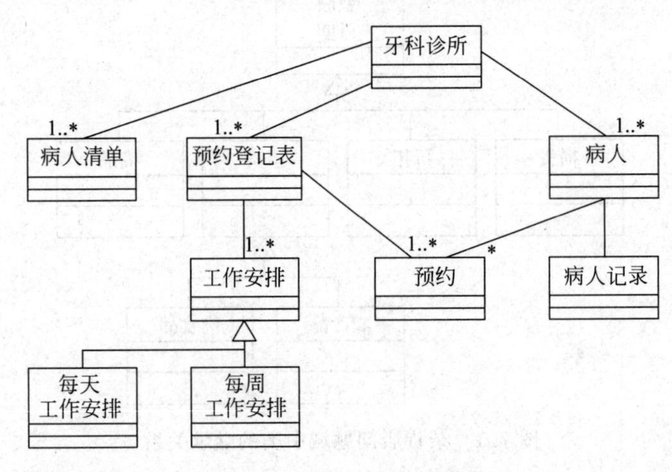

图7.2 牙科诊所对象模型

7. 答:用例图从用户角度描述系统的功能,它必须包含用户关心的所有关键功能。用户通常就是用例图中的行为者。为了画出系统的用例图,首先应该找出系统的用户,然后根据用户对系统功能的需求确定用例。

从对牙科诊所问题的陈述可知,接待员负责处理病人预约事务,为此他需要访问预约登记表和病人记录,接待员也可以取消预约,此外,接待员还可以根据预约登记表打印出关于所有病人的每天和每周的工作安排,牙医将按照工作安排诊治病人;在病人就诊后,助手或保健员将标记相应的预约诊治已完成，必要时还将安排病人下次再来，也就是说，他们将更新预约登记表的内容；系统能够按照病人姓名和日期查询预约信息，这项功能需求虽然没有指明行为者，但是这并不意味着没有行为者也可以有用例。事实上，一个用例至少必须与一个行为者相关联，可以认为“查询预约”这个用例的行为者是牙科诊所的职员。在牙科诊所问题中，没有必要区分接待员、助手和保健员在业务工作中扮演的不同角色，可以把他们统称为职员。

综上所述，可以画出图7.3所示的牙科诊所管理系统的用例图。

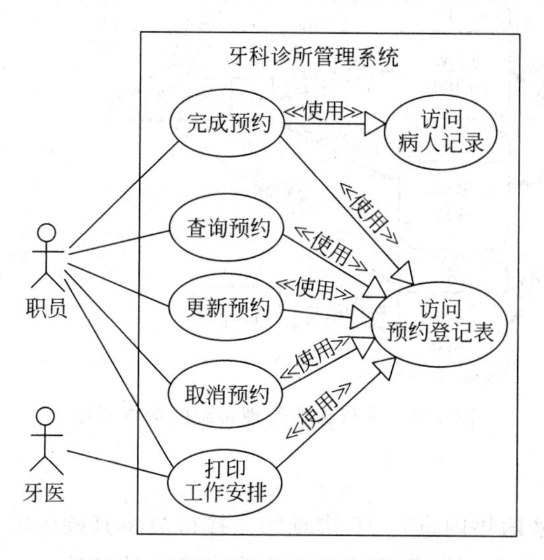

图7.3 牙科诊所管理系统的用例图

8. 答：从牙科诊所管理系统的需求陈述得知，当进行预约时病人提供姓名、希望的就诊日期等数据，系统查询预约登记表，以确定一个有效的就诊日期；此外，系统还将查询病人记录以获得病历号等病人数据。在每次预约诊治完成之后，应该更新预约登记表，以标记相应的预约诊治已经完成，必要时将约定下次就诊日期。诊所职员可以按照病人姓名和日期查询预约信息，也可以取消预约。此外，系统可以打印出每天和每周的工作安排给牙医。

根据上述的系统功能，可以画出图7.4所示的牙科诊所管理系统的数据流图。

9. 答：脚本从用户角度描述系统典型的工作过程。根据对牙科诊所管理系统的需求，至少可以设想出下述三个脚本。

(1) 正常情况

病人甲请求预约。系统识别出病人的名字。系统建议一个就诊时间。病人同意该时间，接待员输入该预约。在预约的就诊日期到来之前两天，系统输出一份包含病人姓名和电话号码等信息的提醒清单。接待员打电话提醒病人。病人如约到来。治疗完之后，牙医助手安排该病人的下一次预约。

(2) 新病人

病人乙请求预约。系统不认识该病人的名字，必须把该病人的信息输入到病人记录系统中并为他建立一个记录。

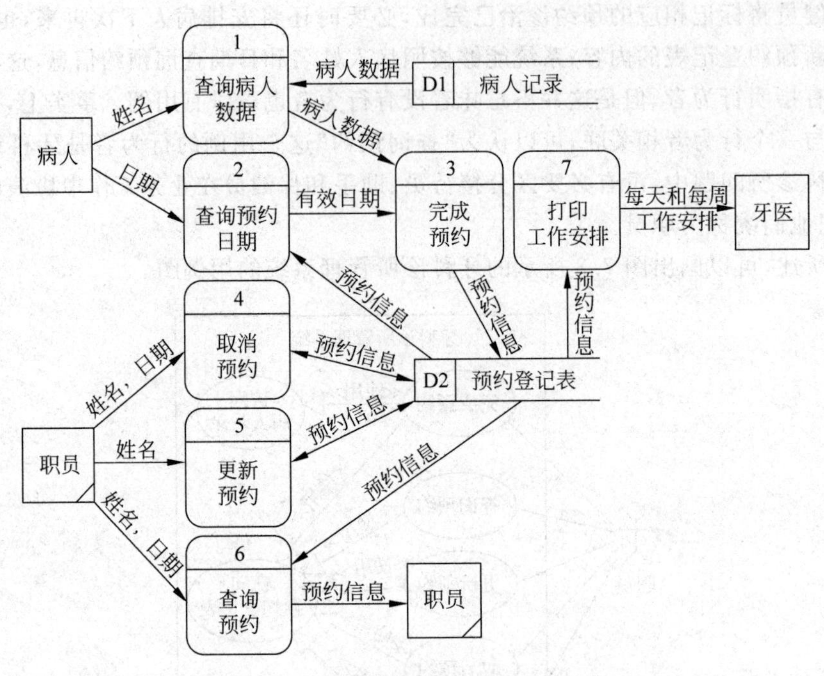

图 7.4 牙科诊所管理系统的数据流图

(3) 多个预约

病人丙请求在未来两年内进行16次预约。接待员将其姓名输入到系统中，系统提出建议的预约就诊时间，病人同意后接待员输入病人认可的预约。

10. 答：状态图描绘系统可能有的状态转换。牙科诊所管理系统的主要功能是实现病人预约，根据需求陈述和在第9题解答中给出的脚本，可以画出图7.5所示的牙科诊所管理系统状态图。图中把除了完成病人预约之外的事务笼统地称为日常事务。

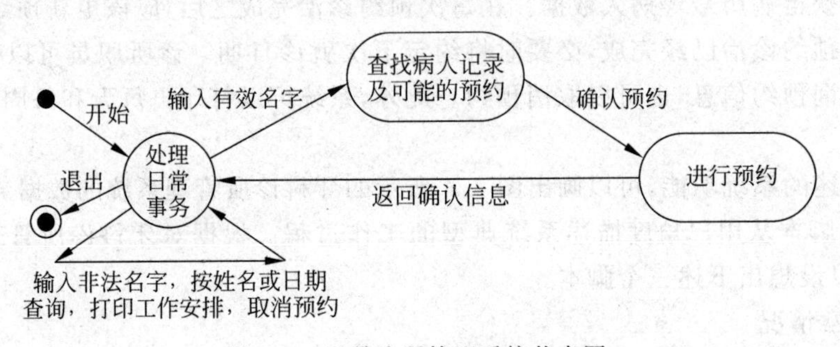

图 7.5 牙科诊所管理系统状态图

第8章 面向对象设计

CHAPTER

设计是把分析阶段得到的对目标系统的需求转变成符合成本和质量要求的、抽象的系统实现方案的过程。从面向对象分析到面向对象设计是一个逐渐扩充模型的过程，或者说，面向对象设计就是用面向对象观点建立求解域模型的过程。实际上，分析和设计活动是一个多次反复迭代的过程。面向对象方法学在概念和表示方法上的一致性保证了在各项开发活动之间的平滑过渡，这是面向对象方法的一大优点。

8.1 面向对象设计的准则

1. 模块化

对象是面向对象软件系统中的模块，它是把数据结构和操作这些数据的方法紧密地结合在一起所构成的模块。

2. 抽象

面向对象的程序设计语言不仅支持过程抽象，而且支持数据抽象，对象类实际上是具有继承机制的抽象数据类型。此外，某些面向对象的程序设计语言还支持参数化抽象。

3. 信息隐藏

在面向对象的软件中，信息隐藏通过对象的封装来实现：类结构分离了接口与实现，从而支持了信息隐藏。

4. 弱耦合

一般来说，对象之间的耦合可分为两大类，下面分别讨论这两类耦合。

(1) 交互耦合。如果对象之间的耦合通过消息连接来实现，则这种耦合就是交互耦合。为使交互耦合尽可能松散，应该遵守下述准则。

- 尽量降低消息连接的复杂程度。应该尽量减少消息中包含的参数个数,降低参数的复杂程度。

- 减少对象发送(或接收)的消息数。

(2) 继承耦合。与交互耦合相反,应该提高继承耦合程度。继承是一般类与特殊类之间耦合的一种形式。从本质上看,通过继承关系结合起来的基类和派生类构成了系统中粒度更大的模块,因此,它们彼此之间应该结合得越紧密越好。

为获得紧密的继承耦合,特殊类应该是对它的一般类的具体化。

5. 强内聚

在面向对象的软件中存在下述三种内聚。

(1) 服务内聚。一个服务应该完成一个且仅完成一个功能。

(2) 类内聚。设计类的准则是,一个类应该只有一个用途,它的属性和服务应该是高内聚的。也就是说,类的属性和服务应该全都是完成该类对象的任务所必需的,其中不包含无用的属性或服务。

实际上,对于面向对象软件来说,最佳的内聚是信息性内聚。如果一个模块可以完成许多相关的操作,每个操作都有各自的入口点,它们的代码相对独立,而且所有操作都在相同的数据结构上完成,则该模块具有信息性内聚。

(3) 一般—特殊内聚。设计出的一般—特殊结构应该是对相应的领域知识的正确抽取。一般说来,紧密的继承耦合与高度的一般—特殊内聚是一致的。

6. 可重用

软件重用是提高软件开发生产率和目标系统质量的重要途径。重用基本上从设计阶段开始。重用有两方面的含义:一是尽量使用已有的类(包括开发环境提供的类库,以及以往开发类似系统时创建的类);二是如果确实需要创建新类,则在设计这些新类的协议时应该考虑将来的可重复使用性。

8.2 启发规则

1. 设计结果应该清晰易懂

保证设计结果清晰易懂的主要措施如下。

(1) 用词一致。应该使名字与它所代表的事物一致,而且应该尽量使用人们习惯的名字。不同类中相似服务的名字应该相同。

(2) 使用已有的协议。如果开发同一软件的其他设计人员已经建立了类的协议,或者在所使用的类库中已有相应的协议,则应该使用这些已有的协议。

(3) 减少消息模式的数目。如果已有标准的消息协议,设计人员应该遵守这些协议。如果的确需要自己建立消息协议,则应该尽量减少消息模式的数目,只要可能,就使消息具有一致的模式,以利于读者理解。

(4) 避免模糊的定义。一个类的用途应该是有限的,而且应该从类名可以较容易地推想出它的用途。

2. 一般—特殊结构的深度应适当

应该使类等级中包含的层次数适当。一般来说，在一个中等规模(大约包含100个类)的系统中，类等级层次数应保持为7±2。不应该仅仅从方便编码的角度出发随意创建派生类，应该使一般—特殊结构与领域知识或常识保持一致。

3. 设计简单的类

经验表明，如果一个类的定义不超过一页纸(或两屏)，则这个类比较容易使用。为使类保持简单，应该做到以下几点。

(1) 不要包含过多的属性。

(2) 有明确的定义。为使类的定义明确，分配给每个类的任务应该简单。

(3) 简化对象之间的合作关系。

(4) 不要提供太多的服务。

4. 使用简单的协议

一般来说，消息中的参数不要超过3个。

5. 使用简单的服务

通常，类中的服务都很小，可以用仅含一个动词和一个宾语的简单句子描述它的功能。

6. 把设计变动减至最小

8.3 软件重用

8.3.1 概述

1. 重用的概念

重用也称为再用或复用，是指同一事物不经修改或稍加改动就多次重复使用。软件重用主要指软件成分重用。

2. 软件成分的重用级别

软件成分的重用可以进一步划分成以下三个级别。

(1) 代码重用。

(2) 设计结果重用。重用某个软件系统的设计模型(即求解域模型)。这个级别的重用有助于把一个应用系统移植到完全不同的软硬件平台上。

(3) 分析结果重用。重用某个软件系统的分析模型(即问题域模型)。这类重用特别适用于系统需求未变,但系统体系结构发生了根本变化的场合。

3. 典型的可重用软件成分

可能被重用的软件成分主要有以下10种。

(1) 项目计划。

(2) 成本估计。

(3) 体系结构。

(4) 需求模型和规格说明。

(5) 设计结果。

(6) 源代码。

(7) 用户文档和技术文档。

(8) 用户界面。

(9) 数据。

(10) 测试用例。

8.3.2 类构件

1. 可重用的软件构件应具有的特点

(1) 模块独立性强且可靠性高。

(2) 具有高度可塑性,也就是说,必须提供扩充或修改已有构件的机制,而且所提供的机制必须使用起来非常简单方便。

(3) 接口清晰、简明、可靠,而且有详尽的文档说明。

2. 类构件的重用方式

(1) 实例重用。除了用已有的类为样板直接创建该类的实例之外,还可以用几个简单的对象作为类的成员创建出一个更复杂的类,这是实例重用的另一种形式。

(2) 继承重用。当已有的类构件不能通过实例重用方式满足当前系统的需求时,利用继承机制从已有类派生出符合需要的子类,是安全修改已有的类构件并获得可在当前系统中使用的类构件的有效手段。

(3) 多态重用。为提高软件的可重用性,在设计类构件时应该把注意力集中在下列这些可能妨碍重用的操作上。

① 与表示方法有关的操作。

② 与数据结构、数据大小等因素有关的操作。

③ 与外部设备有关的操作。

④ 实现算法在将来可能会改变的核心操作。

如果在设计时不采取适当措施,上述这些操作将妨碍类构件的重用。因此,必须把它们从类的一般操作中分离出来作为“适配接口”。在设计类构件时应该把作为“适配接口”的操作说明为多态操作(例如,C++ 语言中的虚函数),类中其他操作通过调用适当的多态操作来完成自己的功能。当已有的类构件不能通过实例重用方式在当前系统中重用时,可以从已有类派生出子类,在子类中只需重新定义某些多态操作即可满足当前系统的需求。

8.3.3　软件重用的效益

研究表明,通过积极的软件重用,软件产品的质量、开发生产率和整体成本都能得到改善。

8.4　系统分解

采用面向对象方法设计软件系统时,设计模型(即求解域的对象模型)与分析模型(即问题域的对象模型)一样,也由主题、类、结构、属性和服务5个层次组成。这5个层次一层比一层表示的细节更多,可以把这5个层次想象为整个模型的5个水平切片。此外,大多数系统的面向对象设计模型在逻辑上都由4大部分组成。这4大部分对应于组成目标系统的4个子系统,它们分别是问题域子系统、人机交互子系统、任务管理子系统和数据管理子系统。在不同的软件系统中,这4个子系统的重要程度和规模可能相差很大,规模过大的应该进一步分解成更小的子系统,规模过小的可以合并在其他子系统中。某些应用系统可能仅由3个(甚至少于3个)子系统组成。

1. 子系统之间的交互方式

(1) 客户—供应商关系。在这种关系中,作为“客户”的子系统调用作为“供应商”的子系统,后者完成某些服务工作并返回结果。使用这种交互方案,作为客户的子系统必须了解作为供应商的子系统的接口,而后者则无须了解前者的接口,因为任何交互行为都是由前者驱动的。

(2) 平等伙伴关系。在这种关系中,每个子系统都可能调用其他子系统,因此,每个子系统都必须了解其他子系统的接口。由于各个子系统需要相互了解对方的接口,因此这种组织系统的方案比起客户—供应商方案来,子系统之间的交互更复杂,而且这种交互方式还可能存在通信环路,从而使系统难于理解,容易发生不易察觉的设计错误。

总的说来,单向交互比双向交互更容易理解,也更容易设计和修改,因此应该尽量使用客户—供应商关系。

2. 组织系统的两种方案

把子系统组织成完整的系统时,有水平层次组织和垂直块组织两种方案可供选择。

(1) 层次组织。这种组织方案把软件系统组织成一个层次系统,每层是一个子系统。上层在下层的基础上建立,下层为实现上层功能而提供必要的服务。每一层内所包含的对象彼此间相互独立,而处于不同层次上的对象彼此间往往有关联。实际上,在上、下层之间存在客户—供应商关系。低层子系统提供服务,相当于供应商,上层子系统使用下层提供的服务,相当于客户。

(2) 块状组织。这种组织方案把软件系统垂直地分解成若干个相对独立的、弱耦合的子系统,一个子系统相当于一块,每块提供一种类型的服务。

利用层次和块的各种可能的组合,可以成功地由多个子系统组成一个完整的软件系统。当混合使用层次结构和块状结构时,同一层次可以由若干块组成,而同一块也可以分为若干层。

3. 设计系统的拓扑结构

由子系统组成完整的系统时,典型的拓扑结构有管道状、树状、星状等。设计者应该采用与问题结构相适应的、尽可能简单的拓扑结构,以减少子系统之间的交互数量。

8.5 设计问题域子系统

通过面向对象分析所得出的问题域精确模型,为设计问题域子系统奠定了良好的基础,建立了完整的框架。只要可能,就应该保持面向对象分析所建立的问题域结构。通常,面向对象设计仅需从实现角度对问题域模型做一些补充或修改,主要是增添、合并或分解类、属性及服务,调整继承关系等。当问题域子系统过分复杂庞大时,应该把它进一步分解成若干个更小的子系统。

在面向对象设计过程中,可对面向对象分析得出的问题域模型做下述修改。

1. 调整需求

为了调整对目标系统的需求,通常只需简单地修改面向对象分析结果,然后再把这些修改反映到问题域子系统中。

2. 重用已有的类

重用已有类的主要步骤如下。

(1) 在已有类中找出与问题域内某个最相似的类作为被重用的类。

(2) 从被重用的类派生出问题域类。

(3) 简化对问题域类的定义(从被重用的类继承的属性和服务无须再定义)。

(4) 修改与问题域类相关的关联,必要时改为与被重用的类相关的关联。

3. 把问题域类组合在一起

往往通过增添一个根类而把若干个问题域类组合在一起。

通过引入根类或基类的办法,还可以为一些具体类建立一个公共的协议。

4. 调整继承层次

如果面向对象分析模型中包含了多重继承关系,然而所使用的程序设计语言却并不支持多重继承,则必须修改面向对象分析的结果。即使使用支持多重继承的语言,出于避免属性或服务命名冲突的考虑,也会对继承关系做一些调整。

8.6 设计人机交互子系统

在面向对象分析过程中,已经对用户的界面需求做了初步分析,在面向对象设计过程中,应该对目标系统的人机交互子系统进行详细设计,以确定人机交互界面的细节,其中包括指定窗口和报表的形式,设计命令层次等内容。

对人机界面的评价在很大程度上由人的主观因素决定,因此,使用由原型支持的系统化的设计策略是成功地设计人机交互子系统的关键。

8.7 设计任务管理子系统

通过面向对象分析建立起来的动态模型是分析并发性的主要依据。如果两个对象彼此间不存在交互,或者它们同时接受事件,则这两个对象在本质上是并发的。通过检查各个对象的状态图及它们之间交换的事件,能够把若干个非并发的对象归并到一条控制线中。所谓控制线,是一条遍及状态图集合的路径,在这条路径上每次只有一个对象是活动的。在计算机系统中用任务实现控制线。

设计任务管理子系统,包括确定各类任务并把任务分配给适当的硬件或软件去执行。常见的任务有事件驱动型任务、时钟驱动型任务、优先任务、关键任务和协调任务等类型。

1. 确定事件驱动型任务

某些任务是由事件驱动的,这类任务可能主要完成通信工作。事件通常是表明某些数据到达的信号。

在系统运行时,这类任务的工作过程如下:任务处于睡眠状态(不消耗处理器时间),等待来自数据线或其他数据源的中断;一旦接收到中断就唤醒了该任务,接收数据并把数据放入内存缓冲区或其他目的地,通知需要知道这件事的对象,然后该任务又回到睡眠状态。

2. 确定时钟驱动型任务

某些任务每隔一定时间间隔就被触发以执行某些处理。

时钟驱动型任务的工作过程如下:任务设置了唤醒时间后进入睡眠状态;任务睡眠(不消耗处理器时间),等待来自系统的中断;一旦接收到这种中断,任务就被唤醒并做它的工作,通知有关的对象,然后该任务又回到睡眠状态。

3. 确定优先任务

优先任务可以满足高优先级或低优先级的处理需求。

4. 确定关键任务

关键任务是有关系统成功或失败的关键处理,这类处理通常都有严格的可靠性要求。

5. 确定协调任务

当系统中存在3个以上任务时,就应该增加一个任务,用它作为协调任务。这类任务应该仅做协调工作,不要让它再承担其他服务工作。

6. 尽量减少任务数

必须仔细分析和选择每个确实需要的任务。应该使系统中包含的任务数尽可能的少。

7. 确定资源需求

使用多处理器或固件,主要是为了满足高性能的需求。设计者必须通过计算系统载荷(即每秒处理的业务数及处理一个业务所花费的时间)来估算所需要的CPU(或其他固件)的处理能力。

设计者应该综合考虑各种因素,以决定哪些子系统用硬件实现,哪些子系统用软件实现。

8.8 设计数据管理子系统

数据管理子系统是系统存储或检索对象的基本设施,它建立在某种数据存储管理系统之上,并且隔离了数据存储管理模式(文件、关系数据库或面向对象数据库)的影响。

不同的数据存储管理模式有不同的特点,适用范围也不相同,设计者应该根据应用系统的特点选择适用的模式。

设计数据管理子系统既需要设计数据格式又需要设计相应的服务。

1. 设计数据格式

设计数据格式的方法依赖于所选定的数据存储管理模式。

(1) 文件系统

- 定义第一范式表:列出每个类的属性表;把属性表规范成第一范式,从而得到第一范式表的定义。
- 为每个第一范式表定义一个文件。
- 测量性能和需要的存储容量。
- 修改原设计的第一范式,以满足性能和存储需求。

(2) 关系数据库管理系统

- 定义第三范式表:列出每个类的属性表;把属性表规范成第三范式,从而得出第三范式表的定义。
- 为每个第三范式表定义一个数据库表。
- 测量性能和需要的存储容量。
- 修改先前设计的第三范式,以满足性能和存储需求。

(3) 面向对象数据库管理系统

- 扩展的关系数据库途径：使用与关系数据库管理系统相同的方法。
- 扩展的面向对象程序设计语言途径：不需要规范化属性的步骤，因为数据库管理系统本身具有把对象值映射成存储值的功能。

2. 设计相应的服务

如果某个类的对象需要存储起来，则在这个类中增加一个属性和服务，用于完成存储对象自身的工作。应该把为此目的增加的属性和服务作为"隐含"的属性和服务，即无须在面向对象设计模型的属性和服务层中显式地表示它们，仅需在关于类的文档中描述它们即可。

这样设计之后，对象将知道怎样存储自己。用于"存储自己"的属性和服务，在问题域子系统和数据管理子系统之间构成一座必要的桥梁。利用多重继承机制，可以在某个适当的基类中定义这样的属性和服务，然后，如果某个类的对象需要长期存储，该类就从基类中继承这样的属性和服务。

8.9 设计类中的服务

需要综合考虑对象模型、动态模型和功能模型，才能正确确定类中应有的服务。对象模型是进行对象设计的基本框架。但是，面向对象分析得出的对象模型，通常只在每个类中列出很少几个最核心的服务。设计者必须把动态模型中对象的行为以及功能模型中的数据处理转换成由适当的类所提供的服务。

设计实现服务的方法如下。

- 设计实现服务的算法。
- 选择适当的数据结构。
- 定义内部类和内部操作。

8.10 设计关联

在对象模型中，关联是联结不同对象的纽带，它指定了对象相互间的访问路径。在面向对象设计过程中，设计人员必须确定实现关联的具体策略。既可以选定一个全局性的策略统一实现所有关联，也可以分别为每个关联选择具体的实现策略，以与它在应用系统中的使用方式相适应。

1. 实现关联的方法

(1) 用属性实现关联。如果被关联的对象仅有一个，则参与关联的对象的属性可以是被关联对象的名字，也可以是指向被关联对象的指针；如果被关联的对象有多个，则参与关联的对象的属性可以是被关联对象名的集合，也可以是指向被关联对象的指针的集合。

(2) 用关联对象实现关联。关联对象是独立的关联类的实例,它至少有两个属性,这两个属性分别是相互关联的两个对象的名字(或指向相互关联的两个对象的指针),关联对象还可能有用于描述关联链性质的其他属性。

2. 实现关联对象的方法

在面向对象分析过程中,往往引入一个关联类来保存描述关联链性质的信息,关联中的每个连接对应着关联类的一个对象。实现关联对象的方法取决于关联的重数。对于一对一关联来说,关联对象可以和参与关联的任一个对象合并。对于一对多关联来说,关联对象可以和"多"端对象合并。如果是多对多关联,则关联链的性质不可能只与一个参与关联的对象有关,通常用一个独立的关联类来保存描述关联性质的信息,这个类的每个实例表示一条具体的关联链及该链的属性。

8.11 设计优化

1. 确定优先级

系统的各项质量指标并不是同等重要的,设计人员必须确定各项质量指标的相对重要性(即确定优先级),以便在优化设计时制定折中方案。

系统的整体质量与设计人员所制定的折中方案密切相关。最终产品成功与否,在很大程度上取决于是否选择好了系统目标。

最常见的情况是在效率和清晰度之间寻求适当的折中方案。在折中方案中设置的优先级应当是模糊的,事实上,不可能指定精确的优先级数值。

2. 提高效率的几项技术

(1) 增加冗余关联以提高访问效率。在面向对象分析过程中,应该避免在对象模型中存在冗余的关联,因为冗余关联不仅没有增添任何信息,反而会降低模型的清晰程度。但是,在面向对象设计过程中,当考虑用户的访问模式及不同类型的访问彼此间的依赖关系时就会发现,分析阶段确定的关联可能并没有构成效率最高的访问路径。

提高查询效率的一个有效方法是给那些经常执行并且开销大、命中率低的查询建立索引(即冗余的关联)。

(2) 调整查询次序。改进了对象模型的结构,从而提高了常用遍历的效率之后,接下来就应该优化算法了。优化算法的一个有效途径是尽量缩小查找范围。

(3) 保留派生属性。通过某种运算,从其他数据派生出来的数据是一种冗余数据。通常把这类数据"存储"(或称为"隐藏")在计算它的表达式中。如果希望避免重复计算复杂表达式所带来的开销,可以把这类冗余数据作为派生属性保存起来。

3. 调整继承关系

在面向对象设计过程中,建立良好的继承关系是优化设计的一项重要内容。继承关系能够为一个类族定义一个协议,并能在类之间实现代码共享,以减少冗余。一个基类和它的子孙类在一起称为一个类继承。在面向对象设计中,建立良好的类继承是非常重要的。利用类继承能够把若干个类组织成一个逻辑结构。

(1) 设计类继承的方法。在设计类继承时,很少使用纯粹自顶向下的方法。通常的作法是,首先创建一些满足具体用途的类,然后对它们进行归纳,一旦归纳出一些通用的类以后,往往可以根据需要再派生出具体类。在进行了一些具体化(即专门化)的工作之后,也许就应该再次归纳了。对于某些类继承来说,这是一个持续不断的演化过程。

(2) 为提高继承程度而修改类定义。如果在一组相似类中存在公共的属性和公共的服务,则可以把这些公共的属性和服务抽取出来放在一个共同的祖先类中,供其子孙类继承。在对现有类进行归纳的时候,要注意下述两点:

- 不能违背领域知识和常识。
- 应该确保现有类的协议(即对外接口)不变。

更常见的情况是,各个现有类中的属性和服务虽然相似却并不完全相同,在这种情况下需要对类的定义稍加修改,才能定义一个基类供其派生类从中继承需要的属性或服务。

(3) 利用委托实现操作共享。仅当存在真实的一般—特殊关系(即子类确实是父类的一种特殊形式)时,利用继承机制实现操作共享才是合理的。

如果只想把继承作为实现操作共享的一种手段,则利用委托(即把一类对象作为另一类对象的属性,从而在两类对象间建立组合关系)也可以达到同样目的,而且这种方法更安全。使用委托机制时,只有有意义的操作才委托另一类对象实现,因此,不会发生不慎继承了无意义(甚至有害)操作的问题。

习 题

1. 请比较功能内聚和信息性内聚。
2. 多态重用与继承重用有何关系?
3. 在面向对象设计过程中为什么会调整对目标系统的需求?怎样调整需求?
4. 为了设计人机交互子系统,为什么需要分类用户?
5. 问题空间和解空间有何区别?
6. 从面向对象分析阶段到面向对象设计阶段,对象模型有何变化?
7. 请用面向对象方法分析设计下述的图书馆自动化系统。

设计一个软件以支持一座公共图书馆的运行。该系统有一些工作站用于处理读者事务。这些工作站由图书馆馆员操作。当读者借书时,首先读入客户的借书卡。然后,由工作站的条形码阅读器读入该书的代码。当读者归还一本书时,并不需要查看他的借书卡,仅需读入该书的代码。

客户可以在图书馆内任一台 PC 上检索馆藏图书目录。当检索图书目录时,客户应该首先指明检索方法(按作者姓名、书名或关键词)。

8. 用面向对象方法分析设计下述的电梯系统。

在一幢 m 层楼的大厦里,用电梯内的和每个楼层的按钮来控制 n 部电梯的运动。当按下电梯按钮请求电梯在指定楼层停下时,按钮指示灯亮;当电梯到达指定楼层时,指示灯熄灭。除了大厦的最低层和最高层之外,每层楼都有两个按钮分别指示电梯上行和下行。当这两个按钮之一被按下时相应的指示灯亮,当电梯到达此楼层时灯熄灭,电梯向要求的方向移动。当电梯无升降动作时,关门并停在当前楼层。

习题解答

1. 答:内聚是衡量组成模块的各个元素彼此结合的紧密程度,它是信息隐藏和局部化原理的自然扩展。设计软件时应该力求做到模块高内聚。

当采用结构化范型设计软件系统时,使用功能分解方法划分模块。组成这类模块的元素主要是完成模块功能的可执行语句。如果模块内所有处理元素属于一个整体,完成单一完整的功能,则该模块的内聚称为功能内聚。采用结构化范型开发软件时,功能内聚是最高等级的内聚。

采用面向对象范型设计软件时,使用对象分解方法划分模块。对象是面向对象软件的基本模块,它是由描述该对象属性的数据及可以对这些数据施加的操作封装在一起构成的统一体。因此,组成对象的主要元素既有数据又有操作,这两类元素是同等重要的。如果一个对象可以完成许多相关的操作,每个操作都有自己的入口点,它们的代码相对独立,而且所有操作都在相同的数据结构上完成,也就是说,操作围绕对其数据所需要做的处理来设置,不设置与这些数据无关的操作,则该对象具有信息性内聚。实际上,信息性内聚的对象所包含的操作本身应该是功能内聚的。

2. 答:当已有的类构件不能通过实例重用方式满足当前系统的需求时,利用继承机制从已有类派生出符合当前需要的子类,从而获得可在当前系统中使用的类构件,这种重用方式称为继承重用。

如果在设计类构件时,把可能妨碍重用的、与应用环境密切相关的操作从一般操作中分离出来,作为适配接口,并且把这类操作说明为多态操作,类中其他操作通过调用适当的多态操作来完成自己的功能,则为了在当前系统中重用已有的类构件,在从已有类派生出的子类中只需重新定义某些多态操作即可满足当前系统的需求,这种重用方式称为多态重用。

通过上面的叙述可以知道,多态重用实际上是一种特殊的继承重用,是充分利用多态性机制支持的继承重用。一般说来,使用多态重用方式重用已有的类构件时,在子类中需要重新定义的操作比较少,因此,这种重用方式的成本比继承重用方式的成本低。

3. 答:有两种情况会导致修改由面向对象分析确定下来的系统需求:一是客户需求或系统外部环境发生了变化;二是分析员对问题域理解不透彻或缺乏领域专家帮助,以致面向对象分析模型不能完整、准确地反映客户的真实需求。

为了调整对目标系统的需求,通常只需简单地修改面向对象分析的结果(例如增添或删掉一些类,从已有类派生出新类,调整某些类之间的关系),然后把这些修改反映到问题域子系统中。

4. 答:人机界面是提供给用户使用的,用户对人机界面的评价在很大程度上由人的主观因素决定。用户的技能水平或职务不同，喜好和习惯也往往不同。因此，为了设计出符合用户需要的人机界面，应该了解和研究用户，根据用户类型设计出被他们所喜爱的用户界面。

5. 答：问题空间是现实世界的一部分，它由现实世界中的实体组成。解空间实际上就是软件系统，它由实现解决方案的软件实体组成。

6. 答：在面向对象分析阶段建立的对象模型中，对象是对问题空间中实体的抽象。随着软件开发过程进入面向对象设计阶段，这些对象逐渐变成了解空间的实体。

7. 答：识别对象的一条主要准则是寻找应用领域中的重要概念。

在一座图书馆中常见的实体有“书”、“书柜”、“读者”等。在办公室环境中，可能有“文件夹”、“信件”、“职员”等实体。应用领域中特有的这些实体是对象的主要候选者。它们可以是现实世界中的事物(例如，书)、担任的角色(例如，图书馆的读者)、组织单位(例如，计算机系)、地点(例如，办公室)或设备(例如，打印机)。此外，还可以通过研究已有的分类或聚集结构，发现候选的对象。通过访谈、阅读文档等途径可以列出对象的第一份清单。

识别对象更简单的方法是词法分析法。简单地列出图书馆自动化系统需求陈述中的名词，就可以得到下列的候选对象清单：软件，图书馆，系统，工作站，读者，事务，书，图书馆馆员，客户，借书卡，条形码阅读器，书的代码，PC，图书目录。

上列清单中的某些候选对象并不是问题域中的对象，应该删掉。例如，“软件”是将要开发出的产品，不应该把它包含在问题域模型中。如果有诸如“算法”或“链表”这样的名词作为候选对象，则也应该把它们删掉。在详细设计阶段，可能需要引入(或重新引入)它们作为面向解法的对象。

笼统的名词应该被更具体的名词所代替，或者干脆把它们删掉。在上列的候选对象清单中，“系统”就是一个笼统的名词。事实上，工作站和PC将连接到同一台主计算机上，因此，可以用“计算机”取代“系统”。

在图书馆自动化系统的需求陈述中，“读者”和“客户”是同义词，只能保留其中一个作为问题域中对象的名字。在图书馆环境中，“读者”这个词更符合一般人的习惯，因此，应该用它作为对象名。

在决定怎样建立“读者”和“图书馆馆员”的模型时，必须十分慎重。一个具体的人可能同时充当两种角色。在模型中把他作为不同对象恰当还是作为同一个对象的不同角色恰当，在现阶段往往较难确定。目前，决定把读者和馆员作为不同的对象，但是应该记住，当模型精化时有可能改变这个决定。

在本问题中，术语“事务”指的是施加于对象上的操作，而不是一个对象。它导致一系列动作，例如，把借书卡和想借的书递给馆员，把借书卡插入工作站的条形码阅读器，读入书上的条形码等。仅当事务本身具有系统需要的属性时，才应该把它作为对象，例如，如果要求系统生成读者喜爱何种书刊的信息，则把事务作为对象是恰当的。

应该从候选对象清单中删掉的最后一个候选者是“书的代码”。代码描述一个具体对象，应该把它作为对象“书”的属性。

表8.1列出了对象之间的关系。其中一些关系是直接从需求陈述中摘录出来的，另一些关系是从关于图书馆的常识中得出的。

表 8.1 图书馆对象之间的关系

从需求陈述中得出的关系	从常识中得出的关系
馆员操作工作站	图书馆拥有计算机
工作站有条形码阅读器	图书馆拥有工作站
条形码阅读器读入书的代码	图书馆拥有 PC
条形码阅读器读入借书卡	PC 存储图书目录
读者检索图书目录	计算机与工作站通信
	图书馆雇用馆员
	读者是图书馆的会员
	读者有借书卡

根据上述分析得出的对象及对象之间的关系，画在图 8.1 所示的初始类图中。在这张图中仅包含了关系名，当模型进一步精化时可以包含诸如重数和泛化关系之类的进一步描述信息。

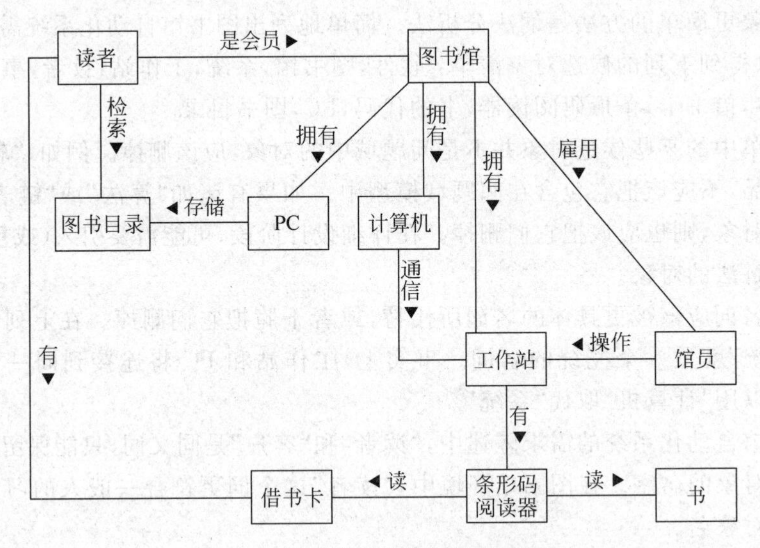

图 8.1 图书馆系统的初始对象模型

接下来确定对象的属性。属性描述对象类的实例，构成对象的状态。通过寻找能把不同实例区分开来的特性，可以识别出对象的属性。属性是一个对象类的全部实例的公共性质。应该识别出原子属性而不是复合属性。例如，对于图书馆的“读者”来说，应该识别出属性“姓名”和“地址”，而不应该设置复合属性“姓名与地址”。在分析阶段还应该尽力防止在属性集中出现冗余。例如，不应该同时设置“已借出的书”和“已借出的书数”这样两个属性，因为后者可以通过前者计算出来，仅有前一个属性就足够了。

采用在对象状态中保留冗余信息并由该对象维护这些信息的方法，总能够优化实际的实现结果。例如，在详细设计时可以决定在对象状态中包含已借出的书数，而不是在需要时通过计算得出这个信息，这样做可以提高系统运行速度。但是，在分析阶段通常不需要考虑优化问题。

一个对象提供的主要服务是与它的生命周期相关的那些服务。例如，一本书被购入，被借出，被归还零次或多次，最后退出流通；一个人成为图书馆的会员，借书和还书，预约图书，改变地址，交纳罚金等，直至最后终止会员资格。

读/写对象属性的服务，提供对象的状态信息或改变对象的状态。提供对象状态信息的服务，可能需要引用某些计算，也可能不需要计算。在分析阶段并不需要考虑实现服务的方法。服务是通过计算实现的还是通过简单的查找过程实现的，对于需要这个信息的对象来说是不可见的。

通过研究使用目标系统的情景，可以进一步确定所需要的服务。应该考虑在系统构件之间的典型对话，既应该考虑正常情况下的对话也应该考虑意外情况下的对话。例如，既应该考虑读者顺利地借到一本书的情景，也应该考虑读者借书卡无效的情景，还应该考虑读者逾期还书应该付罚款的情景。图 8.2 是正常情况下读者借一本书的顺序图。从图中可以看出，UML 顺序图与事件跟踪图很相像，区别仅在于在顺序图中用矩形框代表对象。在图中所描绘的交互过程中发生了一系列事件，这些事件将由涉及的对象的操作来处理。

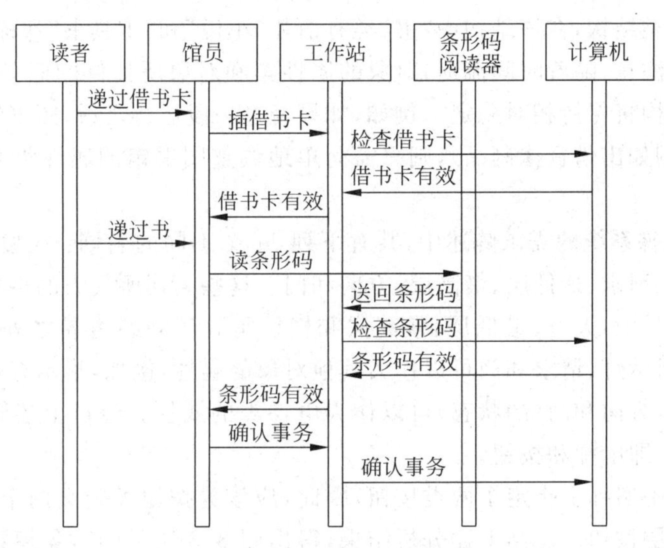

图 8.2　正常情况下的借书过程

服务只不过是把对象联系起来的一种途径。使软件系统真正具有面向对象风格的关系是“整体—部分”聚集关系和“一般—特殊”分类关系。

某些分类关系可以从系统所处理的现实世界问题中已有的分类模式导出来。通过寻找对象之间的关系，可以完成把对象进一步组织成层次系统的分类过程。可以把一个对象看做是某些可能的对象的泛化，例如，可以把对象“书”看做是对象“小说”、“诗集”和“工具书”的泛化。这些特化出的对象是否有意义取决于所处理的问题。如果系统不需要区分小说和诗集，就不应该把它们定义成不同的对象类。但是，如果小说和诗集可以借出馆外，而工具书不可以借出馆外，则把小说和诗集作为一类对象，把工具书作为另一类对象是有意义的。

类似地，可以考虑对象之间的相似性，从而把它们看做是一个更一般化的对象的特化。例如,如果图书馆系统需要对象“书”和“杂志”,而且它们的许多属性是相同的,则可以引入一个新的对象类“出版物”,作为对这两类对象的泛化。把共同的属性提升到对象类“出版物”中,然后“书”和“杂志”继承这些属性。注意,泛化出的对象应该代表现实世界中有意义的实体。例如,不应该仅仅因为书和文件柜有相同的属性“位置”就草率地从这两类对象泛化出一个新的对象类。

刚才泛化出的对象类“出版物”是一个抽象的类,这样的类没有实例。图书馆中仅有从“出版物”特化出的具体类(例如,“书”和“杂志”)的实例。在类的层次结构中,“出版物”的作用是建立其他对象类之间的关系,并且为它们的用户提供接口描述。在“出版物”层定义的属性和服务,构成了它的全部后代的公共接口。

哪些对象和属性应该放到对象模型中与怎样在类的层次结构中定义它们是密切相关的。例如,如果一个对象仅有一个属性,通常最好把它作为另外一些对象的属性。此外,一个类的所有实例应该有共同的属性,如果某些属性仅对部分实例有意义,则实际上存在一个分类结构。例如,如果某些书可以借出图书馆外,另外一些书不能借出图书馆外,则表明存在一个分类结构,在该结构中“书”类有诸如“小说”和“工具书”那样的特化类。

此外还应该注意,随着时间流逝,对象的属性集和对象所提供的服务也将变化,但是对象类的层次结构将保持相对稳定。例如,如果经过一段运行之后,图书馆决定增加向读者提供的服务(例如出借音像制品),则只需简单地调整图书馆的属性集并扩充读者的服务集。

8. 答:在电梯系统的需求陈述中,共有下列11个不同的名词:大厦、电梯、楼层、按钮、运动、指示灯、请求、最低层、最高层、方向和门。这些名词所代表的事物可以作为对象的初步候选者。其中,大厦、最低层、最高层和楼层是处于问题边界之外的,因此应该删掉;运动、方向、指示灯、请求和门可以作为其他对象的属性,例如,指示灯(的状态)可以作为按钮类的属性,方向和门(的状态)可以作为电梯类的属性。经过上述筛选后只剩下两个候选的对象类,即电梯和按钮。

在需求陈述中实际上指定了两类按钮,因此,应该为按钮类定义两个子类,它们分别是电梯按钮和楼层按钮。总结上述分析结果,得出图8.3所示的对象模型。这个模型是一个非常初步的模型,在面向对象分析设计的过程中将不断地充实和完善它。

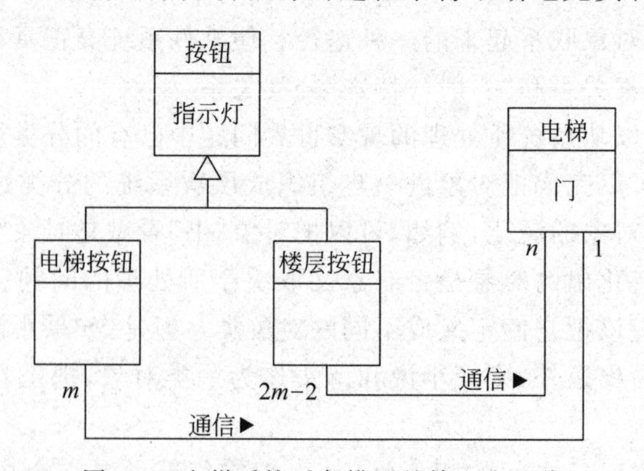

图8.3 电梯系统对象模型的第一次迭代

分析图8.3所示的对象模型就会发现，这个模型还存在比较明显的缺陷：在实际的电梯系统中，按钮并不直接与电梯通信；为了决定分派哪一部电梯去响应一个特定的请求，必须有某种类型的电梯控制器。然而在需求陈述中并没有提到控制器，因此它未被列入候选类中。由此可见，词法分析只为寻找候选类提供了初步线索，但不能指望依靠这种方法找出全部候选类。系统分析员必须根据领域知识和常识做更深入细致的分析工作，才能找出问题域中所有类。

补充了电梯控制器类之后，得到了图8.4所示的对象模型。在这个模型中所有关系均为一对多关系，这使设计和实现变得比较容易。现在，似乎可以着手做面向对象分析的第二步工作，即建立动态模型。但是，必须始终记住，任何时候都可以返回到建立对象模型这项工作上来。

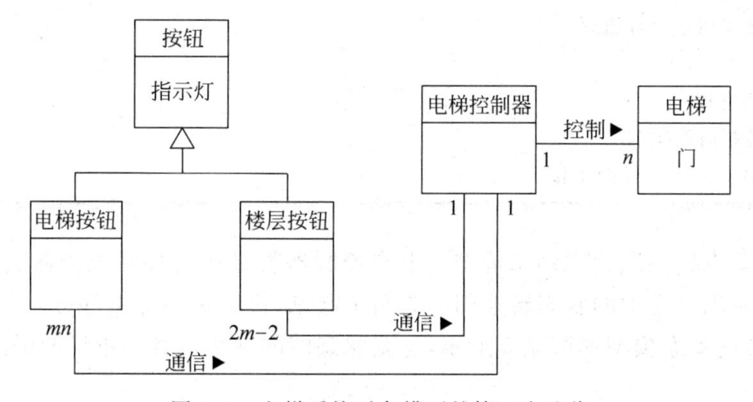

图8.4　电梯系统对象模型的第二次迭代

建立动态模型的目的是决定每类对象应该做的操作。达到这个目的的一种有效方法是列出用户和系统之间相互作用的典型情况，即写出脚本(包括正常情况脚本和异常情况脚本)。表8.2和表8.3分别是正常情况脚本和异常情况脚本。

表8.2　电梯系统正常情况脚本

- 用户A在3楼按上行按钮呼叫电梯，用户A希望到7楼去
- 上行按钮指示灯亮
- 一部电梯到达3楼，电梯内的用户B已按下了到9楼的按钮
- 上行按钮指示灯熄灭
- 电梯开门
- 用户A进入电梯
- 用户A按下电梯内到7楼的按钮
- 7楼按钮指示灯亮
- 电梯关门
- 电梯到达7楼
- 7楼按钮指示灯熄灭
- 电梯开门
- 用户A走出电梯
- 电梯在等待时间到后关门
- 电梯载着用户B继续上行到达9楼

表 8.3 电梯系统异常情况脚本

- 用户 A 在 3 楼按上行按钮呼叫电梯，但是用户 A 希望到 1 楼
- 上行按钮指示灯亮
- 一部电梯到达 3 楼，电梯内用户 B 已按下了到 9 楼的按钮
- 上行按钮指示灯熄灭
- 电梯开门
- 用户 A 进入电梯
- 用户 A 按下电梯内到 1 楼的按钮
- 电梯内 1 楼按钮指示灯亮
- 电梯在等待超时后关门
- 电梯上行到达 9 楼
- 电梯内 9 楼按钮指示灯熄灭
- 电梯开门
- 用户 B 走出电梯
- 电梯在等待超时后关门
- 电梯载着用户 A 下行驶向 1 楼

通常，用状态转换图建立动态模型。电梯控制器类是在电梯系统中起关键控制作用的类，我们将画出这个类的状态转换图。为简单起见，仅考虑一部电梯(即 $n=1$)的情况。电梯控制器类的动态模型如图 8.5 所示，这张状态图的画法与教材中讲的画法大同小异，

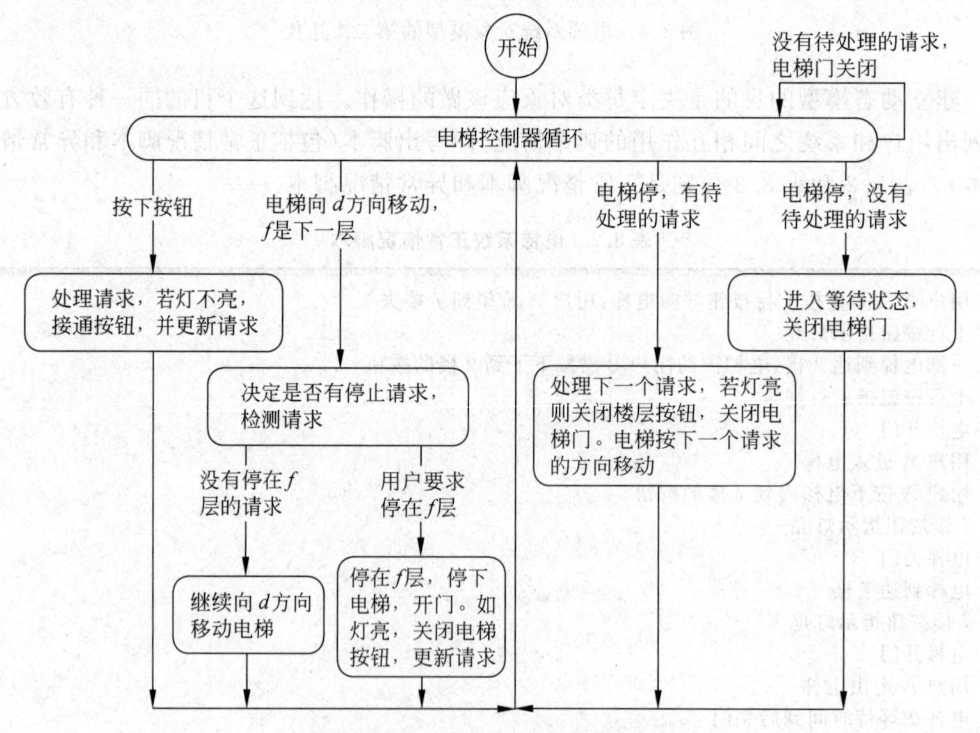

图 8.5 电梯控制器类的动态模型

读者可对照电梯系统的脚本理解它。

其他类的动态模型比较简单，作为练习请读者自行画出。一旦建立了电梯系统的动态模型，就可根据在建立动态模型的过程中获得的信息，重新审视图8.4所示的对象模型，如果看起来仍然令人满意，就可以开始进入面向对象分析的第3步——功能建模。

面向对象分析的第3个步骤是，在不考虑动作次序的情况下，决定产品怎样做各种不同的动作。通常用数据流图来描绘在这一步所得到的信息，由于这样的图描绘了在产品范围内的功能相关性，故称为功能模型。图8.6是电梯系统的功能模型。

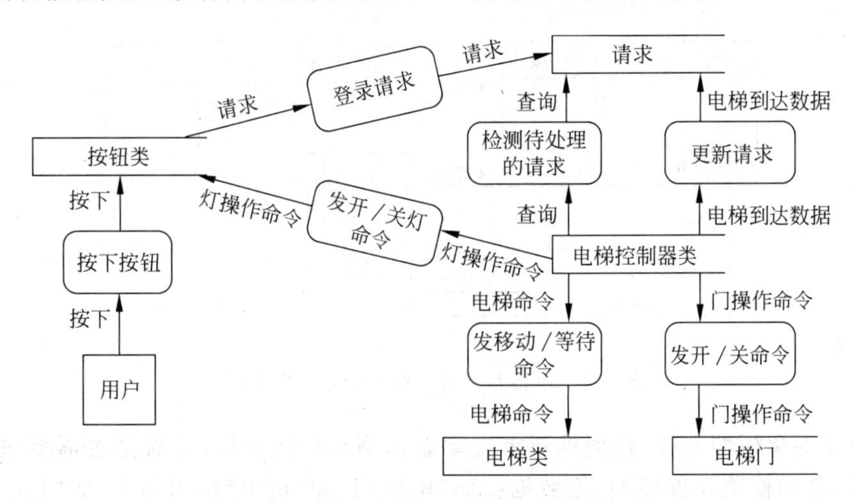

图8.6　电梯系统功能模型的第一次迭代

结构化范型中使用的数据流图与面向对象范型中使用的数据流图的差别主要是数据存储的含义可能不同。在结构化范型中数据存储几乎总是作为文件或数据库来保存，然而在面向对象范型中类的状态变量(即属性)也可以是数据存储。因此，面向对象范型的功能模型中包含两类数据存储，分别是类的数据存储和不属于类的数据存储。

电梯系统的人机界面很简单：用户通过按下楼层按钮或电梯按钮向系统发指令，系统通过按钮灯亮或灯灭向用户提供反馈信息。在面向对象分析过程中所建立的问题域模型，已经包含了人机界面功能，因此，无须再单独设立一个人机交互子系统。类似地，本系统也无须包含独立的数据管理子系统和任务管理子系统。面向对象设计的主要任务就是进一步完善通过面向对象分析所建立的系统模型。

根据从功能模型中获得的信息，重新审查对象模型(见图8.4)和动态模型(见图8.5)，以便进一步完善面向对象分析的结果。从图8.6可知，电梯类的主要功能是执行电梯控制器类发来的电梯操作命令，如果把电梯门(的状态)作为电梯的一个属性，则电梯类还要执行门操作命令，这样电梯类的功能就不单一了。比较好的做法是把电梯门独立出来作为一个类。一旦“电梯门”成为一个独立的对象，则打开或关闭电梯门的唯一办法就是向对象“电梯门”发送一条消息。如果电梯门类的封装性很好，就能保证不会在错误的时间开/关电梯门，从而能有效地杜绝严重的意外事故。

同样，出于在未经授权的情况下不允许修改请求的考虑，也应该把“请求”作为一个独立的类。

增加了“电梯门”类和“请求”类之后,就得到对象模型的第三次求精结果,如图8.7所示。

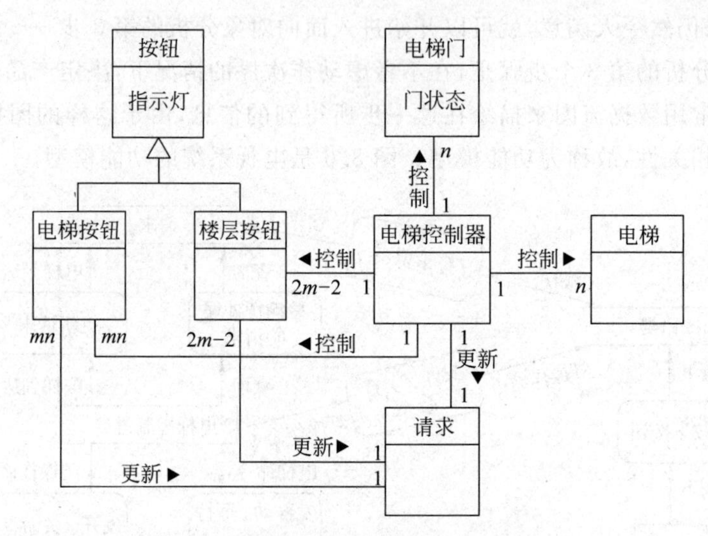

图8.7 电梯系统对象模型的第三次迭代

修改了对象模型之后,必须重新审查动态模型和功能模型,看看是否需要进一步求精。显然,必须修改功能模型,把数据存储“电梯门”和“请求”标识为类,如图8.8所示。经审查发现,动态模型现在仍然适用。

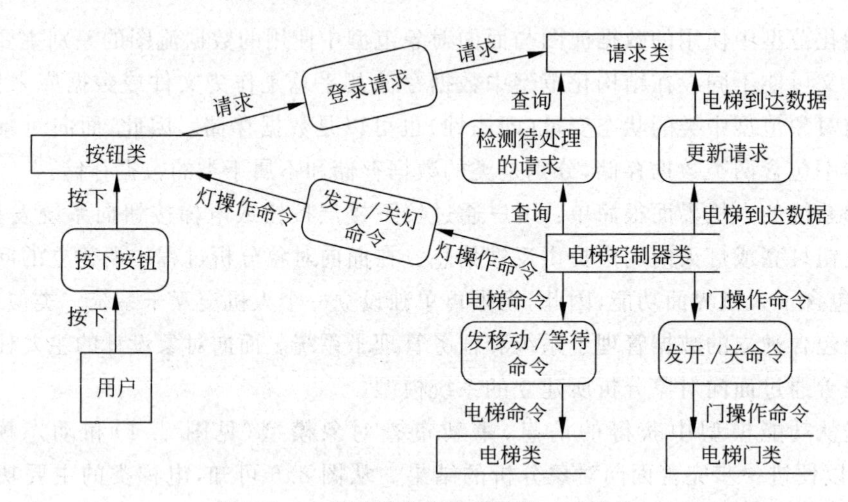

图8.8 电梯系统功能模型的第二次迭代

第9章

CHAPTER

面向对象实现

所谓面向对象实现主要包括下述两项工作：把面向对象设计结果翻译成用某种程序设计语言书写的面向对象程序；测试并调试面向对象程序。

面向对象程序的质量基本上由面向对象设计的质量决定，但是，所采用的编程语言的特点和程序设计风格也将对程序的可靠性、可重用性和可维护性产生深远影响。

目前，测试仍然是保证软件可靠性的主要措施，对于面向对象的软件来说也是如此。面向对象测试的目标，也是用尽可能低的测试成本发现尽可能多的软件错误。但是，面向对象程序中特有的封装、继承和多态等机制，也给面向对象测试带来一些新特点。

9.1 程序设计语言

1. 面向对象语言的优点

既可以用面向对象语言也可以用非面向对象语言实现面向对象设计的结果。使用面向对象语言时，由于语言本身充分支持面向对象概念的实现，编译程序可以自动把面向对象概念映射到目标程序中，因此，远比使用非面向对象语言方便。但是，方便性并不是决定选择何种语言的关键因素。选择编程语言的关键因素是语言的一致的表达能力、可重用性及可维护性。从面向对象观点来看，能够更完整、更准确地表达问题域语义的面向对象语言的语法是非常重要的，因为这会带来下述几个重要优点。

(1) 一致的表示方法。在软件开发的全过程中始终保持表示方法稳定不变，既有利于在软件开发过程中使用统一的概念，又有利于维护人员理解软件的各种配置成分。

(2) 可重用性。在软件开发过程中始终显式地表示问题域语义，意义十分深远。这样做既可能重用面向对象分析结果，也可能重用相应的面向对象设计和面向对象程序设计结果。

(3) 可维护性。维护人员面对的往往主要是源程序，因此，程序显式地表达问题域语义,对维护人员理解待维护的软件有很大帮助。

因此,在选择编程语言时,应该考虑的首要因素是哪个语言能最恰当地表达问题域语义。一般说来,应该尽量选用面向对象语言来实现面向对象分析、设计的结果。

2. 面向对象语言的技术特点

一般说来,纯面向对象语言着重支持面向对象方法研究和快速原型的实现,而混合型面向对象语言的目标则是提高运行速度和使传统程序员容易接受面向对象思想。成熟的面向对象语言通常都提供丰富的类库和强有力的开发环境。

在选择面向对象语言时,应该着重考察语言的下述技术特点。

- 支持类与对象概念的机制。
- 实现聚集结构的机制。
- 实现泛化结构的机制。
- 实现属性和服务的机制。
- 类型检查机制。
- 类库。
- 效率。
- 持久保存对象的机制。
- 参数化类的机制。
- 开发环境。

3. 选择面向对象语言的实际因素

- 将来能否占主导地位。
- 可重用性。
- 类库和开发环境。
- 售后服务。
- 对运行环境的需求。
- 集成已有软件的难易程度。

9.2 程序设计风格

良好的面向对象程序设计风格,既包括传统的程序设计风格准则,也包括为适应面向对象方法所特有的概念(例如,继承性)而必须遵循的一些新准则。

1. 提高可重用性

为提高软件的可重用性,应该遵守下述准则。

(1) 提高方法的内聚。

(2) 减小方法的规模。

(3) 保持方法的一致性。

(4) 把策略与实现分开。
(5) 全面覆盖输入条件的各种可能组合。
(6) 尽量不使用全局信息。
(7) 充分利用继承机制。

2. 提高可扩充性

提高可重用性的准则同样也能提高程序的可扩充性。此外,下述的面向对象程序设计准则也有助于提高程序的可扩充性。
(1) 封装类的实现细节。
(2) 不要用一个方法遍历多条关联链。
(3) 避免使用多分支语句。
(4) 精心选择和定义公有方法。

3. 提高健壮性

通常需要在健壮性和效率之间作出适当的折中。为提高健壮性应该遵守下述准则。
(1) 预防用户的错误操作。
(2) 检查参数的合法性。
(3) 不要预先设定数据结构的限制条件。
(4) 先测试后优化。

9.3 面向对象的测试策略

测试软件的基本策略是从“小型测试”开始逐步过渡到“大型测试”,即从单元测试开始逐步进入集成测试,最后进行确认测试和系统测试。

1. 面向对象的单元测试

对于面向对象的软件来说,单元测试的含义发生了很大变化。现在,最小的可测试单元是封装起来的类和对象。

一个类通常包含一组不同的操作,而一个特定的操作也可能存在于一组不同的类中。因此,测试面向对象的软件时,不能再孤立地测试单个操作,而应该把操作作为类的一部分来测试。

2. 面向对象的集成测试

因为在面向对象的软件中不存在层次的控制结构,传统的自顶向下和自底向上的集成策略就没有意义了。此外,由于构成类的成分彼此间存在直接或间接的交互,因此一次集成一个操作到类中(传统的渐增式集成方法),通常是不可能的。

面向对象软件的集成测试主要有下述两种策略。

- 基于线程的测试。

• 基于使用的测试。

3. 面向对象的确认测试

在确认测试或系统测试层次,不再考虑类之间相互连接的细节。和传统的确认测试一样,面向对象软件的确认测试也集中检查用户可见的动作和用户可识别的输出。为了导出确认测试用例,测试人员应该认真研究动态模型和描述系统行为的脚本,以确定最可能发现用户交互需求错误的情景。

9.4 设计测试用例

与传统软件测试(由软件的输入—处理—输出视图或实现模块的算法驱动测试用例的设计)不同,面向对象测试关注于设计适当的操作序列以检查类的状态。

9.4.1 测试类的技术

设计测试用例以测试单个类的技术,主要有随机测试、划分测试和基于故障的测试三种。

1. 随机测试

让类实例随机地执行一些类内定义的操作,以测试类的状态。

如果应用系统的性质对操作的应用施加了一些限制,则可在最小操作序列的基础上随机增加一些操作作为测试该类的测试用例。

2. 划分测试

与测试传统软件时采用等价划分方法类似,测试类时采用划分测试方法也可以减少所需要的测试用例的数量。首先,把输入和输出分类,然后设计测试用例以测试划分出的每个类别。划分类别的方法主要有下述三种。

(1) 基于状态划分。这种方法根据类操作改变类状态的能力来划分类操作。然后设计测试用例,分别测试改变状态的操作和不改变状态的操作。

(2) 基于属性划分。这种方法根据类操作使用某个关键属性的情况来划分类操作。通常,把类操作划分成使用属性、修改属性、不使用也不修改属性三类,然后设计测试用例,分别测试每类操作。

(3) 基于功能划分。这种方法根据类操作完成的功能来划分类操作,然后为每个类的操作设计测试序列。

3. 基于故障的测试

这种方法与传统的错误推测法类似,也是首先推测软件中可能有的错误,然后设计出最可能发现这些错误的测试用例。

为了推测出软件中可能有的错误,应该仔细研究分析模型和设计模型,而且在很大程度上要依靠测试人员的经验和直觉。如果推测得比较准确,则使用基于故障的测试方法能够用相当低的工作量发现大量错误;反之,如果推测不准,则这种方法的效果并不比随机测试技术的效果好。

9.4.2 集成测试技术

开始集成面向对象的软件之后,测试用例的设计变得更加复杂。在这个测试阶段,必须对类间协作进行测试。

和测试单个类相似,测试类间协作可以使用随机测试方法和划分测试方法,以及基于情景的测试和行为测试来完成。

1. 多类测试

(1) 随机测试。可以使用下列步骤来生成多个类的随机测试用例。

- 对每个客户类,使用类操作符列表来生成一系列随机测试序列。这些操作符向服务器类实例发送消息。
- 对所生成的每个消息,确定协作类和在服务器对象中的对应操作符。
- 对服务器对象中的每个操作符(已经被来自客户对象的消息调用),确定传递的消息。
- 对每个消息,确定下一层被调用的操作符,并把这些操作符结合进测试序列中。

(2) 划分测试。多个类的划分测试方法类似于单个类的划分测试方法。但是,对于多类测试来说,应该扩充测试序列以包括那些通过发送给协作类的消息而被调用的操作。

另一种划分测试方法是根据与特定类的接口来划分类操作。还可以用基于状态的划分,进一步精细划分类操作。

2. 从动态模型导出测试用例

类的状态图有助于导出测试该类(及与其协作的那些类)的动态行为的测试用例。设计出的测试用例应该覆盖该类的所有状态,也就是说,操作序列应该使得该类实例遍历所有允许的状态转换。

在类的行为导致与一个或多个类协作的情况下,应该使用多张状态图以跟踪系统的行为流。

习 题

1. 为什么应该尽量使用面向对象语言来实现面向对象分析和设计的结果?
2. 什么是强类型语言?这类语言有哪些优点?
3. 用动态联编实现多态性是否会显著降低程序的运行效率?
4. 为什么说参数化类有助于提高可重用性?
5. 把策略方法与实现方法分开后,为什么能提高可重用性?
6. 面向对象软件的哪些特点使得测试和维护变得比较容易?哪些特点使得测试和

维护变得比较困难?

7. 试用C++语言编程实现下述简单图形程序的类继承结构。

在显示器屏幕上圆心坐标为(250,100)的位置画一个半径为25的小圆,圆内显示字符串"you";在圆心坐标为(250,150)的位置画一个半径为100的中圆,圆内显示字符串"world";再在圆心坐标为(250,250)的位置画一个半径为225的大圆,圆内显示字符串"Universe"。

8. 设计测试用例以测试第7题类继承结构中的各个类。

9. 有若干行C语言代码,要求统计出该代码中共有多少个关键字?试设计出相关算法和数据结构。

注:C语言的关键集合如下(32个):

auto double int struct break else long switch case enum register typedef char extern return union const float short unsigned continue for signed void default goto sizeof volatile do if while static

习题解答

1. 答:面向对象语言充分支持对象、类、封装、继承、多态、重载等面向对象的概念,编译程序能够自动地在目标程序中实现上述概念,因此,把面向对象的设计结果翻译成面向对象程序比较容易,这就降低了编程工作量而且减少了编程错误。更重要的是,从面向对象分析到面向对象设计再到面向对象程序设计,始终使用统一的概念,既可以保证在软件开发过程的各个阶段之间平滑过渡,又有助于提高软件的可重用性和可维护性。

2. 答:按照编译时对程序中使用的数据进行类型检查的严格程度,可以把程序设计语言划分成两类。如果语言仅要求每个变量或属性隶属于一个对象,则是弱类型的;如果语法规定每个变量或属性必须准确地属于某个特定的类,则这样的语言是强类型的。

强类型的语言主要有两个优点:一是有利于在编译时发现程序错误;二是增加了优化的可能性。因此,强类型语言有助于提高程序的可靠性和运行效率。

3. 答:绝大多数面向对象语言都优化了动态联编时查找多态操作入口点的过程,由于实现了高效率查找,因此并不会显著降低程序的运行效率。

以C++语言为例,该语言的动态联编是通过使用"虚函数表"实现的。所谓虚函数表就是编译程序替每个使用虚函数的类构造的一个函数指针数组。类中每个虚函数在表中都有一个表项(即数组元素),它是一个函数指针。注意,如果在派生类中没有重新定义基类的虚函数,又没有通过一般的函数重载屏蔽基类的虚函数,则派生类的虚函数表中有指针项指向其继承的基类虚函数。

每个类的实例都有一个隐含的指向该类虚函数表的指针。当执行调用虚函数的语句时,系统首先用调用虚函数的对象的虚函数表指针找到相应类的虚函数表,再由虚函数表中与虚函数名对应的表项找到该虚函数的入口点。为了进一步提高效率,根据虚函数名查找虚函数表中对应表项的过程,可以使用哈希表技术。

从C++语言实现动态联编的方法可以知道,调用虚函数确实比调用普通函数的开销大一些，主要是多了读虚函数表指针的操作，实际上开销增加得并不多，虚函数调用只比普通函数调用慢一点点。

4. 答：在实际的应用程序中，往往有这样一些软件元素（即函数、类等软件成分），从它们的逻辑功能看，彼此是相同的，所不同的主要是处理的对象类型不同。

所谓参数化类，就是使用一个或多个类型去参数化一个类的机制，有了这种机制，程序员就可以先定义一个参数化的类模板（即在类定义中包含以参数形式出现的一个或多个类型），然后在使用时把数据类型作为参数传递进来，从而把这个类模板在不同的应用程序中重复使用，或在同一程序的不同部分重复使用。

5. 答：从所完成的功能看，有两类不同的方法。一类方法负责作出决策，提供变元，并且管理全局资源，可称为策略方法。另一类方法负责完成具体操作，但并不作出是否执行这个操作的决定，可称为实现方法。

策略方法通常紧密依赖于具体应用，应用系统不同，策略方法往往也不同。实现方法是自含式算法，相对独立于具体应用，因此，在其他应用系统中也可能重用它们。

为提高可重用性，编程时不要把策略和实现放在同一个方法中，应该把算法的核心部分放在一个单独的具体实现方法中。当开发不同的应用系统时，可以从已有类派生出新的子类，子类从基类直接继承不需修改的实现方法，并且根据需要重新定义策略方法。

6. 答：封装性使得对象成为独立性很强的模块，理解一个对象所需要了解的元素，大部分都在该对象内部，因此，测试和维护比较容易。对象彼此之间仅能通过发送消息相互作用，不能从外界直接修改对象的私有数据，进一步使得测试和维护变得更容易。信息隐藏确保了对对象本身的修改不会在该对象以外产生影响，从而大大减少了回归错误的数量，因此，这个特点也使得测试和维护变得比较容易。

与封装性和信息隐藏相反，继承性和多态性加大了测试（含调试）和维护的难度。

- 由于派生类继承了它的全部基类的属性和方法，为了理解和修改派生类，必须研究整个继承结构。
- 如果继承结构的上层结点（即基类）发生了某种变化，则这种变化将传递给下层结点（即派生类）。
- 由于多态性和动态联编的存在，如果程序中有调用多态操作的语句，调试人员或维护人员将不得不研究运行时可能发生的各种绑定，并且对代码运行情况进行跟踪，才能判断出大量方法中的哪一个方法会在代码的这一点被调用。

7. 答：在对第6章习题第8题的解答中，已经分析设计了解决本问题所需要的类以及类的继承结构，图9.1所示类图总结了上述的设计结果。其中，Location类即是“位置”类，Point类即是“点”类，GMessage类即是“图形模式字符串”类，Circle类即是“圆”类，MCircle类即是“圆内字符串”类。

下面给出用C++语言实现图9.1所示类继承结构的程序代码。

```
enum Boolean{false, true};
class Location{
  protected:
    int X, Y;
```

```
  public:
      Location(int InitX, int InitY);
      int GetX();
      int GetY();
};
class Point: public Location{
  protected:
      Boolean Visible;
  public:
      Point(int InitX, int InitY);
      void Show();
      void Hide();
      Boolean IsVisible();
};
class Circle: public Point{
  protected:
      int Radius;
  public:
      Circle(int InitX, int InitY, int InitRadius);
      void Show();
      void Hide();
      int GetRadius();
};
class GMessage: public Location{
      char * msg;          //字符串内容
      int font;            //字符的字体
      int field;           //字符串占用的屏幕长度
  public:
      GMessage(int MsgX, int MsgY, int MsgFont, int FieldSize, char * Text);
      void Show();
};
class MCircle: public Circle, public GMessage{
  public:
      MCircle(int McX, int McY, int McRadius, int Font, char * Msg);
      void Show();
};
```

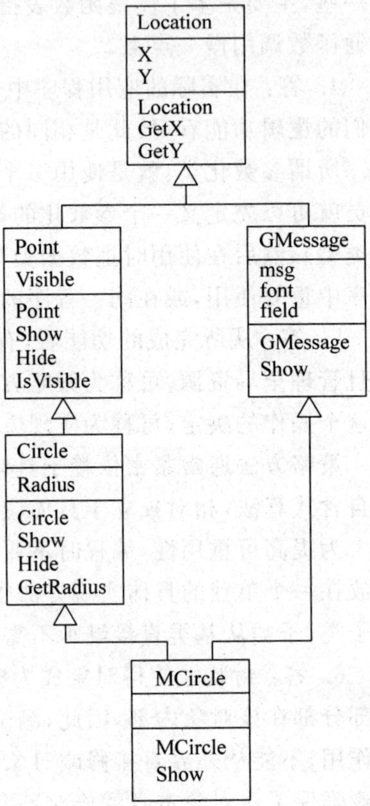

图 9.1 简单图形程序的类继承结构

8. 答：在这个简单图形程序中，类内多数方法彼此间相对独立，仅仅 Point、Circle 和 MCircle 类的 Show 和 Hide 方法因为修改数据成员 Visible 而影响 IsVisible 方法的输出结果。因此，在设计测试用例以覆盖对所有方法的调用时，多数方法的调用顺序无关紧要，仅仅需要在调用上述三个类的 Show 或 Hide 方法之后，立即调用 IsVisible 方法，以观察 IsVisible 方法输出的变化。

(1) 测试 Location 类

说明 Location 类的若干个实例 $li(i=1,2,\cdots,n)$，然后向每个实例发送下述消息序列：

GetX · GetY

（2）测试 Point 类

说明 Point 类的若干个实例 pi(i=1,2,…,n)，然后向每个实例发送下述消息序列：

GetX · GetY · Show · IsVisible · Hide · IsVisible

（3）测试 Circle 类

说明 Circle 类的若干个实例 ci(i=1,2,…,n)，然后向每个实例发送下述消息序列：

GetX · GetY · GetRadius · Show · IsVisible · Hide · IsVisible

（4）测试 GMessage 类

说明 GMessage 类的若干个实例 gm$i$(i=1,2,…,n)，然后向每个实例发送下述消息序列：

GetX · GetY · Show

（5）测试 MCircle 类

说明 MCircle 类的若干个实例 mc$i$(i=1,2,…,n)，然后向每个实例发送下述消息序列：

GetX · GetY · GetRadius · Show · IsVisible · Hide · IsVisible

9. 答：解决这类问题的关键有以下几个步骤：

① 分析问题寻找数据特点，提炼出所有可行有效的算法；

② 定义与所提炼算法相关联的数据结构；

③ 依据此数据结构进行算法的详细设计；

④ 进行一定规模的实验与评测；

⑤ 确定最佳设计。

1）基本思路

（1）分析问题寻找数据特点：这是查找问题，每遇到一个单词就拿它与关键字数组中的每个关键字进行匹配，直到匹配成功。

缺点：效率低。对于大规模的数据，其等待时间往往无法忍受。

（2）扩展思路1：考虑减少每个单词的比较次数，以提高效率。因此，可考虑对关键字进行分类。而32个关键字，是由字母组成的，而且有长有短，所以可以根据这些特点提炼算法。

（3）扩展思路2：建立索引，我们知道在所有数据结构中，哈希结构最适合快速查找的场合。

2）可行的算法（即可行的详细设计方案）分析

【a】暴力查找：不对关键字做任何处理。

【b】按首字母分类查找：将关键字按照首字母分类，首字母相同的分为一类，如 int 和 if 同属于首字母 i 类。

【c】按长度分类查找：将关键字按照长度分类，相同长度的分为一类，如 if 和 do 同属于长度为2的类。

【d】按长度和首字母分类查找：将长度相同，首字母也相同的分为一类，如 sizeof 和 static 同属于长度为6、首字母为 s 的类。

【e】建立哈希表查找：将所有的关键字作为 key，散列到哈希表中。

3）可行的数据结构分析(定义与所提炼算法相关联的数据结构)

为了编程方便，首先将关键字存到一个基本数组中：

```
string[]keyWord;                    //初始关键字数组
keyword=new
string[32] { " auto"," double"," int"," struct"," break"," else"," long"," switch",
"case"," enum"," register"," typedef"," char"," extern"," return"," union"," const",
"float","short","unsigned","continue","for","signed","void","default","goto","
sizeof","volatile","do","if","while","static"};
```

【a】暴力查找的数据结构定义：

以C#语言为例：定义一个 List<string>对象，使用 List 类的 Add(string)方法，直接将关键字逐个添加到 List 数据结构中。

【b】按首字母分类查找的数据结构定义：

以C#语言为例：定义一个 List<string>类型的数组，长度为26，分别存放首字母为 a-z 的关键字。使用 List 类的 Add(string)方法，按照首字母的不同分别将关键字逐个添加到对应的 List 数据结构中。

【c】按长度分类查找的数据结构定义：

以C#语言为例：定义一个 List<string>类型的数组，长度为10，分别代表长度为0-9 的关键字。使用 List 类的 Add(string)方法，按照首字母的不同分别将关键字逐个添加到对应的 List 数据结构中。

【d】按长度分类和首字母分类查找的数据结构定义：

以C#语言为例：定义一个 List<string>的二维数组，第一维代表长度，第二维代表首字母。使用 List 类的 Add(string)方法，按照长度和首字母，分别将关键字逐个添加到对应的 List 数据结构中

【e】建立哈希表查找的数据结构定义：

以C#语言为例：定义一个 HashTable 对象，使用 Add(key,value)方法，将关键字作为 key，value 为 null，逐个添加到 HashTable 数据结构中

4）对应数据结构下的算法详细设计

【a】暴力查找的算法设计：

利用 List 类提供的方法 IndexOf(string)，返回值为－1 代表匹配失败；否则成功。关键字计数器加1。

【b】按首字母分类查找的算法设计：

以C#语言为例：利用 List 类提供的方法 IndexOf(string)，返回值为－1 代表匹配失败；否则成功。关键字计数器加1。

【c】按长度分类查找的算法设计：

以C#语言为例：利用 List 类提供的方法 IndexOf(string)，返回值为－1 代表匹配

失败;否则成功。关键字计数器加1。

【d】按长度和首字母分类查找的算法设计:

以C#语言为例:利用List类提供的方法IndexOf(string),返回值为-1代表匹配失败;否则成功。关键字计数器加1。

【e】建立哈希表查找的算法设计:

以C#语言为例:使用HashTable类提供的ContainsKey(Object)类,返回值为true,代表匹配成功,关键字计数器加1。否则失败。

5) 部分实现代码(以vs2010 C#语言为开发环境)

(1) 首先定义基本数据结构:

```
string[] keyWord;                          //初始关键字数组
string testData;                           //测试数据字符串
string[] testWord;                         //将测试数据分成的测试单词
bool[] result;                             //存测试数据是否是关键字
List<string>LkeyWord;                      //未经过任何处理的关键字 list
Hashtable HTkeyWordHash;                   //直接将关键字存在一个 Hashtable 中
List<string>[] LkeyWordSortByLength;       //将按字符串长度排序的字符串存放在 List 中
List<string>[] LkeyWordSortByLetter;       //将字符串按首字母顺序分别存放在不同的 List 中
List<string>[][] LkeyWordSortByLL;         //将字符串按长度及首字母顺序存放在 list 中
```

(2) 扩展数据结构定义代码:

```
//【a】暴力查找的预处理,将初始关键字数组存入 List 数据结构中
private void FillList()
{
    for (int i=0; i<32; i++)
    {
        LkeyWord.Add(keyWord[i]);
    }


}
//【b】按首字母分类查找的预处理,将关键字按字母排序存放
private void SortByLetter()
{
    //填充按字母排序的 List
    for (int i=0; i<26; i++)
    {
        LkeyWordSortByLetter[i]=new List<string>();
    }
    for (int i=0; i<keyWord.Length; i++)
    {
        char ch=keyWord[i][0];
        int index=ch-'a';
```

```
            LkeyWordSortByLetter[index].Add(keyWord[i]);
        }
}
//【c】按长度分类查找的预处理,将关键字按长度排序存放
private void SortByLength()
{
    for (int i=0; i<9; i++)
    {
        LkeyWordSortByLength[i]=new List<string>();
    }
    for (int i=0; i<keyWord.Length; i++)
    {
        int index=keyWord[i].Length;
        LkeyWordSortByLength[index].Add(keyWord[i]);
    }
}
//【d】按长度和首字母分类查找的预处理,将关键字按长度和字母排序存放
private void SortByLL()
{
    for (int i=0; i<9; i++)
    {
        LkeyWordSortByLL[i]=new List<string>[26];
        for (int j=0; j<26; j++)
        {
            LkeyWordSortByLL[i][j]=new List<string>();

        }
    }
    for (int i=0; i<keyWord.Length; i++)
    {
        int indexi=keyWord[i].Length;                //长度为第一个下标
        char ch=keyWord[i][0];                       //首字母的顺序做第二个下标
        int indexj=ch-'a';
        LkeyWordSortByLL[indexi][indexj].Add(keyWord[i]);
    }
}
//【e】建立哈希表查找的预处理,按哈希函数散列存放
private void ByHash()
{
    for (int i=0; i<32; i++)
    {
        HTkeyWordHash.Add(keyWord[i],null);
    }
```

```
}
```

(3) 算法实现代码：

```
//【a】暴力查找的算法设计与实现
private double Find()
{
    startDate=DateTime.Now;
    for (long i=0; i<testWord.Length; i++)
    {
        if (LkeyWord.IndexOf(testWord[i])!=-1)
        {
            result[i]=true;
        }
        else
        {
            result[i]=false;
        }
    }
    endDate=DateTime.Now;
    labelResult.Text=CountOfTrue().ToString();
    return (endDate-startDate).TotalMilliseconds;    //返回查找时间
}
//【b】按首字母分类查找的算法设计与实现
private double FindByLetter()
{
    startDate=DateTime.Now;
    for (long i=0; i<testWord.Length; i++)
    {

        //注意：使用该方法可能导致时间波动，且使耗费时间增加
        // int index=testWord[i].ToCharArray()[0]-'a';
        int index=testWord[i][0]-'a';
        //关键字首字母大于22之后的没有，最后一个首字母是w
        if (index<0||index>22)
        {
            result[i]=false;
        }
        else
        {
            if (LkeyWordSortByLetter[index].IndexOf(testWord[i])!=-1)
            {
                result[i]=true;
            }
            else
```

```
                result[i]=false;
            }
        }
        endDate=DateTime.Now;
        labelResult.Text=CountOfTrue().ToString();
        return (endDate-startDate).TotalMilliseconds;                    //返回查找时间
    }

//【c】按长度分类查找的算法设计与实现
private double FindByLength()
{
    startDate=DateTime.Now;
    for (long i=0; i<testWord.Length; i++)
    {
        int len=testWord[i].Length;
        if (len<2||len>8)
        {
            result[i]=false;
        }
        else
        {
            if (LkeyWordSortByLength[len].IndexOf(testWord[i])!=-1)
                result[i]=true;
            else
                result[i]=false;
        }
    }
    endDate=DateTime.Now;
    labelResult.Text=CountOfTrue().ToString();
    return (endDate-startDate).TotalMilliseconds;                    //返回查找时间
}
//【d】按长度分和首字母分类查找的算法设计与实现
private double FindByLL()
{
    startDate=DateTime.Now;
    for (long i=0; i<testWord.Length; i++)
    {
        int indexi=testWord[i].Length;
        //注意：使用该方法可能导致时间波动,且使耗费时间增加
        //int indexj=testWord[i].ToCharArray()[0]-'a';
        int indexj=testWord[i][0]-'a';
        //indexi为按长度索引,关键字长度都在2和8之间
        //indexj为按首字母索引,关键字的首字母都在a和w之间
        if (indexi<2||indexi>8||indexj<0||indexj>22)
```

```
        {
            result[i]=false;
        }
        else
        {
            if (LkeyWordSortByLL[indexi][indexj].IndexOf(testWord[i])!=-1)
                result[i]=true;
            else
                result[i]=false;
        }
    }
    endDate=DateTime.Now;
    labelResult.Text=CountOfTrue().ToString();
    return (endDate-startDate).TotalMilliseconds;                    //返回查找时间
}
//【e】建立哈希表查找的算法设计与实现
private double FindByHash()
{
    startDate=DateTime.Now;
    for (long i=0; i<testWord.Length; i++)
    {
        if (HTkeyWordHash.ContainsKey(testWord[i]))
        {
            result[i]=true;
        }
        else
        {
            result[i]=false;
        }
    }
    endDate=DateTime.Now;
    labelResult.Text=CountOfTrue().ToString();
    return (endDate-startDate).TotalMilliseconds;                    //返回查找时间
}
```

(4) 生成原始数据(为读者方便,提供了产生单词的代码,以供参考):

```
//去除注释的类 RemoveComment.cs
class RemoveComment
{
    private string sourceCode;
    private string resultCode;
                                    //存放的是经过去除注释的代码,每行格式为"行号 源代码"
    public RemoveComment(string str)
    {
```

```
        this.SourceCode=str;
        this.resultCode="";
    }
    public RemoveComment()
    {
        this.SourceCode="";
        this.ResultCode="";
    }
    public string SourceCode
    {
        get {return sourceCode;}
        set {sourceCode=value;}
    }
    public string ResultCode
    {
        get {return resultCode;}
        set {resultCode=value;}
    }
    //删除注释
    public string Remove()
    {
        int lineNum=1;
        int index=0;                          //永远指向下一个要被处理的字符
        bool rowStart=false;
        bool fileStart=true;
        //未到达字符串的末尾
        while (index<SourceCode.Length)
        {
            //滤掉每一行行首的空格,tab和\t
            if (lineNum==1||SourceCode[index-1]=='\n')
            {
                while((index < SourceCode.Length) && (SourceCode[index]==' '||
SourceCode[index]=='\t'||SourceCode[index]=='\r'))
                {
                    index++;
                }
                rowStart=true;
            }
            //查看当前字符是否是'/'
            if(SourceCode[index]=='/')
            {
                index++;
                //查看接下来的字符是不是'/'
```

```
            if(index< SourceCode.Length && SourceCode[index]=='/')
            {
                //找到'\n',将该行注释删去
                index++;
                while(SourceCode[index]!='\n')
                {
                    index++;
                }
                //找到了'\n',该行结束,行号加1,处理下一个字符
                lineNum++;
                index++;
            }
            else if (index< SourceCode.Length && SourceCode[index]=='*')
                                                    //查看接下来的字符是不是'*'
            {
                //找到下一个*/,则结束
                index++;
                while((index< SourceCode.Length && index+1< SourceCode.Length )
&& (!(SourceCode[index]=='*' && SourceCode[index+1]=='/')))
                {
                    //如果找到'\n',则行号需要加1
                    if (SourceCode[index]=='\n')
                    {
                        lineNum++;
                    }
                    index++;
                }
        //找到了*/,此时index指向'*',故需加2,才能指向下一个被处理的字符
                index=index+2;
                //如果注释后面的是'\n',则需要将此'\n'去掉
                if (SourceCode[index]=='\n')
                {
                    index++;
                    lineNum++;
                }
            }
            else
            //说明当前找到的'/'字符不是注释的一部分,则需要将其存入ResultCode里面
            {
                if (rowStart==true)
                {
                    ResultCode+=lineNum+" ";
                    rowStart=false;
```

```
                }
                ResultCode+=SourceCode[index];
            }
        }
        else
            if (SourceCode[index]=='\n')       //此换行符属于有效代码里的换行符
            {
                lineNum++;
                index++;
                //如果连续出现很多换行,则只存入一个换行符
                /* while (SourceCode[index]=='\n')
                {
                    index++;
                    lineNum++;
                }
                ResultCode+="\n"; */
            }
            else        //说明当前的字符属于有效代码,则需要将其存入 ResultCode 里面
            {
                //如果这个字符是这一行的第一个字符就将行号加进去
                if (rowStart==true)
                {
                    if(fileStart==true)
                    {
                        ResultCode+=lineNum+" ";
                        fileStart=false;
                    }
                    else
                        ResultCode+="\n"+lineNum+" ";
                    rowStart=false;
                }
                ResultCode+=SourceCode[index];
                index++;
            }
        }
        ResultCode+='\0';
        return ResultCode;
    }
}
//去除程序中双引号里的内容的类 RemoveString.cs
class RemoveString
{
    private string sourceCode;
```

```
private string resultCode;
                    //存放的是经过去除双引号内容的代码,每行格式为"行号 源代码"
public RemoveString(string str)
{
    this.SourceCode=str;
    this.resultCode="";
}
public RemoveString()
{
    this.SourceCode="";
    this.ResultCode="";
}
public string SourceCode
{
    get {return sourceCode;}
    set {sourceCode=value;}
}
public string ResultCode
{
    get {return resultCode;}
    set {resultCode=value;}
}
public string Remove()
{
    int index=0;
    while (index<SourceCode.Length)
    {
        if (SourceCode[index]=='"')
        {
            index++;
            while (index<SourceCode.Length && SourceCode[index]!='"')
            {
                index++;
            }
        }
        else
        {
            ResultCode+=SourceCode[index];
        }
        index++;
    }
    return ResultCode;
}
```

```
}
//通过对话框打开C语言开源程序代码
private void 打开源程序ToolStripMenuItem_Click(object sender, EventArgs e)
{
    string fileName="";
    openFileDialog1.FileName="";
    openFileDialog1.Filter="源程序|*.txt;*.c";
    openFileDialog1.RestoreDirectory=true;
    openFileDialog1.Multiselect=false;
    if (openFileDialog1.ShowDialog()==DialogResult.OK)
    {
        fileName=openFileDialog1.FileName;
    }
    if (fileName!="")
    {
        richTextBoxCode.LoadFile(fileName, RichTextBoxStreamType.PlainText);
    }
    richTextBoxWord.Text="";
}
//通过正则表达式,分离出源代码中的单词
private void 生成测试数据ToolStripMenuItem_Click(object sender, EventArgs e)
{
    // RemoveComment为自定义的去除程序中注释的类
    RemoveComment rc=new RemoveComment("/**/\n"+richTextBoxCode.Text+"\0");
    string temp=rc.Remove();
    // RemoveString为自定义的去除程序中双引号里的内容的类
    RemoveString rs=new RemoveString(temp);
    string sourceCode=rs.Remove();
    Regex re=new Regex(@"[A-Za-z_][A-Za-z0-9_]*");     //定义单词的正则表达式
    MatchCollection matches=re.Matches(sourceCode);     //进行分词
    richTextBoxWord.Text="";
    string testWord="";
    foreach (Match word in matches)
    {
        testWord+=word.ToString()+"\n";
    }
    richTextBoxWord.Text=testWord;
}
//保存测试数据
private void 保存测试数据ToolStripMenuItem_Click(object sender, EventArgs e)
{
    string fileName="";
    saveFileDialog1.FileName="";
```

```
    saveFileDialog1.Filter="文本|*.txt";
    saveFileDialog1.Title="保存文件";
    saveFileDialog1.RestoreDirectory=true;
    saveFileDialog1.ShowDialog();
    fileName=saveFileDialog1.FileName;
    if (fileName!="")
    {
        richTextBoxWord.SaveFile(fileName, RichTextBoxStreamType.PlainText);
    }
}
```

(5) 统计关键字个数。

```
private long CountOfTrue()
{
    long count=0;
    for (long i=0; i<result.Length; i++)
    {
        if (result[i]==true)
            count++;
    }
    return count;
}
```

(6) 程序界面如图 9.2 和图 9.3 所示。

图 9.2　主界面

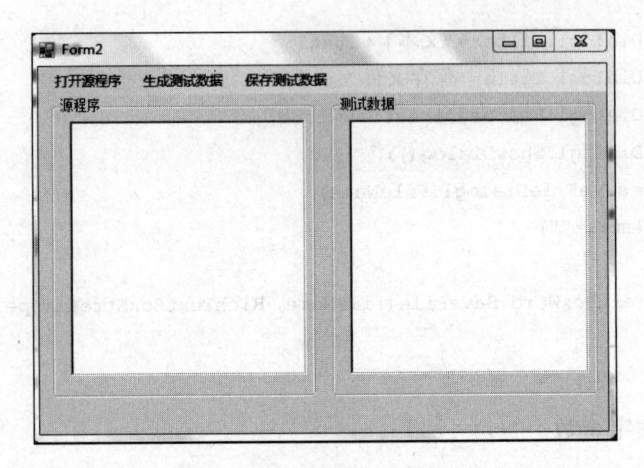

图 9.3 测试数据生成界面

6）结果分析与评测，如图 9.4 和图 9.5 所示。

结果汇总					
单词个数	暴力查找	按首字母分类	按长度分类	按长度和首字母分类	建立哈希表
5000	5.00	1.00	1.00	0.40	1.00
50 000	12.40	2.20	2.80	1.40	1.80
500 000	123.01	22.20	26.40	17.40	18.60
5 000 000	1233.07	218.81	265.02	182.21	189.01

图 9.4 实验数据表格对比

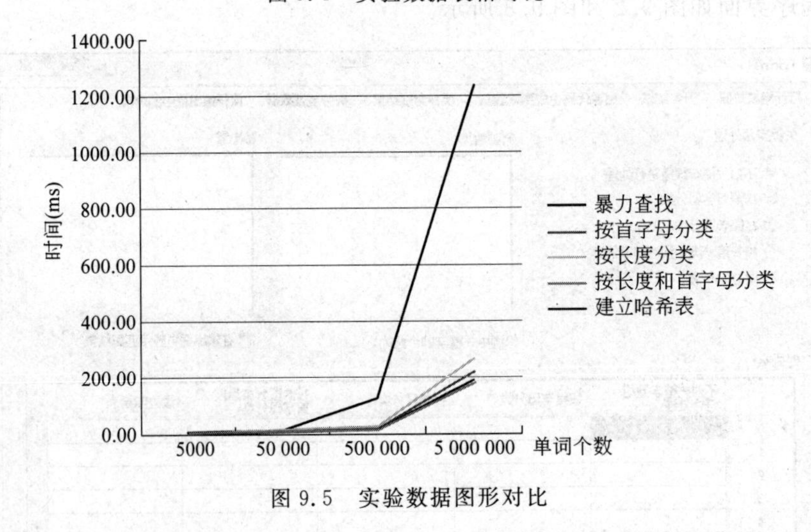

图 9.5 实验数据图形对比

7）结论(算法和数据结构确定)

实验结果表明：方案 1 暴力查找最差，方案 4 最好，方案 5 仅次之。

(1) 针对这组数据的特点，应选择方案 4。

(2) 如果不进行算法分析，在处理查找问题时，尽量选择哈希结构为数据结构是比较合理的。

第10章 软件项目管理

CHAPTER

软件项目管理就是通过计划、组织和控制等一系列活动，合理地配置和使用各种资源，以达到既定目标的过程。

10.1 估算软件规模

10.1.1 代码行技术

代码行技术是比较简单的定量估算软件规模的方法。这种方法根据以往开发类似产品的经验和历史数据，估计实现一个功能需要的源程序行数。把估计出的实现每个功能所需要的源程序行数累加起来，就可估算出实现整个软件所需要的源程序行数。

为了使得对程序规模的估计值更接近实际值，可以由多名有经验的软件工程师分别作出估计。每个人都估计程序的最小规模(a)、最大规模(b)和最可能的规模(m)，分别算出这 3 种规模的平均值 $\bar{a}$、$\bar{b}$ 和 $\bar{m}$ 之后，再用下式计算程序规模的估计值：

$$L = \frac{\bar{a} + 4\bar{m} + \bar{b}}{6} \tag{10.1}$$

10.1.2 功能点技术

功能点技术根据对软件信息域特性和软件复杂性的评估结果，估算软件规模。这种方法用功能点(FP)为单位度量软件规模。

1. 信息域特性

功能点技术定义了信息域的下述 5 个特性。

(1) 输入项数：提供给程序的应用数据项的数目。

(2) 输出项数：程序输出的数据项数。

(3) 查询数：不改变内部数据的请求—响应对的数目。

(4) 主文件数：必须由系统维护的逻辑主文件的数目。

(5) 外部接口数：与其他程序共享的数据的数目。

2. 估算功能点的步骤

(1) 计算未调整的功能点数 UFP。首先，把软件信息域的每个特性都划分为简单级、平均级或复杂级，并且根据等级为每个特性分配一个功能点数(见表 10.1)。

然后，用下式计算未调整的功能点数 UFP：

$$UFP = a_1 \times Inp + a_2 \times Out + a_3 \times Inq + a_4 \times Maf + a_5 \times Inf$$

其中，Inp、Out、Inq、Maf 和 Inf 分别是输入项数、输出项数、查询数、主文件数和外部接口数，$a_i(1 \leqslant i \leqslant 5)$是信息域特性系数，其值由相应特性的复杂级别决定，如表 10.1 所示。

表 10.1 信息域特性系数值

特性系数 \ 复杂级别	简单	平均	复杂
输入项数 a_1	3	4	6
输出项数 a_2	4	5	7
查询数 a_3	3	4	6
主文件数 a_4	7	10	15
外部接口数 a_5	5	7	10

(2) 计算技术复杂性因子 TCF。这个步骤度量 14 种技术因素对软件规模的影响程度。这 14 种技术因素分别是：数据通信、分布式数据处理、性能标准、高负荷硬件、高处理率、联机数据输入、终端用户效率、联机更新、复杂的计算、可重用性、安装方便、操作方便、可移植性和可维护性。

根据软件的特点，为每个技术因素分配一个从 0(不存在或对软件规模无影响)到 5(对软件规模有很大影响)的值。然后，用下式计算技术因素对软件规模的综合影响程度：

$$DI = \sum_{\lambda=1}^{14} F_i$$

其中，$F_i(1 \leqslant i \leqslant 14)$为技术因素的值。

最后，用下式计算技术复杂性因子：

$$TCF = 0.65 + 0.01 \times DI$$

因为 DI 的值在 0～70 之间，所以 TCF 的值在 0.65～1.35 之间。

(3) 计算功能点数 FP。用下式计算功能点数：

$$FP = UFP \times TCF$$

10.2　估算工作量

软件开发工作量是软件规模(KLOC或FP)的函数,工作量的单位通常是人月(PM)。

10.2.1　静态单变量模型

这类模型的形式如下:

$$E=A+B\times(ev)^C$$

其中,A、B和C是由历史数据导出的常数,E是开发工作量(以人月为单位),ev是估算变量(KLOC或FP)。

10.2.2　动态多变量模型

动态多变量模型也称为软件方程式。该模型把开发软件所需的工作量看做是软件规模和开发时间这两个变量的函数,模型形式如下:

$$E=(\text{LOC}\times B^{0.333}/P)^3\times(1/t)^4$$

其中,E是以人月或人年为单位的工作量;

t是以月或年为单位的项目持续时间;

B是特殊技术因子,对于较小的程序(KLOC=5～15),B的典型值为0.16,对于超过70KLOC的程序,B的典型值是0.39;

P是生产率参数,它反映了下述因素对工作量的影响:

- 过程成熟度及管理水平。
- 使用良好的软件工程实践的程度。
- 使用的程序设计语言的级别。
- 使用的软件工程环境的状态。
- 软件项目组的技术和经验。
- 应用系统的复杂程度。

应该从历史数据导出适用于当前项目的生产率参数值P。

10.2.3　COCOMO2模型

COCOMO是构造性成本模型的英文缩写。这个模型有三个层次,其中适用于完成体系结构设计之后的软件开发阶段的第三层次模型,称为后体系结构模型,它把软件开发工作量表示成代码行数(KLOC)的非线性函数:

$$E=a\times \text{KLOC}^b\times\prod_{i=1}^{17}f_i$$

其中,E是开发工作量(以人月为单位);

a是模型系数;

KLOC是估计的源代码行数(以千行为单位);

b是模型指数;

$f_i(i=1\sim17)$是成本因素。

每个成本因素都根据它的重要程度和对工作量影响大小赋予一定数值(称为工作量系数)。这些成本因素对任何一个项目的开发工作量都有影响，即使不使用COCOMO2模型估算工作量，也应该重视这些因素。Boehm把成本因素划分成产品因素、平台因素、人员因素和项目因素4类。

产品因素包括要求的可靠性、数据库规模、产品复杂程度、要求的可重用性和需要的文档量5个因素。平台因素包括执行时间约束、主存约束和平台变动3个因素。人员因素包括分析员能力、程序员能力、应用领域经验、平台经验、语言和工具经验、人员连续性6个因素。项目因素包括使用软件工具、多地点开发和要求的开发进度3个因素。

COCOMO2使用了精细的b分级模型来确定工作量方程中模型指数b的数值。该模型使用了5个分级因素$W_i(1\leqslant i\leqslant5)$，其中每个因素都划分成从甚低($W_i=5$)到特高($W_i=0$)的6个级别。然后，用下式计算$b$的数值：

$$b=1.01+0.01\times\sum_{i=1}^{5}W_i$$

因此，b的取值范围为1.01～1.26。

5个分级因素分别是项目先例性、开发灵活性、风险排除度、项目组凝聚力和过程成熟度。

工作量方程中模型系数a的典型值为3.0，应该根据历史经验数据确定一个适合本组织所开发的项目类型的数值。

10.3 进度计划

项目管理者的目标是定义一个适用于当前项目的任务集合，识别出关键任务，跟踪关键任务的进展状况，以保证及时发现拖延进度的情况并采取措施予以解决。为达到上述目标，管理者必须制订一个足够详细的进度表，以便监督项目进度并控制整个项目。

软件项目的进度安排是一项活动，它通过把工作量分配给特定的软件工程任务，并规定完成各项任务的起、止日期，从而将估算的工作量分布于计划好的项目持续期内。

10.3.1 估算开发时间

通常，工作量估算模型也同时提供了估算开发时间T的方程。各种模型估算开发时间的方程形式如下式所示：

$$T=a\times E^b$$

其中，T是开发时间(以月为单位)；

E是开发工作量(以人月为单位)；

a和b是常数。

用上述方程计算出的T值是正常开发时间。客户往往希望缩短软件的开发时间，显然，为了缩短开发时间应该增加从事开发工作的人数。但是，经验表明，随着开发小组规模增大，通信开销也将增大，个人的生产率将下降。因此，当小组人数增加到一定程度时，开发小组的生产率不仅不能提高反而会开始下降。

事实上，做任何事情都需要时间。我们不可能用“人力换时间”的办法无限制地缩短一个软件项目的开发时间。Boehm 根据经验指出，软件项目开发时间最多可以减少至正常开发时间的 75%。如果试图把开发时间压缩得太短，则成功的概率几乎为 0。

10.3.2　Gantt 图

Gantt(甘特)图是历史悠久、应用广泛的制订进度计划的工具，它用水平横线代表任务，线的长度代表任务持续时间。

10.3.3　工程网络

当把一个工程项目分解成许多子任务，并且它们彼此间的依赖关系又比较复杂时，仅仅用 Gantt 图作为安排进度的工具是不够的，不仅难于作出既节省资源又保证进度的计划，而且还容易发生差错。

工程网络是制订进度计划时另一种常用的图形工具，它同样能描绘任务分解情况以及每项作业的开始时间和结束时间，此外，它还显式地描绘各个作业彼此间的依赖关系。因此，工程网络是系统分析和系统设计的强有力的工具。

在工程网络中用箭头表示作业，用圆圈表示事件。事件仅仅是可以明确定义的时间点，它并不消耗时间和资源。作业通常既消耗资源又需要持续一定时间。

箭头尾部的圆圈代表该作业的开始事件，箭头头部的圆圈代表该作业的结束事件，显然，结束事件不能先于开始事件发生。如果一个圆圈既有箭头进入又有箭头离开，则它既是某些作业的结束事件又是另一些作业的开始事件，仅当所有进入该圆圈的箭头代表的作业都完成了之后，才能开始由离开该圆圈的箭头所代表的作业。因此，工程网络显式地表示了作业之间的依赖关系。

必要时可以在工程网络中增加一些用虚线箭头表示的虚拟作业，也就是事实上并不存在的作业。引入虚拟作业是为了显式地表示作业之间的依赖关系。

10.3.4　估算工程进度

为了借助工程网络的帮助估算工程进度，需要在它上面增加一些必要的信息。

首先，把每个作业估计需要使用的时间写在表示该项作业的箭头线上方。

其次，为每个事件计算下述两个统计数字：最早时刻 EET 和最迟时刻 LET。这两个数字分别写在表示该事件的圆圈的右上部和右下部。

事件的最早时刻是该事件可以发生的最早时间。通常工程网络中第一个事件的最早时刻定义为零，其他事件的最早时刻在工程网络上从左至右按事件发生顺序计算。计算最早时刻 EET 使用下述三条简单规则。

- 考虑进入该事件的所有作业。
- 对于每个作业都计算它的持续时间与起始事件的 EET 之和。

- 选取上述和数中的最大值作为该事件的最早时刻 EET。

事件的最迟时刻是在不影响工程竣工时间的前提下该事件最晚可以发生的时刻。按惯例,最后一个事件(工程结束)的最迟时刻就是它的最早时刻。其他事件的最迟时刻在工程网络上从右至左按逆作业流的方向计算。计算最迟时刻 LET 使用下述三条规则。

- 考虑离开该事件的所有作业。
- 从每个作业的结束事件的最迟时刻中减去该作业的持续时间。
- 选取上述差数中的最小值作为该事件的最迟时刻 LET。

10.3.5 关键路径

最早时刻和最迟时刻相同的那些事件定义了关键路径,通常在工程网络中用粗线箭头表示关键路径。关键路径上的事件(关键事件)必须准时发生,组成关键路径的作业(关键作业)的实际持续时间不能超过估计的持续时间,否则工程就不能准时结束。

10.3.6 机动时间

不在关键路径上的作业有一定程度的机动余地——实际开始时间可以比预定时间晚一些,或者实际持续时间可以比预计的持续时间长一些,而并不影响工程的结束时间。一个作业的全部机动时间等于它的结束事件的最迟时刻减去它的开始事件的最早时刻,再减去这个作业的持续时间:

$$\text{机动时间} = (\text{LET})_{\text{结束}} - (\text{EET})_{\text{开始}} - \text{持续时间}$$

在制订进度计划时仔细考虑和利用工程网络中的机动时间,往往能够安排出既节省资源又不影响最终完成时间的进度表。

工程网络比 Gantt 图优越的地方是,它显式地定义事件及作业之间的依赖关系,Gantt 图只能隐含地表示这种关系。但是 Gantt 图的形式比工程网络更简单更直观,被更多的人所熟悉。因此,应该同时使用这两种工具制订和管理进度计划,使它们互相补充、取长补短。

10.4 人员组织

为了成功地完成软件开发工作,项目组成员必须以一种有意义且有效的方式彼此交互和通信。如何组织项目组是一个管理问题,管理者必须合理地组织项目组,使项目组有较高生产率,能够按预定的进度计划完成所承担的工作。经验表明,项目组组织得越好,其生产率越高,而且产品质量也越高。

除了追求更好的组织方式之外,每个管理者的目标都是建立有凝聚力的项目组。一个有高度凝聚力的小组是一批团结得非常紧密的人,他们的整体力量大于个体力量的总和。一旦项目组开始具有凝聚力,成功的可能性就大大增加了。

10.4.1　民主制程序员组

民主制程序员组的一个重要特点是，小组成员完全平等，享有充分民主，通过协商作出技术决策。因此，小组成员间的通信是平行的，如果一个小组有 n 个成员，则可能的通信信道有 $n(n-1)/2$ 条。

程序员小组的规模应该比较小，一般以 2～8 名成员为宜。如果项目规模很大，则应该组成若干个程序员小组，每个小组承担工程项目的一部分任务，在一定程度上独立自主地完成各自的任务。

小组规模小，不仅可以减少通信开销，而且还有下述好处：容易确定小组的质量标准，而且用民主方式确定的标准更容易被大家遵守；组员间关系密切，容易发扬学术民主。

民主制程序员组通常采用非正式的组织方式，也就是说，虽然名义上有一个组长，但是他和其他组员完成同样任务，全体组员协商决定应该完成的工作，并且根据每个人的能力和经验分配适当的任务。

民主制程序员组的主要优点是，对发现错误抱着积极的态度，这种积极态度有助于更快速地发现错误，从而编写出高质量的代码。

民主制程序员组的另一个优点是，小组成员享有充分民主，小组有高度凝聚力，组内学术空气浓厚，有利于攻克技术难关。因此，当有难题需要解决时，也就是说，当所要开发的软件产品的技术难度较高时，采用民主制程序员组是适宜的。

10.4.2　主程序员组

为了使少数经验丰富、技术高超的程序员在软件开发过程中发挥更大作用，可以采用主程序员组的组织形式。

主程序员组由经验多、技术好、能力强、会管理的程序员担任主程序员，同时利用人和计算机在事务性工作方面给主程序员提供充分支持，而且所有通信都通过一两个人进行。

主程序员组有以下两个重要特性。

(1) 专业化。组内每名成员仅完成他们受过专业训练的那些工作。

(2) 层次性。主程序员指挥每名组员工作，并对本小组承担的软件开发工作全面负责。

10.4.3　现代程序员组

把民主制程序员组和主程序员组的优点结合起来的一种方法，是由两个人共同完成主程序员的工作：技术负责人负责领导小组的技术活动；行政负责人负责所有非技术性事务的管理决策。因为负责对程序员的业绩进行评价的行政负责人不参与代码审查工作，程序员不会由于担心把所发现的程序错误与自己的工作业绩联系起来，而对发现程序错误持消极态度。

由于程序员组成员人数不宜过多，当软件项目规模较大时，应该把程序员分成若干个小组，然后由项目经理统一指挥各组的工作。

把民主制程序员组和主程序员组的优点结合起来的另一种方法，是在适当的范围内采用分散做决定的办法，也就是在集中指导下发扬民主，在民主的基础上集中。

10.5 质量保证

10.5.1 软件质量

概括地说，软件质量就是“软件与明确地和隐含地定义的需求相一致的程度”。更具体地说，软件质量是软件与明确叙述的功能和性能需求、文档中明确描述的开发标准以及任何专业开发的软件产品都应该具有的隐含特征相一致的程度。上述定义强调了下述三个要点。

(1) 软件需求是度量软件质量的基础，与需求不一致就是质量不高。

(2) 指定的开发标准定义了一组指导软件开发的准则，不遵守这些准则几乎肯定会导致软件质量不高。

(3) 通常，有一组隐含的需求(例如，软件应该是容易维护的)。如果软件满足明确描述的需求，但不满足隐含的需求，那么，软件的质量仍然是值得怀疑的。

度量软件质量的因素主要是正确性、健壮性、效率、完整性(安全性)、可用性、风险性、可理解性、可修改性、可测试性、灵活性(适应性)、可移植性、可再用性和互运行性。

10.5.2 软件质量保证措施

软件质量保证措施主要有：基于非执行的测试(也称为技术复审或评审，包括走查和审查等具体方法)，基于执行的测试(即通常说的软件测试)和程序正确性证明。

技术复审主要用来保证在编码之前各阶段产生的文档的质量；基于执行的测试需要在程序编写出来之后进行，它是保证软件质量的最后一道防线；程序正确性证明使用数学方法严格验证程序是否与对它的功能说明完全一致。

10.6 软件配置管理

在开发软件的过程中，变化(也称为变动)既是必要的，又是不可避免的。

软件配置管理是在软件的整个生命期内管理变化的一组活动，这组活动用来：①标识变化；②控制变化；③确保适当地实现了变化；④向需要知道这类信息的人报告变化。

软件配置管理的目标是，使变化更正确且更容易被适应，在必须变化时减少所需花费的工作量。

可以认为软件配置管理是应用于整个软件生命期的软件质量保证活动，是专门用于管理变化的软件质量保证活动。

10.6.1 软件配置

1. 软件配置项

软件过程的输出信息可以分为三类：①计算机程序(源代码和可执行程序)；②描述

计算机程序的文档(供技术人员或用户使用)；③数据(程序内包含的或在程序外的)。上述这些项组成了在软件过程中产生的全部信息，把它们统称为软件配置，而这些项就是软件配置项。

2. 基线

基线是一个软件配置管理概念，它有助于在不严重妨碍合理变化的前提下来控制变化。IEEE 把基线定义为：已经通过了正式复审的规格说明或中间产品，它可以作为进一步开发的基础，并且只有通过正式的变化控制过程才能改变它。

简而言之，基线就是通过了正式复审的软件配置项。在软件配置项变成基线之前，可以迅速而非正式地修改它。一旦建立了基线之后，虽然仍然可以实现变化，但是，必须应用特定的、正式的过程(称为规程)来评估、实现和验证每个变化。

为防止不同版本的软件工具产生的结果不同，应该把软件工具也基线化，并且列入综合的配置管理过程中。

10.6.2　软件配置管理过程

软件配置管理主要有下述 5 项任务：标识、版本控制、变化控制、配置审计和状态报告。

1. 标识软件配置中的对象

每个对象都有一组能唯一地标识它的特征：名字、描述、资源表和“实现”。其中，对象名是无二义性地标识该对象的字符串。

在设计标识软件对象的模式时，必须考虑到对象在其整个生命周期中一直都在演化这个事实，因此，标识模式必须能无歧义地标识每个对象的不同版本。

2. 版本控制

版本控制联合使用规程和工具，以管理在软件工程过程中所创建的配置对象的不同版本。借助于版本控制技术，用户能够通过选择适当的版本来指定软件系统的配置。

3. 变化控制

在一个软件配置项变成基线之前，仅需应用非正式的变化控制。该配置对象的开发者可以对它进行任何合理的修改(只要修改不会影响到开发者工作范围之外的系统需求)。一旦该对象经过了正式技术复审并获得批准，就创建了一个基线。而一旦一个软件配置项变成了基线，就开始实施项目级的变化控制。现在，为了进行修改，开发者必须获得项目管理者的批准(如果变化是“局部的”)，如果变化影响到其他软件配置项，则必须得到变化控制审批者的批准。在某些情况下，可以省略正式的变化请求、变化报告和工程变化命令，但是，必须评估每个变化并且跟踪和复审所有变化。

4. 配置审计

为了确保正确地实现所需要的变化，通常既进行正式的技术复审，又进行配置审计。

配置审计评估配置对象的那些不在复审过程中考虑的特征，从而成为对正式的技术复审的补充。

5. 状态报告

配置状态报告向有关人员提供下述信息。

- 发生了什么事。
- 谁作的这件事。
- 这件事是什么时间发生的。
- 它影响的其他事物。

10.7 能力成熟度模型

能力成熟度模型(CMM)是用于评价软件机构的软件过程能力成熟度的模型。建立此模型的初始目的，是为大型软件项目的招投标活动提供一种全面而客观的评审依据，发展到后来此模型又同时被应用于许多软件机构内部的过程改进活动中。

事实证明，在无规则和混乱的管理之下，先进的技术和工具并不能发挥出应有的作用，改进对软件过程的管理才是消除软件危机的突破口，再也不能忽视在软件过程中管理所起的关键作用了。

对软件过程的改进是在完成一个一个小的改进步骤基础之上不断进行的渐进过程，而不是一蹴而就的彻底革命。在CMM中把软件过程从无序到有序的进化过程分成5个阶段，并把这些阶段排序，形成5个逐层提高的等级。这5个成熟度等级定义了一个有序的尺度，用以测量软件组织的软件过程成熟度和评价其软件过程能力，这些等级还能帮助软件组织把应做的改进工作排出优先次序。成熟度等级是妥善定义的向成熟软件组织前进途中的平台，每一个成熟度等级都为过程的继续改进提供一个台阶。CMM通过定义能力成熟度的5个等级，引导软件开发组织不断识别出其软件过程的缺陷，并指出应该做哪些改进，但是，它并不提供做这些改进的具体措施。

能力成熟度的5个等级从低到高依次是初始级(又称为1级)、可重复级(又称为2级)、已定义级(又称为3级)、已管理级(又称为4级)和优化级(又称为5级)。这5个级别的主要特点如下所述。

1. 初始级

这是最低的级别，这个级别的特征是软件过程混乱无序。

2. 可重复级

建立了基本的项目管理过程，能够跟踪成本、进度、功能和质量。类似的软件项目可再次取得成功。

3. 已定义级

已经定义了完整的软件过程，而且该软件过程已经进行了文档化和标准化。所有开发都利用这个标准过程来完成。

4. 已管理级

这个级别的软件机构定量地管理开发过程和软件产品。

5. 优化级

这个级别的软件机构使用定量的信息来管理并不断地改进软件过程。

习　　题

1. 下面叙述对一个计算机辅助设计(CAD)软件的需求。

该 CAD 软件接受由工程师提供的二维或三维几何图形数据。工程师通过用户界面与 CAD 系统交互并控制它，该用户界面应该表现出良好的人机界面设计特征。几何图形数据及其他支持信息都保存在一个 CAD 数据库中。开发必要的分析、设计模块，以产生所需要的设计结果，这些输出将显示在各种不同的图形设备上。应该适当地设计软件，以便与外部设备交互并控制它们。所用的外部设备包括鼠标、数字化扫描仪和激光打印机。

要求：

(1) 进一步精化上述要求，把 CAD 软件的功能分解成若干个子功能。

(2) 用代码行技术估算每个子功能的规模。

(3) 用功能点技术估算每个子功能的规模。

(4) 从历史数据得知，开发这类系统的平均生产率是 620LOC/PM，如果软件工程师的平均月工资是 8000 元，请估算开发本系统的工作量和成本。

(5) 如果从历史数据得知，开发这类系统的平均生产率是 6.5FP/PM，请估算开发本系统的工作量和成本。

2. 计算下述的牙科诊所预约系统的未调整功能点数。

王大夫在小镇上开了一家牙科诊所。他有一个牙科助手、一个牙科保健员和一个接待员。王大夫需要一个软件系统来管理预约。

当病人打电话预约时，接待员将查阅预约登记表，如果病人申请的就诊时间与已定下的预约时间冲突，则接待员建议一个就诊时间以安排病人尽早得到诊治。如果病人同意建议的就诊时间，接待员将输入约定时间和病人的名字。系统将核实病人的名字并提供记录的病人数据,数据包括病人的病历号等。在每次治疗或清洗后,助手或保健员将标记相应的预约诊治已经完成,如果必要的话会安排病人下一次再来。

系统能够按病人姓名和按日期进行查询,能够显示记录的病人数据和预约信息。接待员可以取消预约,可以打印出前两天预约尚未接诊的病人清单。系统可以从病人记录中获知病人的电话号码。接待员还可以打印出关于所有病人的每天和每周的工作安排。

3. LMN公司曾经完成过5个软件开发项目,有关这些项目的数据记录在表10.2中。请根据这些历史数据计算静态单变量估算模型中的参数值,并且估算完成一个30KLOC的项目需要多大工作量。

表10.2 历史数据

项目序号	规模(KLOC)	工作量(PM)
1	50	120
2	80	192
3	40	96
4	10	24
5	20	48

4. 为什么成本估算模型中的参数应该根据软件开发公司的历史数据来确定?

5. 为什么推迟关键路径上的任务会延迟整个项目?

6. 机动时间有何重要性?

7. 假设有一项工程任务被分解成了 $a,b,\cdots,i$ 9个子任务,表10.3给出了完成每个子任务所需要的时间以及子任务彼此之间的依赖关系。请用工程网络描述表10.3中给出的信息,并且计算每个事件的最早时刻和最迟时刻。

表10.3 子任务完成时间及依赖关系

子任务标识	完成任务时间	依赖关系
a	8	
b	10	
c	8	a、b
d	9	a
e	5	b
f	3	c、d
g	2	d
h	4	f、g
i	3	e、f

8. 分析第7题所述的各个子任务之间的关系,找出关键路径和关键任务。

9. 假设你被指定为项目负责人,你的任务是开发一个应用系统,该系统类似于你的小组以前做过的那些系统,只不过规模更大且更复杂一些。客户已经写出了完整的需求文档。你将选用哪种项目组结构?为什么?你打算采用哪种软件过程模型?为什么?

10. 一个程序能既正确又不可靠吗?请解释你的答案。

11. 为什么在开发软件的过程中变化既是必要的又是不可避免的？为什么必须进行配置管理？

12. CMM 的基本思想是什么？为什么要把能力成熟度划分成 5 个等级？

习题解答

1. 答：

(1) 习题中仅对需求做了粗略描述，每项需求都应该进一步扩展，以提供细节需求和定量约束。例如，在开始估算软件规模之前，需要确定“良好的人机界面设计特征”的具体含义，以及对“CAD 数据库”的规模和复杂度的具体需求。

经过对需求的进一步精化，分解出软件的下述 7 个主要的子功能。

- 用户界面及控制机制。
- 二维几何图形分析。
- 三维几何图形分析。
- 数据库管理。
- 计算机图形显示机制。
- 外部设备控制。
- 设计分析模块。

(2) 为了用代码行技术估算软件规模，应该针对每个子功能都分别估计出下述 3 个值：乐观值(即最小规模)、悲观值(即最大规模)和可能值(即最可能规模)。然后用式(10.1)所示的加权平均法计算每个子功能的规模，结果示于表 10.4。

表 10.4 代码行技术的估算表

功能	乐观值	可能值	悲观值	估计值
用户界面及控制机制	1500	2200	3500	2300
二维几何图形分析	3800	5400	6400	5300
三维几何图形分析	4600	6900	8600	6800
数据库管理	1850	3200	5450	3350
计算机图形显示机制	3100	4900	7000	4950
外部设备控制	1400	2150	2600	2100
设计分析模块	6200	8500	10 200	8400
估算出的总代码行数				33 200

(3) 使用功能点技术估算软件规模时，对软件的分解是基于信息域特性而不是基于软件功能。表 10.5 给出了对 5 个信息域特性的估计值。为了计算未调整的功能点数，假设每个信息域特性的复杂度都是平均级别的。

接下来估计 14 个技术复杂性因素的值，并且计算 DI 的值，表 10.6 列出了得到的结果。

表 10.5 估算未调整的功能点数

信息域值	乐观值	可能值	悲观值	估计值	特性系数	UFP数
输入数	20	24	30	24	4	96
输出数	12	15	22	16	5	80
查询数	16	22	28	22	4	88
文件数	4	4	5	4	10	40
外部接口数	2	2	3	2	7	14
总计数值						318

表 10.6 估算技术复杂性因素

因素	估计值	因素	估计值
数据通信	2	复杂的计算	5
分布式数据处理	0	可重用性	4
性能标准	4	安装方便	3
高负荷硬件	2	操作方便	4
高处理率	4	可移植性	5
联机数据输入	4	可维护性	5
终端用户效率	4	DI	49
联机更新	3		

然后用下式计算技术复杂性因子：

$$\begin{aligned}TCF &= 0.65 + 0.01 \times DI \\ &= 1.14\end{aligned}$$

最后计算功能点数：

$$\begin{aligned}FP &= UFP \times TCF \\ &= 318 \times 1.14 \\ &= 363\end{aligned}$$

(4) 用代码行技术估算，开发本系统的工作量为：

$$\begin{aligned}E &= 33\,200/620 \\ &\approx 54(\text{人月})\end{aligned}$$

开发本系统的成本为：

$$8000 \times 54 = 432\,000(\text{元})$$

(5) 用功能点技术估算，开发本系统的工作量为：

$$\begin{aligned}E &= 363/6.5 \\ &\approx 56(\text{人月})\end{aligned}$$

开发本系统的成本为：

$$8000 \times 56 = 448\,000(\text{元})$$

2. 答：输入数据有“病人名”、“预约时间”、“完成的预约”和“取消预约”，其中前3项的复杂度级别为“简单”，第 4 项的复杂度级别为“平均”。

输出数据有“病情说明”(简单复杂度)、“预约登记表”、“支持细节”、“预约信息”、“未就诊病人清单”(以上 4 项复杂度级别为“平均”)、“日安排”和“周安排”(以上 2 项复杂度级别为“复杂”)。

查询有“按名字查询”、“按日期查询”(这 2 项复杂度为“简单”)、“核实病人”、“查看预约登记表”和“查看完成的预约”(以上 3 项复杂度为“平均”)。

文件有“病人记录”，其复杂度为“平均”级别。

本系统无外部接口。

最后，用下式计算未调整的功能点数：

$$\begin{aligned}\text{UFP} &= 3\times3+1\times4+1\times4+4\times5+2\times7+2\times3+3\times4+1\times10 \\ &= 79\end{aligned}$$

3. 答：静态单变量模型假定在软件规模和开发软件所需的工作量之间存在如下的函数关系：

$$E = A + B\times(\text{KLOC})^C$$

根据表 10.2 中给出的历史数据，可以画出软件规模与工作量之间的实际函数关系曲线，如图 10.1 所示。

从图 10.1 可以看出，在 LMN 公司软件规模与工作量之间存在线性关系，直线的斜率是 2.4。因此，静态单变量模型中的 3 个参数的值如下：

$$A = 0 \quad B = 2.4 \quad C = 1$$

根据适用于 LMN 公司的这个静态单变量模型，可以估算出完成一个 30KLOC 的项目需用的工作量为：

$$\begin{aligned}E &= 2.4\text{KLOC} \\ &= 72(\text{PM})\end{aligned}$$

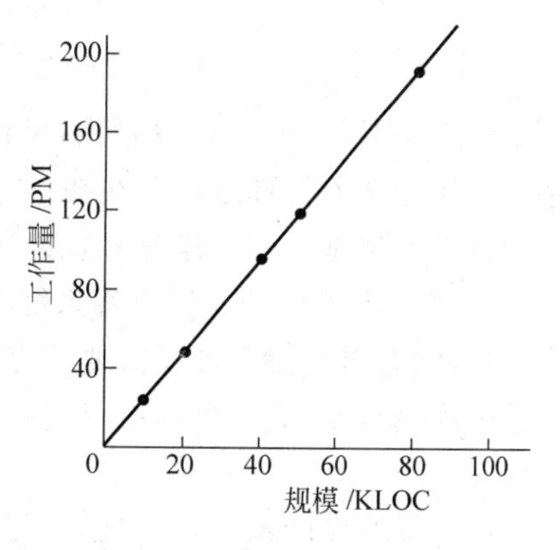

图 10.1　软件规模与工作量的关系

4. 答：每个公司开发的软件类型都不完全相同，此外，每个公司都有不同的经验、习惯、标准和策略，也就是说，不同公司的能力成熟度并不相同。因此，不同公司开发软件的生产率也不相同，显然不能用同样的成本估算参数来估算工作量，而应该根据该公司开发软件的历史数据确定成本估算模型中的参数。

5. 答：关键路径定义为一组任务(称为关键任务)，这组任务决定了完成项目所需要的最短时间。如果位于关键路径上的一个关键任务的完成时间被推迟了，则关键路径上的下一个任务的开始时间和结束时间也要相应的延迟。这样依次传递，会波及关键路径上的最后一个任务，从而延迟整个项目。

6. 答：虽然不在关键路径上的任务并不决定完成项目所需要的最短时间，可以适当延迟一些时间，但是，如果这些任务延迟过久，则整个项目的完成时间也会被推迟。机动时间给出了完成这类任务的时间范围。

此外，在制订进度计划时仔细研究并充分利用工程网络中的机动时间，往往能够安排出既节省资源又不影响最终竣工时间的进度表。

7. 答：根据表10.3中给出的信息，可以画出如图10.2所示的工程网络。由于子任务 a 和 b 都不依赖于其他子任务，所以都可以从时刻零开始。根据最早时刻和最迟时刻的算法，可以算出每个事件的最早时刻和最迟时刻，算出的值已经标在工程网络中。为了便于对照图10.2和表10.3，在图中标注的完成任务时间后面的括弧中写出了该任务的标识。

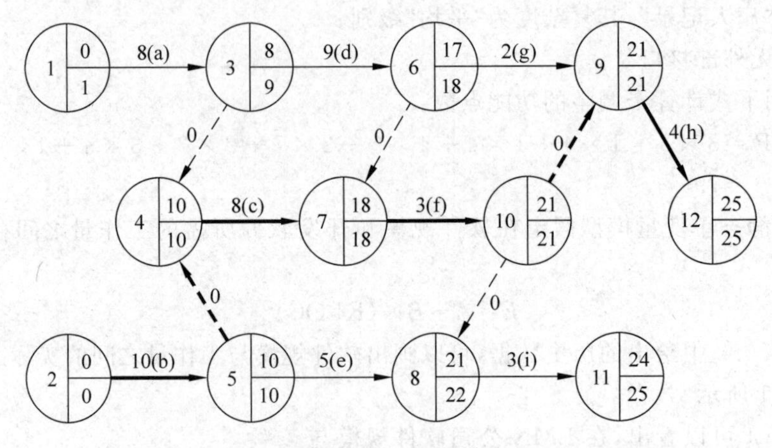

图10.2 工程网络

8. 答：从图10.2可以看出，事件2、5、4、7、10、9和12的最早时刻和最迟时刻相同，这些事件定义了关键路径。在图10.2中用粗线箭头代表关键路径。

组成关键路径的子任务 b、c、f 和 h 是关键任务。

9. 答：由于待开发的应用系统类似于以前做过的系统，开发人员已经积累了较丰富的经验，没有多少技术难题需要攻克。为了减少通信开销，充分发挥技术骨干的作用，统一意志统一行动，提高生产率，加快开发进度，项目组的组织结构以基于主程序员组的形式为宜。

针对待开发的系统，客户已经写出了完整的需求文档，项目组又有开发类似系统的经验，因此，可以采用广大软件工程师熟悉的瀑布模型来开发本系统。

10. 答：所谓软件可靠性，是程序在给定的时间间隔内按照规格说明书的规定成功地运行的概率。通常认为，软件可靠性既包含正确性又包含健壮性，也就是说，不仅在预定环境下程序应该能正确地完成预期功能，而且在硬件发生故障、输入的数据无效或用户操作错误等意外环境下，程序也应该能作出适当的响应。

如果一个程序在预定环境下能够正确地完成预期的功能，但是在意外环境下不能作出适当的响应，则该程序就是既正确又不可靠。

11. 答：在开发软件的过程中，下述原因会导致软件配置项发生变化。

- 新的市场条件导致产品需求或业务规则发生变化。
- 客户提出了新需求，要求修改信息系统产生的数据或产品提供的功能。
- 企业改组或业务缩减，引起项目优先级或软件工程队伍结构变化。
- 预算或进度限制，导致对目标系统的重新定义。

• 发现了在软件开发过程的前期阶段所犯的错误，必须加以改正。

但是，变化也很容易失去控制，如果不能适当地管理和控制变化，必然会造成混乱并产生许多严重的错误。软件配置管理就是在软件的整个生命期内管理和控制变化的一组活动。可以把软件配置管理看做是应用于整个软件过程的软件质量保证活动，是专门用来管理和控制变化的软件质量保证活动。软件配置管理的目标是，使变化更正确且更容易被适应，在必须变化时减少为此而花费的工作量。从上面的叙述可以知道，软件配置管理是十分必要的。

12. 答：CMM的基本思想是，由于软件危机是因对软件过程管理不善而引起的，所以新软件技术的运用并不会自动提高软件的生产率和质量，提高软件生产率和软件质量的关键是改进对软件过程的管理。能力成熟度模型有助于软件开发机构建立一个有规律的、成熟的软件过程。

对软件过程的改进不可能一蹴而就，只能是在完成一个又一个小的改进步骤基础上不断进行的渐进过程。因此，CMM把软件过程从无序到有序的进化过程分成5个阶段，并把这些阶段排序，形成5个逐层提高的等级。这5个成熟度等级定义了一个有序的尺度，用以测量软件机构的软件过程成熟度和评价其软件过程能力，这些等级还能帮助软件机构识别出其现有的软件过程的缺陷，指出应该做哪些改进，并且帮助他们把应做的改进工作排出优先次序。成熟度等级是妥善定义的向成熟软件机构前进途中的平台，每个成熟度等级都为软件过程的继续改进提供了一个台阶。

附 录

ADDENDUM

附录A 模拟试题

试 卷 一

（满分 100 分）

1. 填空。（每空 0.5 分，共 20 分）

（1）软件生命周期可划分为______、______和______三个时期，通常把这三个时期再细分为 8 个阶段，它们是______、______、______、______、______、______、______和______，其中______阶段的工作量是 8 个阶段中最大的。

（2）可行性研究的任务是从______、______和______三个方面研究______。

（3）至少应该从______、______、______和______四个方面验证软件需求的正确性，其中______和______这两个方面的正确性必须有用户的积极参与才能验证，而且为了验证这两个方面的正确性往往需要开发______。

（4）软件总体设计时应该遵循______、______、______、______、______和______ 6 条基本原理。详细设计通常以______技术为逻辑基础，因为从软件工程观点看，______是软件最重要的质量标准之一。

（5）软件测试的目的是______，通常把测试方法分为______和______两大类。因为通常不可能做到______，所以精心设计______是保证达到测试目的所必需的。

（6）面向对象方法用______分解取代了传统方法的______分解。

（7）在面向对象的软件中，______是对具有相同数据和相同操作的一组相似对象的定义；______是由某个特定的类所描述的一个具体对象。

2. 按下述要求完成给出的程序流程图，即在答案栏内写出图中 A、B、C、D、E 的正确内容。（每栏 3 分，共 15 分）

给程序输入二维数组 $W(I,J)$，其中 $I \leqslant M, J \leqslant N$（$M$ 和 N 均为正整数）。程序打印出数组中绝对值最小的元素值 $Q=W(K,L)$，以及下标 K、

L 的值。假定数组中仅有一个绝对值最小的元素。

应该完成的程序流程图如图 A.1 所示。

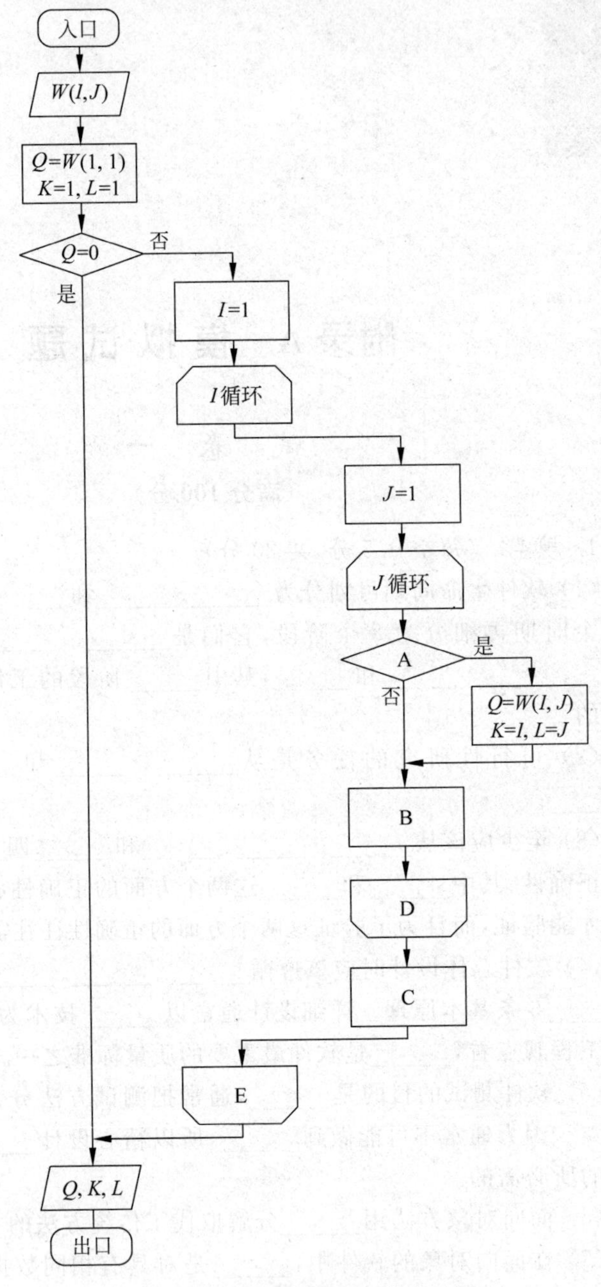

图 A.1　要求完成的程序流程图

[答案栏]

A：______________；

B：______________；

C：____________；

D：____________；

E：____________。

3. 下面给出了用盒图（见图 A.2）描绘的一个程序的算法，请用逻辑覆盖法设计测试方案，要求做到语句覆盖和路径覆盖。（共 15 分）

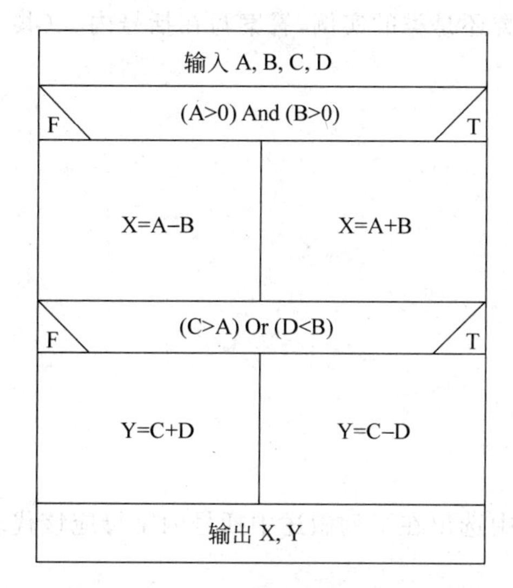

图 A.2 用盒图描绘的算法

4. 某高校可用的电话号码有以下几类：校内电话号码由 4 位数字组成，第 1 位数字不是 0；校外电话又分为本市电话和外地电话两类，拨校外电话需先拨 0，如果是本市电话再接着拨 8 位电话号码（第 1 位不是 0），如果是外地电话则先拨区码（3～5 位数字），再拨当地电话号码（7 或 8 位数字，第 1 位不是 0）。

请定义上述的电话号码。（共 15 分）

5. 请说明多态重用与继承重用的关系。（共 15 分）

6. 请建立下述的图书馆馆藏出版物的对象模型。（共 20 分）

一家图书馆藏有书籍、杂志、小册子、电影录像带、音乐 CD、录音图书磁带和报纸等出版物，供读者借阅。这些出版物有出版物名、出版者、获得日期、目录编号、书架位置、借出状态和借出限制等属性，并有借出、收回等服务。

试 卷 二

（满分 100 分）

1. 将下列各对事物之间的关系（继承、聚集或一般关联）写在括号内。（共 10 分）

(1) 小汽车——富康牌小汽车。 （ ）

(2) 人员——雇员。 （ ）

(3) 图书馆——期刊阅览室。 （ ）

(4) 书——图书馆馆员。 （ ）

(5) 小汽车——司机。 （ ）

(6) 读者——借出的书。 ( )

(7) 班级——学生。 ( )

(8) 教师——教授。 ( )

(9) 丈夫——妻子。 ( )

(10) 列车——餐车。 ( )

2. 判断下列各项是类还是类的实例,答案写在括号内。(共10分)

(1) 我的小汽车。 ( )

(2) 人员。 ( )

(3) 王晓明。 ( )

(4) 交通工具。 ( )

(5) 教授。 ( )

(6) 计算机系。 ( )

(7) 中国工人。 ( )

(8) 清华大学学生。 ( )

(9) 日本国。 ( )

(10) 喷气式战机。 ( )

3. 从供选择的答案中选出在下列叙述中括号内字母应该代表的正确内容,把答案写在答案栏内。(共10分)

(1) 一组语句在程序的多处出现,为了节省内存空间把这些语句放在一个模块中,该模块的内聚度是(A)的。

(2) 将几个逻辑上相似的成分放在一个模块中,该模块的内聚度是(B)的。

(3) 模块中所有成分都使用共同的数据,该模块的内聚度是(C)的。

(4) 模块内某些成分的输出是另一些成分的输入,该模块的内聚度是(D)的。

(5) 模块中所有成分结合起来完成单独一项任务,该模块的内聚度是(E)的。它具有简明的外部界面,由它构成的软件易于理解,测试和维护。

[供选择的答案]

A～E 1. 功能性； 2. 顺序性； 3. 通信性； 4. 过程性；
5. 偶然性； 6. 瞬时性； 7. 逻辑性。

[答案栏]

A:＿＿＿＿＿＿; B:＿＿＿＿＿＿; C:＿＿＿＿＿＿;
D:＿＿＿＿＿＿; E:＿＿＿＿＿＿。

4. 图A.3是用程序流程图描绘的处理算法,请把它改画为等价的盒图。(共10分)

5. 有一个长度为48 000条机器指令的程序,第一个月由甲、乙二人分别测试它。甲改正了20个错误,使程序的平均无故障时间达到8小时。乙在测试该程序的另一个副本时改正了24个错误,其中6个错误与甲改正的相同。然后,由甲一个人继续测试这个程序。请问:(共20分)

(1) 刚开始测试时程序中的错误总数 E_T 是多少?

(2) 为使平均无故障时间达到240h,如果甲不利用乙的工作成果,则他还需再改正

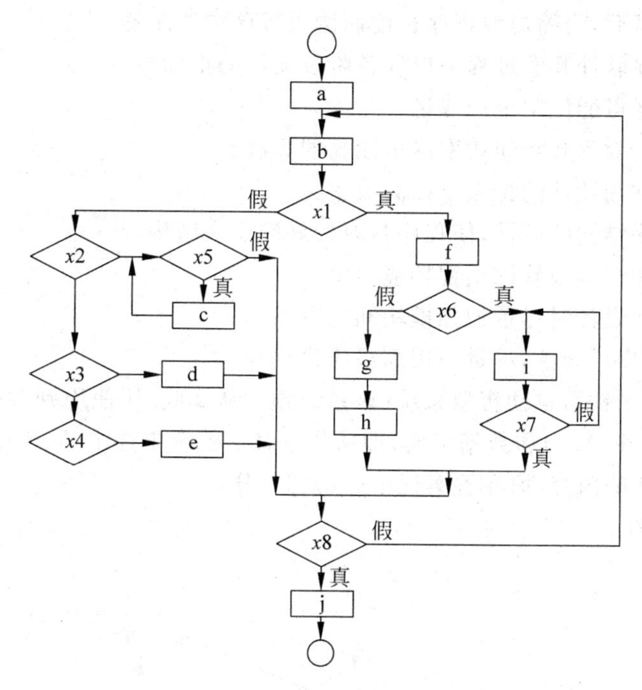

图 A.3　程序流程图

多少个错误？

(3) 为使平均无故障时间达到 480h，如果甲利用了乙的工作成果，则他还需再改正多少个错误？

6. 办公室复印机的工作过程大致如下：未接到复印命令时处于闲置状态，一旦接到复印命令则进入复印状态，完成一个复印命令规定的工作后又回到闲置状态，等待下一个复印命令；如果执行复印命令时发现缺纸，则进入缺纸状态，发出警告，等待装纸，装满纸后进入闲置状态，准备接受复印命令；如果复印时发生卡纸故障，则进入卡纸状态，发出警告等待维修人员来排除故障，故障排除后回到闲置状态。

请用状态转换图描绘复印机的行为。(共 20 分)

7. 请建立下述杂货店问题的对象模型。(共 20 分)

一家杂货店想使其库存管理自动化。这家杂货店拥有能记录顾客购买的所有商品的名称和数量的销售终端。顾客服务台也有类似的终端，以处理顾客的退货。它在码头有另一个终端用于处理供应商发货。肉食部和农产品部有终端用于输入由于损耗导致的损失和折扣。

试　卷　三

(满分 100 分)

1. 判断下述提高软件可维护性的措施是否正确，正确的在括号内写对，错的写错。(共 10 分)

(1) 在进行需求分析时同时考虑维护问题。　(　)

(2) 完成测试后,为缩短源程序长度而删去程序中的注解。 ( )

(3) 尽可能在软件开发过程中保证各阶段文档的正确性。 ( )

(4) 编码时尽可能使用全局变量。 ( )

(5) 选择时间效率和空间效率尽可能高的算法。 ( )

(6) 尽可能利用硬件的特点以提高效率。 ( )

(7) 重视程序结构的设计,使程序具有较好的层次结构。 ( )

(8) 使用维护工具或软件工程环境。 ( )

(9) 进行概要设计时尽量加强模块间的联系。 ( )

(10) 提高程序可读性,尽量使用高级语言编程。 ( )

2. 为开发一个铁路自动售票系统(该系统预计从2004年使用到2014年),请完成下面的数据流图(见图A.4)和数据字典,即从供选择的答案中选出A、B、C、D和E的内容,并给出F、G和H的内容,填在答案栏中。(共20分)

(1) 数据流图

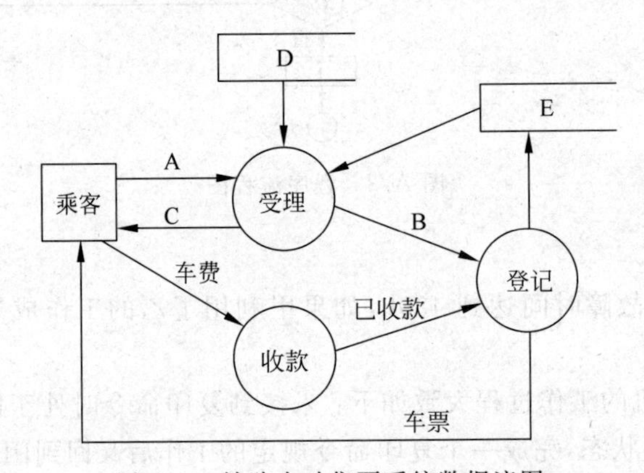

图 A.4 铁路自动售票系统数据流图

[供选择的答案]

A~E ①车次表;②接受;③售票记录;④购票请求;⑤拒绝。

(2) 数据字典。

购票请求=F

乘车日期=G

到站=4{字母}20

字母=["A".."Z"|"a".."z"]

车次="001".."999"

拒绝=[无车次|无票]

无车次="no train"

无票="no ticket"

接受="to sale"

已收款="yes"

车次表={起站+止站+车次}

起站=止站=到站

售票记录＝{乘车日期＋起站＋止站＋车次＋座号}

座号＝车厢号＋座位号

车厢号＝"01".."20"

座位号＝H

注意：

① "01".."20"表示数字范围从 1 到 20；

② 乘车日期应给出年、月、日，例如，2004/06/21；

③ 假设每个车厢有 100 个座位。

[答案栏]

A：____________； B：____________； C：____________；

D：____________； E：____________； F：____________；

G：____________； H：____________。

3. 画出简化的文本编辑程序的用例图，该编辑程序的主要功能有，建立文件、打开文件、插入文本、修改文本和保存文件。(共 10 分)

4. 图 A.5 所示的程序流程图描绘了一个非结构化的程序。(共 20 分)

(1) 为什么说它是非结构化的？

(2) 利用附加变量 flag，设计一个等价的结构化程序，用盒图描绘你的设计结果。

(3) 不用附加变量，设计一个等价的结构化程序，用盒图描绘你的设计结果。

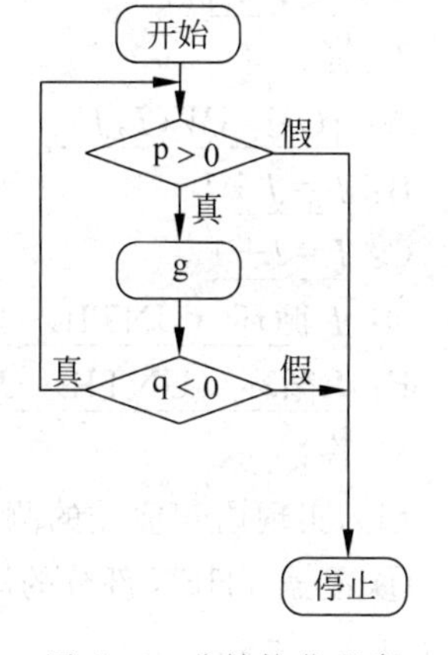

图 A.5　非结构化程序

5. 画出图形用户界面(GUI)的状态转换图，该界面具有一个主菜单和一个带有文件打开命令的文件菜单，在每个菜单上都有一条退出命令。假设每次只有一个文件能够打开。(共 20 分)

6. 一个浮点二进制数的构成是：一个可选的符号(＋或－)，后跟一个或多个二进制位，再跟上一个字符 E，再加上另一个可选符号(＋或－)及一个或多个二进制位。浮点二进制数的形式化定义如下：

```
<floating-point binary>::=[<sign>]<bitstring>E[<sign>]<bitstring>
<sign>                 ::=+|-
<bitstring>            ::=<bit>[<bitstring>]
<bit>                  ::=0|1
```

其中，符号::＝表示定义为；

符号[...]表示可选项；

符号 a|b 表示 a 或 b。

假设一个有穷状态机以一串字符为输入，根据浮点二进制数的定义判断输入的字符串是否是合法的浮点二进制数。请画出这个有穷状态机。(共 20 分)

附录B 模拟试题参考答案

试卷一参考答案

1. 答：

(1) 定义；开发；维护；问题定义；可行性研究；需求分析；总体设计；详细设计；编码和单元测试；综合测试；维护；维护。

(2) 技术；经济；操作；软件项目的可行性。

(3) 一致性；现实性；完整性；有效性；完整性；有效性；原型系统。

(4) 模块化；抽象；逐步求精；信息隐藏；局部化；模块独立；结构程序设计；可理解性。

(5) 发现错误；黑盒测试；白盒测试；穷尽测试；测试方案。

(6) 对象；功能。

(7) 类；实例。

2. 答：

A：$|Q|>|W(I,J)|$

B：$J=J+1$

C：$I=I+1$

D：J 循环 UNTIL $J>N$

E：I 循环 UNTIL $I>M$

3. 答：

(1) 实现语句覆盖的测试方案如下：

① 覆盖THEN部分的语句，即使得条件(A>0) And (B>0)和条件(C>A) Or (D<B)均为真。

输入：A=1，B=1，C=2，D=0。

预期输出：X=2，Y=2。

② 覆盖ELSE部分的语句，即使得条件(A>0) And (B>0)和条件(C>A) Or (D<B)均为假。

输入：A=0，B=−1，C=0，D=1。

预期输出：X=1，Y=1。

(2) 实现路径覆盖的测试方案如下：

① 覆盖两个条件均为假的路径。

输入：A=−1，B=−2，C=−3，D=3。

预期输出：X=1，Y=0。

② 覆盖第一个条件为假第二个条件为真的路径。

输入：A=−1，B=−2，C=1，D=−3。

预期输出：X＝1，Y＝4。

③ 覆盖第一个条件为真第二个条件为假的路径。

输入：A＝1，B＝1，C＝0，D＝2。

预期输出：X＝2，Y＝2。

④ 覆盖两个条件均为真的路径。

输入：A＝1，B＝2，C＝2，D＝1。

预期输出：X＝3，Y＝1。

4. 答：

电话号码＝[校内号码|校外号码]
校内号码＝非零数字＋3 位数字
校外号码＝[本市号码|外地号码]
本市号码＝数字零＋非零数字＋7 位数字
外地号码＝数字零＋区码＋当地号码
非零数字＝[1|2|3|4|5|6|7|8|9]
数字零＝0
3 位数字＝3{数字}3
7 位数字＝7{数字}7
区码＝3{数字}5
当地号码＝非零数字＋6{数字}7
数字＝[0|1|2|3|4|5|6|7|8|9]

5. 答：多态重用实际上是一种特殊的继承重用，是充分利用多态性机制支持的继承重用。一般说来，使用多态重用方式重用已有的类构件时，在子类中需要重新定义的操作比较少，因此，多态重用方式的成本比继承重用方式的成本低。

6. 答：图书馆馆藏出版物的对象模型如图 B.1 所示。

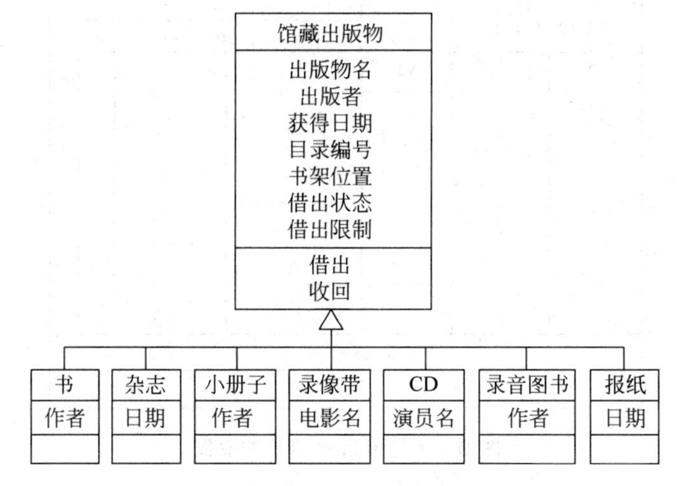

图 B.1 图书馆馆藏出版物的对象模型

试卷二参考答案

1. 答：

(1)（继承）；(2)（继承）；

(3)（聚集）；(4)（一般关联）；

(5)（一般关联）；(6)（一般关联）；

(7)（聚集）；(8)（继承）；

(9)（一般关联）；(10)（聚集）。

2. 答：

(1)（实例）；(2)（类）；

(3)（实例）；(4)（类）；

(5)（类）；(6)（实例）；

(7)（类）；(8)（类）；

(9)（实例）；(10)（类）。

3. 答：

A：偶然性；B：逻辑性；

C：通信性；D：顺序性；

E：功能性。

4. 答：如图 B.2 所示。

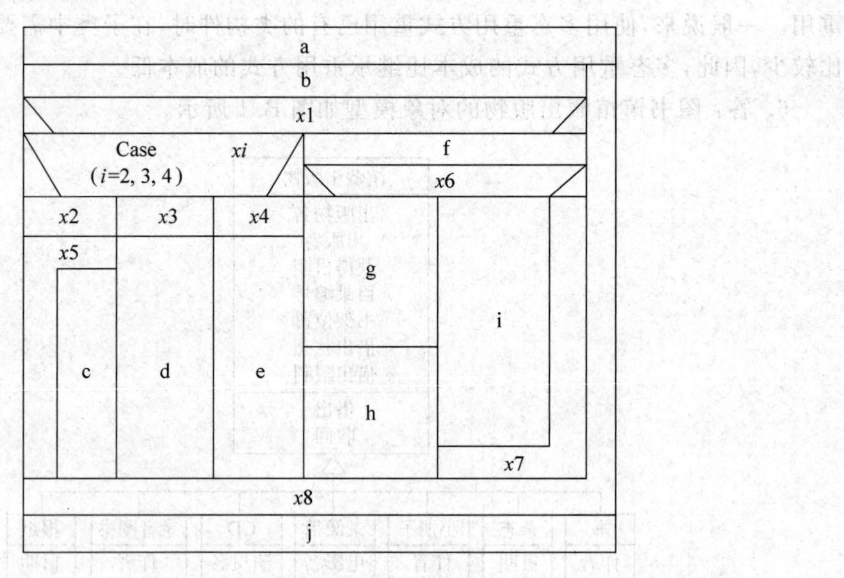

图 B.2 与图 A.3 等价的盒图

5. 答：

(1) 刚开始测试时程序中错误总数为

$$E_T = \frac{24}{6} \times 20 = 80$$

(2) 由方程

$$8 = \frac{48\,000}{K(E_T - 20)}$$

解得

$$K = \frac{48\,000}{8(80 - 20)} = 100$$

由方程

$$240 = \frac{48\,000}{100(80 - E_{C_1})}$$

解得

$$E_{C_1} = 78$$

$$78 - 20 = 58$$

即,为使平均无故障时间达到240h,如果甲不利用乙的工作成果,则他还需再改正58个错误。

(3) 由方程

$$480 = \frac{48\,000}{100(80 - E_{C_2})}$$

解得

$$E_{C_2} = 79$$

$$79 - 20 - (24 - 6) = 41$$

即,为使平均无故障时间达到480h,如果甲利用了乙的工作成果,则他还需再改正41个错误。

6. 答:描绘复印机行为的状态转换图如图B.3所示。

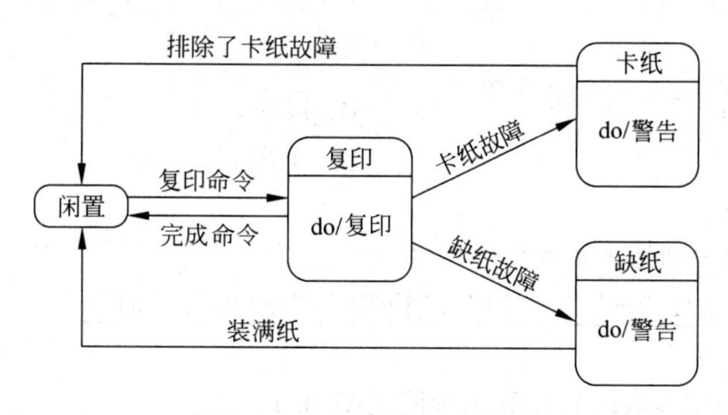

图B.3 复印机的状态转换图

7. 答:杂货店问题的对象模型如图B.4所示。

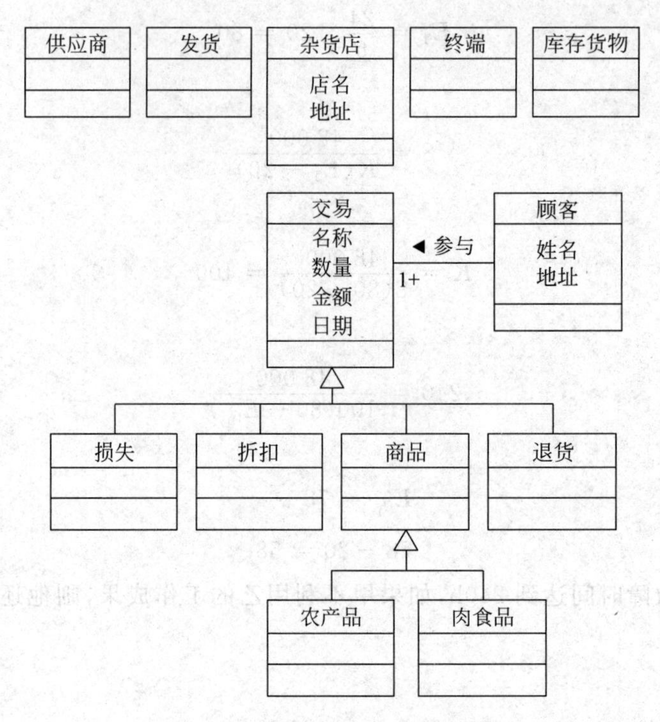

图 B.4 杂货店问题的对象模型

试卷三参考答案

1. 答：

(1)(对)； (2)(错)； (3)(对)；
(4)(错)； (5)(错)； (6)(错)；
(7)(对)； (8)(对)； (9)(错)；
(10)(对)。

2. 答：

A：购票请求； B：接受；
C：拒绝； D：车次表；
E：售票记录；
F：{乘车日期＋到站＋车次}；
G："2004".."2014"＋"/"＋"01".."12"＋"/"＋"01".."31"；
H："001".."100"。

3. 答：简化的文本编辑程序的用例图见图 B.5。

4. 答：

(1) 图 A.5 所示程序的循环控制结构有两个出口，因此是非结构化的程序。
(2) 利用附加变量 flag 设计的等价的结构化程序如图 B.6 所示。
(3) 不用附加变量 flag 设计的等价的结构程序如图 B.7 所示。

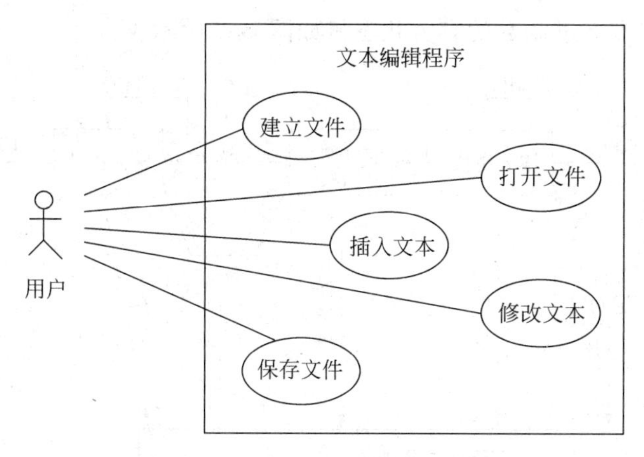

图 B.5 简化的文本编辑程序的用例图

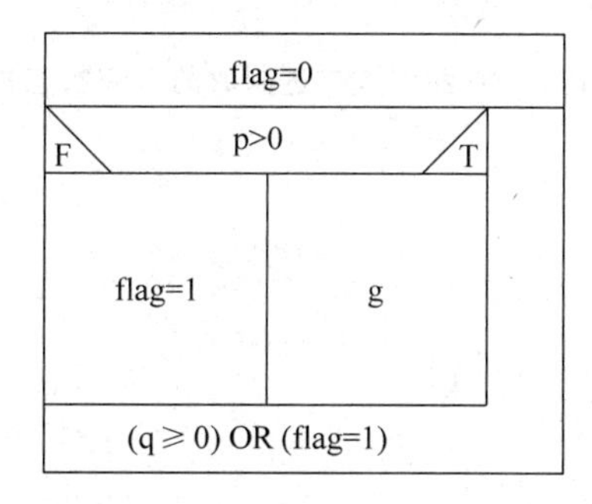

图 B.6 与图 A.5 等价的结构化程序(用 flag)

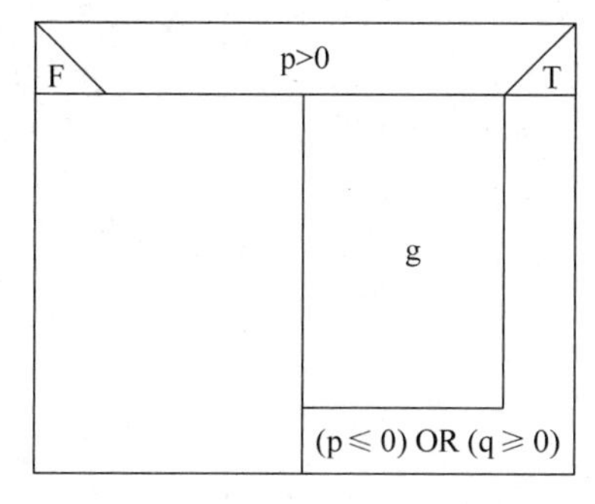

图 B.7 与图 A.5 等价的结构化程序(不用 flag)

5. 答：图形用户界面的状态转换图如图 B.8 所示。

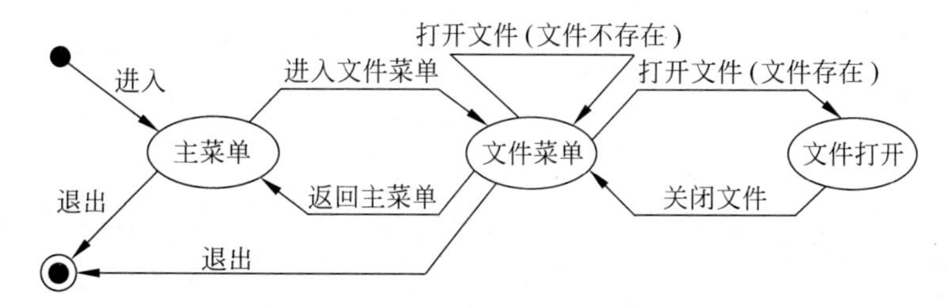

图 B.8 图形用户界面的状态转换图

6. 答：判断浮点二进制数的有穷状态机如图 B.9 所示。

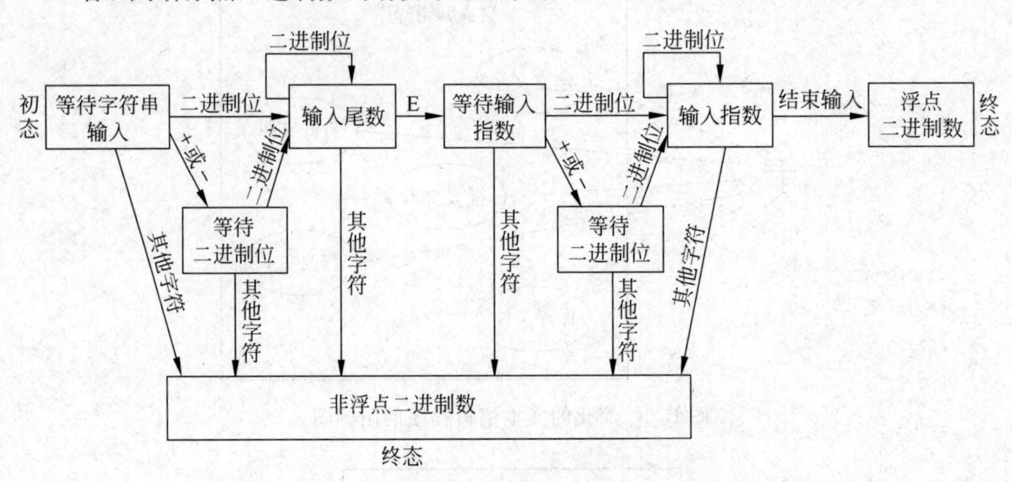

图 B.9 判断浮点二进制数的有穷状态机

参考文献

REFERENCES

1. 张海藩. 软件工程导论(第6版). 北京:清华大学出版社,2013.
2. 张海藩. 软件工程(第二版). 北京:人民邮电出版社,2006.
3. 张海藩,牟永敏. 面向对象程序设计实用教程(第二版). 北京:清华大学出版社,2007.
4. David Gustafson. 软件工程习题与解答. 北京:机械工业出版社,2003.
5. Stephen R. Schach. 面向对象与传统软件工程. 北京:机械工业出版社,2003.